辽宁青龙河
国家级自然保护区
植物编目

殷志伟　主编
白瑞兴　樊芮楠　副主编

·北京·

内 容 简 介

辽宁青龙河国家级自然保护区位于辽宁西部的凌源市，保护区内森林覆盖率达92.8%。现已查明维管束植物1370种，隶属137科560属。仅近年调查发现的辽宁及东北新记录植物就达26种。《辽宁青龙河国家级自然保护区植物编目》一书由保护区工作人员在各科研院所专家学者指导下，集多年野外调查和鉴定成果编纂而成，是迄今为止第一部较为全面、系统反映辽西地区植物资源的专著。本书共收录维管束植物1370种，包括种下亚种32种、变种134种及变型25种。分别介绍中文名、中文异名、植物学名、拉丁异名、生长型、产地与分布、生长环境及实用价值等8项相关内容，本书可为系统研究辽西地区植物资源以及林业、农业、环保等部门进行植物资源保护与开发利用研究提供重要参考资料。也可供从事植物学、生态学、森林学研究的人员，自然保护区科研人员及广大植物爱好者学习与收藏。

图书在版编目（CIP）数据

辽宁青龙河国家级自然保护区植物编目/殷志伟主编. —北京：化学工业出版社，2022.1

ISBN 978-7-122-40227-1

Ⅰ. ①辽…　Ⅱ. ①殷…　Ⅲ. ①自然保护区-植物-生物多样性-编目-辽宁　Ⅳ. ①Q948.523.1

中国版本图书馆CIP数据核字（2021）第232099号

责任编辑：李　丽　　　　文字编辑：李娇娇
责任校对：边　涛　　　　装帧设计：韩　飞　白　旭

出版发行：化学工业出版社（北京市东城区青年湖南街13号　邮政编码100011）
印　　装：天津盛通数码科技有限公司
710mm×1000mm　1/16　印张28½　字数548千字　2022年1月北京第1版第1次印刷

购书咨询：010-64518888　　　　售后服务：010-64518899
网　　址：http://www.cip.com.cn
凡购买本书，如有缺损质量问题，本社销售中心负责调换。

定　　价：**199.00元**

《辽宁青龙河国家级自然保护区植物编目》
编写人员名单

主　编：殷志伟

副主编：白瑞兴　樊芮楠

主　审：张淑梅

编委及植物资源调查人员：

尹俊武　张春雷　张　亮　张可嘉　张　巍　李　锐
褚　阔　王诗童　王　伟　房　钢　高昌源　李世界
李德民　陈大龙　陈　玮　张　粤　黄彦青　苏道岩
曲　波　董　超　蔺丹丹　南　楠　黄振英　赵丽芬
王晓东　安文鹏　魏金杰　刘洪伟　白左义　金文学
李春江　叶尚宇　康保国　李然廷　王福全　杨景兴
杜兴华　张庆武　张晓明　车晓芳　王　婷　苏　畅
乔建嘉　白树军　米秀清　刘振民　辛士勇　王海龙
赵广琦　张　静　李伯平　王彩春　许　超　杜　辉
张　娜　温佳美　白艳红　胡海龙　位　劼　吴东旭
马成军　李翔宇　齐永盛　张亚东　许建国　范秋实
赵　磊　关培福　席海军　张立钢　王德志　李　岩
刘晓荣　米铁成　韩艳杰　高福华　王悦颖　李素艳
尹　健　白光远　郭晓峰　阚　宁　贾树国　葛志功
刘振君　周玉红　赵　宇　李　妍　邵丽娟　杨　一
张晓飞　唐　彦　任翠君　郭　月　孙立峰　任贵军
王振伟　李晓军　马玉民　武一伦　丁丽华　马晓彤
宋依璇　刘海骞

前言

辽宁青龙河国家级自然保护区位于辽宁西部凌源市的西南部，也是东北地区的最西端，与河北省平泉市相邻。保护区地处燕山山脉的东端，属森林生态系统类型，森林植被以华北植物区系为主。由于地处华北、蒙古与长白三大植物区系的交汇地带，保护区构成了复杂而多样的森林植被，成为辽西地区不可多得的植物种质资源基因库。

为了把辽西地区这一不可多得的植物种质资源基因库呈现给更多的人，我们特编写了本书。本书内容丰富，设置了中文名、中文异名、植物学名、拉丁异名、生长型、产地与分布、生长环境及实用价值等 8 项相关内容，重点指明每种植物在保护区内的分布地点，并简要介绍在辽宁省及国内外的自然分布。为便于野外调查，尽可能详细介绍每种植物的生长环境。

本书中的植物科名参照的是 *Flora of China* 中的分类系统，有些植物的科名与《中国植物志》和《辽宁植物志》有所不同，详见附录：科名对照表。

本书收录的植物第一中文名遵从《中国植物志》定名，同时将有些长期习惯在《辽宁植物志》《东北植物检索表（第二版）》《东北草本植物志》中使用，且不同于《中国植物志》的中文名列为中文异名。

本书植物拉丁名除极个别植物外，均遵从最新国际标准 Species 2000（物种 2000）接受的植物拉丁名作为植物学名，同时将《辽宁植物志》及《东北植物检索表（第二版）》中的植物学名列入拉丁异名，以便于今后在植物调查及科研活动中参考使用。

本书收录的维管束植物，是经几代人近七十年进行野外植物种质资源调查与植物分类的研究成果，来之不易。从新中国成立初期开始，原中国科学院沈阳林业土壤研究所（即现在的中国科学院沈阳应用生态研究所）的科研人员及省内从事植物研究的专业技术工作者，几乎踏遍了这里的山山水水，打开了这座植物宝库的大门，并为此后的调查研究奠定了极为丰厚的基础。

2004 年，为晋升省级自然保护区，辽宁大学教授董厚德、朝阳市林业局教授级高级工程师闫占山、凌源市林业局副局长李世界、凌源市林业局教授级高级工程师司秉兴、野保站站长侯振铎等林业专家对保护区内的植物资源进行了调查，拉开了新一轮植物调查与分类研究的序幕；2008 至 2010 年，中国科学院沈阳应用生态研究所承担全国（东北地区）植物普查研究课题，王立华研究员与沈阳师范大学卜军教授带队，来保护区多次进行植物调查，时年 82 岁的赵大昌研究员现场鉴定裂叶紫椴等多种植物；2012 至 2013 年，为晋升国家级自然保护区，北京林业大学罗菊春教授和邢韶华教授组团承担植物资源调查课题，对保护区内植物资源进行全方位调查；

2014至2016年，中国科学院沈阳应用生态研究所承担“东北地区植物全覆盖保护计划”课题，陈玮研究员及张粤、黄彦青、苏道岩等植物专家多次到保护区进行植物调查。通过这些调查，进一步查清了保护区内的植物种类及植物种群分布状况。

此外，大连自然博物馆张淑梅研究员自 2008 年以来，多次到保护区进行科学考察，发现并鉴定了多个辽宁乃至东北地区的植物新纪录属及新纪录种，填补了辽宁及东北地区植物自然分布的空白。与此同时，沈阳农业大学曲波教授、东北林业大学郑宝江教授、吉林通化师范学院周繇教授、辽宁林业职业技术学院王书凯教授等专家学者亦多次来保护区进行科学考察。各位专家学者在科学考察和鉴定植物的同时，热心指导保护区专业技术人员，对保护区内的植物资源进行更为全面和系统的调查与研究。保护区专业技术人员采用建立固定样地及随机样线调查等多种方式，对保护区内的森林植被进行拉网式调查，每年都有新发现。在这些新发现中，不乏辽宁乃至东北地区的植物新纪录属和新纪录种，如黄花油点草、白花马蔺、野皂荚、蒙古荚蒾、半钟铁线莲、毛蕊老鹳草、岩生报春、长齿百里香、北京忍冬、埃氏马先蒿及斑地锦等20余种。截至2020年已发现并鉴定维管束植物1370种（包括种下亚种32种、变种134种及变型25种），隶属137科560属。在这些植物种中，野生植物1184种，引进栽培植物186种。保护区工作人员在调查植物的同时，已采集野生植物标本1000余种3200余份，拍摄1100种植物的照片超10万张。我们相信，随着调查时间与空间的不断延伸与扩展，保护区内发现的植物还将不断更新。

本书为保护区管理和评价提供了必要的信息，为研究人员提供了最基本而又最重要的第一手资料。它的出版，具有以下意义：

① 确定保护区已鉴定植物物种的名录，表明物种存在与否，直接提供物种的地理或栖息地分布信息，为进一步开展保护区植物遗传多样性分析及生态多样性分析打下坚实的基础；

② 可直接利用编目数据进行区域范围的比较和分析，确定特有性集中地区和高度丰富地区，对制定植物保护决策甚为重要；

③ 可直接利用编目数据指导保护区植物保护和药用、食用、工业用等资源植物相关科研；

④ 可通过物种种类和分布的变化进行保护区自然监测，还可选择某些环境敏感类群作为环境指示类群进行长期的跟踪编目，以达到保护区环境监测之目的。

在此书出版之际，特向筹划本书出版并严格把关的张淑梅研究员及所有前来保护区科学考察并指导工作的专家学者致以深深的谢意！由于编者水平所限，难免有疏漏之处，敬请专家与读者批评指正。

编　者

2021年3月18日

目 录

一、蕨类植物 PTERIDOPHYTA

二、裸子植物 GYMNOSPERMAE

三、被子植物 ANGIOSPERMAE

一、蕨类植物

PTERIDOPHYTA

石松科
Lycopodiaceae
石杉属
Huperzia Bernh.

东北石杉 *Huperzia miyoshiana* (Makino) Ching
【中文异名】中华石松
【拉丁异名】*Lycopodium miyoshianum* Makino
【生 长 型】多年生草本。
【产地与分布】辽宁省产于丹东、大连、朝阳等地，保护区内大河北镇有分布。分布于我国东北，俄罗斯（远东地区）、朝鲜、日本也有分布。
【生长环境】生于针阔叶混交林下或山顶岩石上。
【实用价值】水土保持等生态价值。

卷柏科
Selaginellaceae
卷柏属
Selaginella Beauv.

卷柏 *Selaginella tamariscina* (P.Beauv.)Spring
【中文异名】还魂草
【拉丁异名】*Selaginella veitchii* Macnab.
【生 长 型】多年生草本。
【产地与分布】产于辽宁省各地，保护区内广布。广泛分布于全国各地，俄罗斯（远东地区）、朝鲜、日本也有分布。
【生长环境】生于山坡岩石上。
【实用价值】全草入药，有收敛止血、理血疏风之功效。

卷柏科
Selaginellaceae
卷柏属
Selaginella Beauv.

垫状卷柏 *Selaginella pulvinata* (Hook. et Grev.) Maxim.
【中文异名】
【拉丁异名】*Selaginella tamariscina* var. *pulvinata* (Hook. et Grev.) Alston
【生 长 型】多年生草本。
【产地与分布】产于辽宁省各地，保护区内广布。分布于全国各地，印度也有分布。
【生长环境】生于岩石上。
【实用价值】全草入药，有收敛止血、理血疏风之功效。

卷柏科
Selaginellaceae
卷柏属
Selaginella Beauv.

小卷柏 *Selaginella Helvetica* (L.)Spring
【中文异名】
【拉丁异名】*Lycopodium helveticum* L.
【生 长 型】多年生草本。
【产地与分布】辽宁省产于锦州、本溪、鞍山、营口、朝阳等地，保护区内广布。分布于我国东北，俄罗斯（西伯利亚）、朝鲜、日本也有分布。

【生长环境】生于林间湿地、阴湿山坡。

【实用价值】水土保持等生态功能。

卷柏科
Selaginellaceae
卷柏属
Selaginella Beauv.

红枝卷柏 *Selaginella sanguinolenta* (L.) Spring

【中文异名】圆枝卷柏

【拉丁异名】*Selaginella sanguinolenta* var. *brachyclada* Kitag.

【生 长 型】多年生草本。

【产地与分布】辽宁省产于大连、葫芦岛、朝阳等地，保护区内广布。分布于我国东北、华北、西北及西南，俄罗斯、土耳其也有分布。

【生长环境】生于岩石上。

【实用价值】水土保持等生态功能。

卷柏科
Selaginellaceae
卷柏属
Selaginella Beauv.

鹿角卷柏 *Selaginella rossii* (Bak.) Warb.

【中文异名】

【拉丁异名】*Lycopodioides rossii* J. X. Li et F. Q. Zhou

【生 长 型】多年生草本。

【产地与分布】辽宁省产于鞍山、大连、丹东、朝阳、阜新等地，保护区内广布。分布于我国东北及华东，俄罗斯（远东地区）、朝鲜也有分布。

【生长环境】生于岩石上或山坡林下。

【实用价值】水土保持等生态功能。

卷柏科
Selaginellaceae
卷柏属
Selaginella Beauv.

中华卷柏 *Selaginella sinensis* (Desv.) Spring

【中文异名】

【拉丁异名】*Lycopodium sinense* Desv.

【生 长 型】多年生草本。

【产地与分布】为我国特有植物，产于辽宁省各地，保护区内广布。分布于我国东北、华北、西北、华东及华中。

【生长环境】生于干旱山坡及岩石缝中。

【实用价值】全草入药，具有清热、利湿、止血等功能。

木贼科
Equisetaceae
木贼属（问荆属）
Equisetum L.

木贼 *Equisetum hyemale* L.
【中文异名】
【拉丁异名】*Hippochaete hyemalis* (L.) Boern.
【生 长 型】多年生草本。
【产地与分布】辽宁省产于本溪、丹东、鞍山、锦州、朝阳等地，保护区内广布。分布于我国东北、华北、西北及西南，北半球温带也有分布。
【生长环境】生于林下湿地、林缘、沟旁。
【实用价值】水土保持等生态功能。

木贼科
Equisetaceae
木贼属（问荆属）
Equisetum L.

问荆 *Equisetum arvense* L.
【中文异名】
【拉丁异名】*Equisetum arvense* var. *ramulosum* Rupr.
【生 长 型】多年生草本。
【产地与分布】辽宁省产于本溪、丹东、鞍山、抚顺、朝阳等地，保护区内广布。分布于我国东北、华北、西北及西南，北半球温带其他地区也有分布。
【生长环境】生于林下湿地、林缘、沟旁。
【实用价值】水土保持等生态功能。

木贼科
Equisetaceae
木贼属（问荆属）
Equisetum L.

节节草 *Equisetum ramosissimum* Desf.
【中文异名】多枝木贼
【拉丁异名】*Hippochaete ramosissimum* (Desf.) Boern.
【生 长 型】多年生草本。
【产地与分布】辽宁省产于沈阳、朝阳、阜新等地，保护区内广布。分布于全国各地，欧洲、亚洲及非洲温带地区均有分布。
【生长环境】生于河边、沙地或路旁。
【实用价值】全草入药，可清热利湿、平肝散结、祛痰止咳。

木贼科
Equisetaceae
木贼属（问荆属）
Equisetum L.

阿拉斯加木贼 *Equisetum variegatum* subsp. *alaskanum* (A. A. Eaton) Hulten
【中文异名】
【拉丁异名】*Equisetum variegarum* var. *alaskanum* A. A.

Eaton
【生 长 型】多年生草本。
【产地与分布】辽宁省产于阜新、朝阳等地，保护区内河坎子、刀尔登等乡镇有分布。分布于我国东北、华北。
【生长环境】生于林下湿地。
【实用价值】水土保持等生态功能。

木贼科
Equisetaceae
木贼属（问荆属）
Equisetum L.

犬问荆 *Equisetum palustre* L.
【中文异名】犬木贼
【拉丁异名】*Equisetum palustre* var. *polystachion* Weigel
【生 长 型】多年生草本。
【产地与分布】辽宁省产于沈阳、朝阳等地，保护区内广布。分布于我国东北、华北、西北、华中，俄罗斯、蒙古、朝鲜也有分布。
【生长环境】生于林下湿地或沼泽旁。
【实用价值】全草入药，有清热消炎、止血、利尿之功效。

碗蕨科
Dennstaedtiaceae
碗蕨属
Dennstaedtia Bernhe

溪洞碗蕨 *Dennstaedtia wilfordii* (Moore) Christ
【中文异名】魏氏鳞蕨
【拉丁异名】*Microlepia wilfordii* Moore
【生 长 型】多年生草本。
【产地与分布】辽宁省产于本溪、丹东、鞍山、大连、朝阳等地，保护区内大河北、河坎子等乡镇有分布。广泛分布于我国东北、华北、西北、华东、华中及西南，俄罗斯、朝鲜及日本也有分布。
【生长环境】生于山地阴处石缝、水沟旁或阔叶林下。
【实用价值】水土保持等生态功能。

碗蕨科
Dennstaedtiaceae
蕨属
Pteridium Bernhe

蕨 *Pteridium aquilinum* var. *latiusculum* (Desv.) Underw. ex Heller
【中文异名】蕨菜
【拉丁异名】*Pteridium aquilinum* var. *japonicum* Nakai
【生 长 型】多年生草本。
【产地与分布】产于辽宁省各山区，保护区内广布。分布于全国各地，世界其他温带和暖温带地区也有分布。
【生长环境】生于山坡向阳处、林缘或林间空地。
【实用价值】嫩叶可食，是美味山野菜。

凤尾蕨科
Pteridaceae
粉背蕨属
Aleuritopteris Fée

银粉背蕨 *Aleuritopteris argentea* (Gmél.) Fée
【生 长 型】多年生草本。
【拉丁异名】*Pteris argentea* Gmél.
【产地与分布】辽宁省产于本溪、大连、朝阳等地，保护区内广布。分布于我国东北、华北、西北、西南，蒙古、朝鲜、日本也有分布。
【生长环境】生于岩石缝中。
【实用价值】全草入药，有调经活血、解毒消肿、补虚止咳等功效。

凤尾蕨科
Pteridaceae
粉背蕨属
Aleuritopteris Fée

陕西粉背蕨 *Aleuritopteris argentea* var. *obscura* (Christ) Ching
【中文异名】
【拉丁异名】*Cheilanthes argentea* var. *obscura* Christ
【生 长 型】多年生草本。
【产地与分布】辽宁省产于本溪、丹东、朝阳等地，保护区内广布。分布于我国东北、华北、西北、西南，蒙古、朝鲜、日本也有分布。
【生长环境】生于岩石缝中。
【实用价值】全草入药，有调经活血、解毒消肿、补虚止咳等功效。

凤尾蕨科
Pteridaceae
粉背蕨属
Aleuritopteris Fée

华北粉背蕨 *Aleuritopteris kuhnii* (Milde) Ching
【中文异名】华北薄鳞蕨
【拉丁异名】*Cheilanthes kuhnii* Milde
【生 长 型】多年生草本。
【产地与分布】辽宁省产于本溪、丹东、朝阳等地，保护区内河坎子乡有分布。分布于我国东北、华北、西北、西南，朝鲜、日本也有分布。
【生长环境】生于岩石缝中。
【实用价值】全草入药，有润肺止咳、清热凉血之效。

凤尾蕨科
Pteridaceae
铁线蕨属
Adiantum L.

团羽铁线蕨 *Adiantum capillus-junonis* Rupr.
【中文异名】
【拉丁异名】*Adiantum cantoniense* Hance
【生 长 型】多年生草本。
【产地与分布】辽宁省产于凌源市，保护区内河坎子乡有分布。分布于我国东北、华北、西北、西南，俄罗斯、朝鲜、日本也有分布。
【生长环境】生于石灰岩岩石缝中。
【实用价值】全草入药，有清热利尿、舒筋活络、补肾止咳之效。

蹄盖蕨科
Athyriaceae
安蕨属
Anisocampium Presl

日本安蕨 *Anisocampium niponicum* (Mett.) Y.C.Liu, W.L.
【中文异名】华东蹄盖蕨
【拉丁异名】*Athyrium niponicum* (Mett.) Hance
【生 长 型】多年生草本。
【产地与分布】辽宁省产于沈阳、鞍山、丹东、朝阳、大连等地，保护区内河坎子、大河北等乡镇有分布。分布于我国东北、华北、西北、华中、华东及西南，朝鲜、日本也有分布。
【生长环境】生于林下或林缘湿地。
【实用价值】叶入药，治下肢疖肿。

蹄盖蕨科
Athyriaceae
蹄盖蕨属
Athyrium Roth

麦秆蹄盖蕨 *Athyrium fallaciosum* Milde
【中文异名】狭基蹄盖蕨
【拉丁异名】*Asplenium mongolicum* Franch.
【生 长 型】多年生草本。
【产地与分布】辽宁省产于营口、鞍山、朝阳等地，保护区内河坎子乡有分布。分布于我国东北、华北及西北，朝鲜、蒙古也有分布。
【生长环境】生于山谷林下或阴湿岩石缝中。
【实用价值】水土保持等生态价值。

蹄盖蕨科
Athyriaceae
蹄盖蕨属

东北蹄盖蕨 *Athyrium brevifrons* Nakai ex Kitag.
【中文异名】猴腿蹄盖蕨
【拉丁异名】*Athyrium multidentatum* (Doell) Ching

Athyrium Roth

【生 长 型】多年生草本。
【产地与分布】辽宁省产于本溪、丹东、锦州、鞍山、大连等地，保护区内广布。分布于我国东北、华北及西北，朝鲜、蒙古也有分布。
【生长环境】生于林下或阴湿石上。
【实用价值】除生态价值外，嫩叶可食用。

蹄盖蕨科
Athyriaceae
蹄盖蕨属
Athyrium Roth

中华蹄盖蕨 *Athyrium sinense* Rupr.
【中文异名】狭叶蹄盖蕨
【拉丁异名】*Athyrium melanolepis* var. *angustifrons* Kodama
【生 长 型】多年生草本。
【产地与分布】辽宁省产于沈阳、本溪、丹东、鞍山、营口、锦州等地，保护区内广布。分布于我国东北、华北及西北。
【生长环境】生于疏林下或林缘草丛。
【实用价值】根状茎及叶柄残基入药，有清热解毒、杀虫之效。

蹄盖蕨科
Athyriaceae
蹄盖蕨属
Athyrium Roth

禾秆蹄盖蕨 *Athyrium yokoscense* (Franch. et Sav.) Christ
【中文异名】横须贺蹄盖蕨
【拉丁异名】*Aspidium subspinulosum* Franch. et Sav.
【生 长 型】多年生草本。
【产地与分布】辽宁省产于沈阳、丹东、本溪、大连等地，保护区内广布。分布于我国东北、华北、华东、华中及华南，朝鲜及日本也有分布。
【生长环境】生于林下石缝或林缘石壁。
【实用价值】除生态价值外，全草入药，有驱虫、解毒、止血之效。

冷蕨科
Cystopteridaceae
冷蕨属
Cystopteris Bernh.

冷蕨 *Cystopteris fragilis* (L.) Bernh.
【中文异名】
【拉丁异名】*Cystopteris filix-fragilis* (L.) Bernh.
【生 长 型】多年生草本。
【产地与分布】辽宁省产于鞍山、丹东等地，保护区内河坎子乡大冰沟、大河北镇龙泉沟等地有分布。分布于我国东北、华北、华东、华中及华南，朝鲜及日本也有分布。

【生长环境】生于石阴处或溪旁石缝。

【实用价值】水土保持等生态价值。

冷蕨科
Cystopteridaceae
羽节蕨属
Gymnocarpium Newman

羽节蕨 *Gymnocarpium jessoense* (Koidz.) Koidz.

【中文异名】

【拉丁异名】*Gymnocarpium continentalis* (Petrov) Ching

【生 长 型】多年生草本。

【产地与分布】辽宁省产于朝阳、鞍山、大连等地，保护区内三道河子镇有分布。分布于我国东北、华北、西北及西南，朝鲜、日本也有分布。

【生长环境】生于林下。

【实用价值】水土保持等生态价值。

冷蕨科
Cystopteridaceae
羽节蕨属
Gymnocarpium Newman

欧洲羽节蕨 *Gymnocarpium dryopteris* (L.) Newman

【中文异名】鳞毛羽节蕨

【拉丁异名】*Polypodium dryopteris* L.

【生 长 型】多年生草本。

【产地与分布】辽宁省产于朝阳、鞍山、大连等地，保护区内三道河子镇桦皮沟、大河北镇龙泉沟等地有分布。分布于我国东北、华北、西北及西南，俄罗斯（西伯利亚）、朝鲜、日本也有分布。

【生长环境】生于林下阴湿处。

【实用价值】水土保持等生态价值。

铁角蕨科
Aspleniaceae
铁角蕨属
Asplenium L.

北京铁角蕨 *Asplenium pekinense* Hance

【中文异名】

【拉丁异名】*Asplenium sepulchrale* Hook. et Bak.

【生 长 型】多年生草本。

【产地与分布】辽宁省产于大连、凌源等地，保护区内广布。分布于我国东北、华北，广布于黄河流域及长江流域。

【生长环境】生于林下岩石上。

【实用价值】水土保持等生态价值。

铁角蕨科
Aspleniaceae
铁角蕨属
Asplenium L.

钝齿铁角蕨 *Asplenium tenuicaule* var. *subvarians* (Ching) Viane
【中文异名】普通铁角蕨、钝尖铁角蕨
【拉丁异名】*Asplenium subvarians* Ching
【生 长 型】多年生草本。
【产地与分布】辽宁省产于鞍山、丹东、朝阳等地，保护区内三道河子镇桦皮沟、大河北镇龙泉沟等地有分布。分布于我国东北、华北、西北、华东、华中、西南。
【生长环境】生于林下岩石上。
【实用价值】水土保持等生态价值。

铁角蕨科
Aspleniaceae
铁角蕨属
Asplenium L.

过山蕨 *Asplenium ruprechtii* Sa.Kurata
【中文异名】
【拉丁异名】*Camptosorus sibiricus* Rupr.
【生 长 型】多年生草本。
【产地与分布】辽宁省产于铁岭、本溪、丹东、鞍山、大连、朝阳等地，保护区内广布。分布于我国东北、华北、西北及华东，俄罗斯、朝鲜、日本也有分布。
【生长环境】生于林下或溪边阴湿岩石上。
【实用价值】全草入药，具有止血、凉血、消炎、活血散瘀之药效。

球子蕨科
Onocleaceae
球子蕨属
Onoclea L.

球子蕨 *Onoclea sensibilis* L.
【中文异名】
【拉丁异名】*Onoclea sensibilis* var. *interrupta* Maxim.
【生 长 型】多年生草本。
【产地与分布】辽宁省产于丹东、本溪、大连、阜新、朝阳等地，保护区内三道河子、大河北等乡镇有分布。分布于我国东北、华北及西北，俄罗斯、朝鲜、日本也有分布。
【生长环境】生于草甸或灌丛中。
【实用价值】水土保持等生态价值。

球子蕨科
Onocleaceae

荚果蕨 *Matteuccia struthiopteris* (L.) Todaro
【中文异名】黄瓜香

荚果蕨属
Matteuccia Todaro

【拉丁异名】*Struthiopteris filicastrum* All.
【生 长 型】多年生草本。
【产地与分布】辽宁省产于大连、本溪、丹东、鞍山、朝阳等地，保护区内三道河子、大河北等乡镇有分布。分布于我国东北、华北、西北及西南，北温带其他地区也有分布。
【生长环境】生于林下、林缘或湿草地。
【实用价值】幼叶可食；根茎入药，具有清热解毒、止血等药效。

岩蕨科
Woodsiaceae
膀胱蕨属
Protowoodsia Ching

膀胱蕨 *Protowoodsia manchuriensis* (Hook.) Ching
【中文异名】膀胱岩蕨
【拉丁异名】*Woodsia manchuriensis* Hook.
【生 长 型】多年生草本。
【产地与分布】辽宁省产于本溪、鞍山、大连、朝阳等地，保护区内产于三道河子镇桦皮沟、河坎子乡大冰沟。分布于我国东北、华北、西北、西南、华东，俄罗斯（远东地区）、朝鲜、日本也有分布。
【生长环境】生于较阴湿的岩石缝。
【实用价值】水土保持等生态价值。

岩蕨科
Woodsiaceae
岩蕨属
Woodsia R. Br.

大囊岩蕨 *Woodsia macrochlaena* Mett. ex Kuhn
【中文异名】
【拉丁异名】*Woodsia frondosa* Christ
【生 长 型】多年生草本。
【产地与分布】辽宁省产于丹东、大连、朝阳等地，保护区内三道河子镇有分布。分布于我国东北及华北，俄罗斯（远东地区）、朝鲜、日本也有分布。
【生长环境】生于岩石缝中。
【实用价值】水土保持等生态价值。

岩蕨科
Woodsiaceae
岩蕨属
Woodsia R. Br.

等基岩蕨 *Woodsia subcordata* Turcz.
【中文异名】心岩蕨
【拉丁异名】*Woodsia pilosella* Rupr.
【生 长 型】多年生草本。

【产地与分布】辽宁省产于鞍山、大连、朝阳等地，保护区内产于河坎子乡大冰沟。分布于我国东北、华北、华东，俄罗斯、朝鲜、日本也有分布。
【生长环境】生于林下或山坡岩石缝。
【实用价值】水土保持等生态价值。

岩蕨科
Woodsiaceae
岩蕨属
Woodsia R. Br.

东亚岩蕨 *Woodsia intermedia* Tagawa
【中文异名】中岩蕨
【拉丁异名】*Woodsia subintermedia* Tzvelev
【生 长 型】多年生草本。
【产地与分布】辽宁省产于鞍山、锦州、朝阳、丹东等地，保护区内产于大河北镇。分布于我国东北及内蒙古，蒙古、朝鲜、日本也有分布。
【生长环境】生于林下或山坡岩石缝。
【实用价值】水土保持等生态价值。

岩蕨科
Woodsiaceae
岩蕨属
Woodsia R. Br.

耳羽岩蕨 *Woodsia polystichoides* Eaton
【中文异名】
【拉丁异名】*Woodsia polystichoides* var. *veitchii* Hance
【生 长 型】多年生草本。
【产地与分布】辽宁省产于丹东、大连、朝阳等地，保护区内广布。分布于全国各地，俄罗斯（远东地区）、朝鲜、日本也有分布。
【生长环境】生于林下岩石上。
【实用价值】除生态价值外，植株可入药，民间用其治疗伤筋。

岩蕨科
Woodsiaceae
岩蕨属
Woodsia R. Br.

密毛岩蕨 *Woodsia rosthorniana* Diels
【中文异名】
【拉丁异名】*Woodsia delavayi* Christ.
【生 长 型】多年生草本。
【产地与分布】辽宁省产于大连、朝阳等地，保护区内河坎子乡有分布。分布于我国东北、华北、西北及西南。
【生长环境】生于林下岩石上或灌丛中。
【实用价值】水土保持等生态价值。

鳞毛蕨科
Dryopteridaceae
鳞毛蕨属
Dryopteris Adans.

粗茎鳞毛蕨 *Dryopteris crassirhizoma* Nakai
【中文异名】野鸡膀子
【拉丁异名】
【生 长 型】多年生草本。
【产地与分布】辽宁省产于丹东、本溪、鞍山、朝阳等地，保护区内河坎子乡有分布。分布于我国东北、华北，俄罗斯、朝鲜、日本也有分布。
【生长环境】生于山地林下。
【实用价值】根状茎入药，可清热解毒、活血散瘀、止血、杀虫。

鳞毛蕨科
Dryopteridaceae
鳞毛蕨属
Dryopteris Adans.

中华鳞毛蕨 *Dryopteris chinensis* (Bak.) Koidz.
【中文异名】
【拉丁异名】*Dryopteris subtripinnata* var. *polylepis* Nakai
【生 长 型】多年生草本。
【产地与分布】辽宁省产于丹东、鞍山、朝阳等地，保护区内三道河子镇有分布。分布于我国东北、华北、华东及华中，朝鲜、日本也有分布。
【生长环境】生于低山林下。
【实用价值】水土保持等生态价值。

鳞毛蕨科
Dryopteridaceae
鳞毛蕨属
Dryopteris Adans.

广布鳞毛蕨 *Dryopteris expansa* (Presl) Fraser-Jenkins et Jermy
【中文异名】
【拉丁异名】*Dryopteris siranensis* Nakai
【生 长 型】多年生草本。
【产地与分布】辽宁省产于本溪、丹东、朝阳等地，保护区内广布。分布于我国东北，俄罗斯、朝鲜、日本及欧洲一些国家也有分布。
【生长环境】生于林下。
【实用价值】水土保持等生态价值。

鳞毛蕨科
Dryopteridaceae
鳞毛蕨属

华北鳞毛蕨 *Dryopteris goeringiana* (Kunze) Koidz.
【中文异名】美丽鳞毛蕨
【拉丁异名】*Dryopteris laeta* (Kom.) C. Chr.

Dryopteris Adans.

【生 长 型】多年生草本。

【产地与分布】辽宁省产于锦州、葫芦岛、朝阳、沈阳、鞍山、大连等地，保护区内广布。分布于我国东北、华北及西北，俄罗斯、朝鲜、日本也有分布。

【生长环境】生于阔叶林下或灌丛中。

【实用价值】水土保持等生态价值。

鳞毛蕨科
Dryopteridaceae
耳蕨属
Polystichum Roth.

华北耳蕨 *Polystichum craspedosorum* (Maxim.) Diels

【中文异名】鞭叶耳蕨

【拉丁异名】*Aspidium craspedosorum* Maxim.

【生 长 型】多年生草本。

【产地与分布】辽宁省产于本溪、朝阳、丹东、大连等地，保护区内各乡镇均有分布。

【生长环境】生于较阴湿的钙质岩石上。

【实用价值】水土保持等生态价值。

水龙骨科
Polypodiaceae
瓦韦属
Lepisorus (J. Smith) Ching

乌苏里瓦韦 *Lepisorus ussuriensis* (Regl et Maack) Ching

【中文异名】

【拉丁异名】*Pleopeltis ussuriensis* Regel et Maack

【生 长 型】多年生草本。

【产地与分布】辽宁省产于本溪、丹东、锦州、朝阳、大连等地，保护区内广布。分布于我国东北、华北及西北，俄罗斯、朝鲜也有分布。

【生长环境】生于林下岩石、枯朽木及树皮上。

【实用价值】全草入药，可消肿止痛、止血、利尿、祛风清热。

水龙骨科
Polypodiaceae
石韦属
Pyrrosia Mirbel

华北石韦 *Pyrrosia davidii* (Baker) Ching

【中文异名】北京石韦

【拉丁异名】*Pyrrosia pekinensis* (C. Chr.) Ching

【生 长 型】多年生草本。

【产地与分布】辽宁省产于朝阳、丹东等地，保护区内各乡镇均有分布。分布于我国东北、华北、西北及长江以南地区。

【生长环境】生于山地岩石上或石缝间。

【实用价值】全草入药，可清热利尿，用于治疗咳嗽、尿路感染等。

水龙骨科
Polypodiaceae
石韦属
Pyrrosia Mirbel

有柄石韦 *Pyrrosia petiolosa* (Christ) Ching
【中文异名】长柄石韦
【拉丁异名】*Polypiodium petiolosum* Christ
【生 长 型】多年生草本。
【产地与分布】辽宁省产于本溪、丹东、阜新、鞍山、大连、朝阳等地，保护区内广布。分布于我国东北、华北、西北、西南以及长江中下游各地，朝鲜也有分布。
【生长环境】生于较干旱的裸岩上。
【实用价值】全草入药，有消炎利尿、止血去瘀、清湿除热之效。

蘋科
Marsileaceae
蘋属
Marsilea L.

蘋 *Marsilea quadrifolia* L.Sp
【中文异名】
【拉丁异名】
【生 长 型】小型水生植物。
【产地与分布】辽宁省产于大连、朝阳、营口等地，保护区内各乡镇均有分布。分布于我国华北及长江以南各地，世界各地也有。
【生长环境】生于水田、小溪或沟塘中。
【实用价值】全草入药，可清热解毒、消肿、利尿、安神、截疟。

槐叶蘋科
Salviniaceae
槐叶蘋属
Salvinia Adans.

槐叶蘋 *Salvinia natans* (L.) All.
【中文异名】
【拉丁异名】*Marsilea natans* L.
【生 长 型】小型浮水植物。
【产地与分布】辽宁省产于沈阳、盘锦、鞍山、朝阳等地，保护区内三道河子镇有分布。分布于全国各地，亚洲温带地区及欧洲一些国家也有分布。
【生长环境】生于水田、沟塘和静水溪河内。
【实用价值】全草入药，有清热、解毒、止痛、活血、消肿之药效。

二、裸子植物

GYMNOSPERMAE

银杏科
Ginkgoaceae
银杏属
Ginkgo L.

银杏 *Ginkgo biloba* L.

【中文异名】公孙树

【拉丁异名】*Salisburia adiantifolia* Smith

【生 长 型】阔叶落叶乔木。

【产地与分布】辽宁省产于丹东、大连、鞍山、沈阳等地，保护区引种栽培。我国特产的中生代孑遗植物，日本、朝鲜及欧美各国均有栽培。

【实用价值】用于园林绿化，种仁入药，有润肺、止咳、强身等功效。

松科
Pinaceae
冷杉属
Abies Mill.

杉松 *Abies holophylla* Maxim.

【中文异名】杉松冷杉

【拉丁异名】*Pinus holophylla* (Maxim.) Parl.

【生 长 型】常绿针叶乔木。

【产地与分布】辽宁省产于本溪、丹东、大连等地，保护区内杨杖子镇引种栽培。分布于我国黑龙江省、吉林省，朝鲜也有分布。

【生长环境】生于气候寒冷湿润、土层肥厚的针阔混交林中。

【实用价值】材质轻软，具香气，树形优美，为优良用材和观赏树种。

松科
Pinaceae
云杉属
Picea Dietr.

白扦 *Picea meyeri* Rehd.

【中文异名】白杄云杉

【拉丁异名】*Picea obovata* var. *schrenkiana* auct. *non* Carr.

【生 长 型】常绿针叶乔木。

【产地与分布】中国特有种，辽宁省各地有栽培，保护区内引种栽培。分布于河北、山西及内蒙古等地。

【生长环境】生于山地阴坡或半阴坡。

【实用价值】树形优美，为优良观赏树种。

松科
Pinaceae
云杉属
Picea Dietr.

青扦 *Picea wilsonii* Rehder.

【中文异名】青杄云杉

【拉丁异名】*Picea mastersii* Mayr

【生 长 型】常绿针叶乔木。

【产地与分布】中国特有种，主产于小兴安岭及华北地区。辽宁省各地有栽培，保护区内各乡镇均有栽培。
【生长环境】生于山地阴坡或半阴坡。
【实用价值】树形美，为庭园绿化之良种。

松科
Pinaceae
云杉属
Picea Dietr.

红皮云杉 *Picea koraiensis* Nakai
【中文异名】朝鲜云杉
【拉丁异名】*Picea pungsanensis* Uyeki
【生 长 型】常绿针叶乔木。
【产地与分布】辽宁省产于丹东等地，保护区内均有栽培。分布于我国黑龙江省、吉林省，朝鲜及俄罗斯（远东地区）也有分布。
【生长环境】生于针阔混交林中。
【实用价值】用于园林绿化，木材可供建筑、做家具等用。

松科
Pinaceae
云杉属
Picea Dietr.

欧洲云杉 *Picea abies* (L.) H. Karst.
【中文异名】
【拉丁异名】*Picea excelsa* Link
【生 长 型】常绿针叶乔木。
【产地与分布】保护区内杨杖子镇引种栽培，辽宁省大连、盖州、沈阳有栽培，原产于欧洲中部和北部。
【生长环境】生于较湿润的高山地带或高纬度地区。
【实用价值】园林绿化。

松科
Pinaceae
落叶松属
Larix Mill.

落叶松 *Larix gmelinii* (Rupr.) Kuzeneva
【中文异名】兴安落叶松
【拉丁异名】*Larix dahurica* Laws.
【生 长 型】落叶针叶乔木。
【产地与分布】分布于我国东北大兴安岭和小兴安岭，俄罗斯（远东地区）也有分布。辽宁省各地均有栽培，保护区内引种栽培。
【生长环境】适应性较强，在干燥山坡均能生长发育。
【实用价值】为良好的山地造林树种。

松科
Pinaceae

华北落叶松 *Larix gmelinii* var. *principis-rupprechtii* (Mayr) Pilger

落叶松属
Larix Mill.

【中文异名】雾灵落叶松
【拉丁异名】*Larix dahurica* var. *principis-rupprechtii* (Mayr) Rehd. et Wils.
【生 长 型】针叶落叶乔木。
【产地与分布】中国特有种，分布于河北省、山西省，保护区引种栽培。
【生长环境】生于阴坡、半阴坡纯林或针阔混交林。
【实用价值】用于荒山造林或园林绿化。

松科
Pinaceae
落叶松属
Larix Mill.

黄花落叶松 *Larix olgensis* Henry
【中文异名】长白落叶松
【拉丁异名】*Larix koreensis* Rafn
【生 长 型】常绿针叶乔木。
【产地与分布】分布于我国东北（长白山及老爷岭），朝鲜及俄罗斯（远东地区）也有分布。保护区内引种栽培。
【生长环境】生于阴坡、半阴坡纯林或针阔混交林。
【实用价值】用于荒山造林或园林绿化。

松科
Pinaceae
落叶松属
Larix Mill.

日本落叶松 *Larix kaempferi* (Lamb.) Carr.
【中文异名】
【拉丁异名】*Abies. kaempferi* Lindl.
【生 长 型】常绿针叶乔木。
【产地与分布】原产日本。辽宁省抚顺、本溪、丹东、大连、鞍山、沈阳等地栽培，保护区内引种栽培。
【生长环境】生于阴坡、半阴坡纯林或针阔混交林。
【实用价值】用于荒山造林或园林绿化。

松科
Pinaceae
松属
Pinus L.

红松 *Pinus koraiensis* Sieb. et Zucc.
【中文异名】果松
【拉丁异名】*Pinus mandschurica* Rupr.
【生 长 型】常绿针叶乔木。
【产地与分布】辽宁省产于丹东、本溪等地，保护区内引种造林。分布于我国东北，朝鲜、日本、俄罗斯（远东地区）亦有分布。
【生长环境】喜生于气候温寒、湿润、棕色森林土地带。

【实用价值】珍贵用材树种。种子可食，亦可供药用，为滋补强壮剂。

松科
Pinaceae
松属
Pinus L.

华山松 *Pinus armandii* Franch.
【中文异名】五叶松
【拉丁异名】*Pinus quinquefolia* David
【生 长 型】常绿针叶乔木。
【产地与分布】原产我国山西、甘肃、河南、湖北及西南各地。大连、沈阳等地作为观赏树种栽培，保护区引种用于山地造林。
【生长环境】喜生于气候温寒、湿润、棕色森林土地带。
【实用价值】针叶提炼芳香油。种子可食用，亦可榨油供食用或工业用。

松科
Pinaceae
松属
Pinus L.

白皮松 *Pinus bungeana* Zucc. ex Ehdl.
【中文异名】虎皮松
【拉丁异名】*Pinus excorticata*
【生 长 型】常绿针叶乔木。
【产地与分布】中国特有种，分布于我国山西、陕西、甘肃、河南、湖北、四川等省。辽宁省各地均有栽培，保护区内引种栽培。
【生长环境】喜光树种，耐瘠薄土壤及较干冷的气候，在气候温凉、土层深厚、肥润的钙质土和黄土上生长良好。
【实用价值】种子可食，树形优美，为极佳之庭园观赏树种。

松科
Pinaceae
松属
Pinus L.

赤松 *Pinus densiflora* Sieb. et Zucc.
【中文异名】日本赤松
【拉丁异名】*Pinus scopifera* Miq.
【生 长 型】常绿针叶乔木。
【产地与分布】分布于我国吉林省、黑龙江省，朝鲜、日本也有分布。辽宁省产于丹东、本溪、大连、营口等地。保护区内引种栽培。
【生长环境】生于裸露石质山坡、山脊以及林中岩石等处。
【实用价值】种子榨油，可供食用及工业用，针叶可提取芳香油。

松科
Pinaceae
松属
Pinus L.

樟子松 *Pinus sylvestris* var. *mongolica* Litv.
【中文异名】海拉尔松
【拉丁异名】*Pinus yamazutai* Uyeki
【生 长 型】常绿针叶乔木。
【产地与分布】原产于大兴安岭、小兴安岭，河北、内蒙古、宁夏等地引种栽培，辽宁省各地均有栽培，保护区引种栽培。
【生长环境】适应较干旱的向阳山坡以及干旱沙地、石砾地等。
【实用价值】生产木材及水土保持等生态价值。

松科
Pinaceae
松属
Pinus L.

油松 *Pinus tabuliformis* Carr.
【中文异名】东北黑松
【拉丁异名】*Pinus leucosperma* Maxim.
【生 长 型】常绿针叶乔木。
【产地与分布】辽宁省产于朝阳、大连、本溪、铁岭、沈阳、阜新、锦州等地，保护区内广布。分布于我国华北、西北以及西南。
【生长环境】喜光、耐干旱，辽西地区荒山造林之先锋树种。
【实用价值】水土保持等生态价值；松节、针叶及花粉可入药。

松科
Pinaceae
松属
Pinus L.

黑皮油松 *Pinus tabuliformis* var. *mukdensis* Uyeki
【中文异名】
【拉丁异名】
【生 长 型】常绿针叶乔木。
【产地与分布】辽宁省产于大连、朝阳、铁岭、沈阳、阜新、锦州等地，保护区内广布。分布于我国华北、西北以及西南。
【生长环境】耐干旱瘠薄，是辽西地区荒山造林之先锋树种。
【实用价值】水土保持等生态价值；松节、针叶及花粉可入药。

松科
Pinaceae

扫帚油松 *Pinus tabuliformis* var. *umbraculifera* Liou et Wang

松属
Pinus L.

【中文异名】
【拉丁异名】
【生 长 型】常绿针叶乔木。
【产地与分布】辽宁省产于鞍山、朝阳、锦州等地，保护区内有分布。
【生长环境】生于干旱山坡，耐干旱、耐瘠薄。
【实用价值】树形优美，观赏。

柏科
Cupressaceae
侧柏属
Platycladus Spach

侧柏 *Platycladus orientalis* (L.) Franco
【中文异名】香柏
【拉丁异名】*Platycladus stricta* Spach
【生 长 型】常绿针叶乔木。
【产地与分布】辽宁省产于辽西各地，保护区内广布。除新疆、青海、西藏、黑龙江、吉林外，几乎遍布全国，朝鲜也有分布，日本、俄罗斯及其他国家也有栽培。
【生长环境】生于向阳山坡。
【实用价值】叶及种子可供药用，广泛用于园林绿化。

柏科
Cupressaceae
刺柏属
Juniperus L.

铺地柏 *Juniperus procumbens* (Siebold ex Endl.) Miq.
【中文异名】
【拉丁异名】*Sabina procumbens* (Endl.) Iwata et Kusaka
【生 长 型】常绿针叶匍匐灌木。
【产地与分布】原产日本。辽宁省沈阳、大连、丹东等地有栽培，保护区内引种栽培，国内一些城市也多有栽培。
【生长环境】生长于公园、庭院及道路两侧。
【实用价值】园林绿化树种。

柏科
Cupressaceae
刺柏属
Juniperus L.

杜松 *Juniperus rigida* Sieb. et Zucc.
【中文异名】崩松
【拉丁异名】*Juniperus utilis* Koidz.
【生 长 型】常绿针叶灌木或小乔木。
【产地与分布】辽宁省产于抚顺、本溪、营口、丹东等地，保护区内引种栽培。分布于我国吉林省、黑龙江省及华北、西北等地，朝鲜和日本也有分布。
【生长环境】强阳性树种，生于干山坡。

【实用价值】常栽培作庭园观赏树，球果可药用。

柏科
Cupressaceae
刺柏属
Juniperus L.

圆柏 *Juniperus chinensis* L.
【中文异名】刺柏
【拉丁异名】*Sabina chinensis* (L.) Ant.
【生 长 型】常绿针叶乔木。
【产地与分布】辽宁省各地均有栽培，保护区内引种栽培。分布于中国华北、西北各地区及长江流域。
【生长环境】阳性树种，在湿润、排水良好的土壤上生长良好。
【实用价值】枝、叶及树皮入药，为优良的园林观赏树种。

红豆杉科
Taxaceae
红豆杉属
Taxus L.

东北红豆杉 *Taxus cuspidata* Sieb. et Zucc
【中文异名】紫杉
【拉丁异名】*Taxus baccata* var. *microcarpa* Trautv.
【生 长 型】常绿针叶乔木。
【产地与分布】辽宁省产于丹东、本溪等地，保护区内有栽培。分布于我国吉林省东部、黑龙江省东部，日本、朝鲜、俄罗斯亦有分布。
【生长环境】多见于以红松为主的针阔混交林内。
【实用价值】全株药用，用以治疗糖尿病，假种皮可鲜食。

麻黄科
Ephedraceae
麻黄属
Ephedra Tourn ex L.

草麻黄 *Ephedra sinica* Stapf
【中文异名】麻黄
【拉丁异名】*Ephedra flava* Smith
【生 长 型】多年生草本。
【产地与分布】辽宁省产于阜新、朝阳等地，保护区内大河北、刘杖子等乡镇有零星分布。分布于我国华北、西北等地区，蒙古也有分布。
【生长环境】生于干燥荒地、沙丘、海岸沙地及草原等处。
【实用价值】药用植物，提取麻黄碱。

三、被子植物

ANGIOSPERMAE

胡桃科
Juglandaceae
枫杨属
Pterocarya Kunth

枫杨 *Pterocarya stenoptera* C.DC.
【中文异名】
【拉丁异名】*Pterocarya stenoptera* var. *typica* Franch.
【生 长 型】落叶阔叶乔木。
【产地与分布】辽宁省产于大连、丹东、本溪、沈阳等地，保护区内产于大河北、刀尔登镇。分布于我国东北南部、西北、华东、华中、华南及西南。
【生长环境】生于河流沿岸。
【实用价值】栽植作庭园树或行道树。

胡桃科
Juglandaceae
胡桃属
Juglans L.

胡桃 *Juglans regia* L.
【中文异名】核桃
【拉丁异名】*Juglans regia* var. *sinensis* C. DC.
【生 长 型】落叶阔叶乔木。
【产地与分布】原产我国西部秦岭、新疆和西藏，欧洲、中亚也有分布。辽宁省南部与西部有栽培，保护区内广布。
【生长环境】平原、山地均可栽植。
【实用价值】经济林树种，果实食用，外果皮及叶又可做农药。

胡桃科
Juglandaceae
胡桃属
Juglans L.

胡桃楸 *Juglans mandshurica* Maxim.
【中文异名】核桃楸
【拉丁异名】*Juglans stenocarpa* Maxim.
【生 长 型】落叶阔叶乔木。
【产地与分布】辽宁省产于铁岭、辽阳、鞍山、本溪、丹东、大连、朝阳等地，保护区内广布。分布于我国东北、华北，华东，朝鲜、日本也有分布。
【生长环境】生于山坡阔叶林中或土壤土层深厚的沟谷内。
【实用价值】本材用途广泛，核桃仁营养丰富，可食用。

胡桃科
Juglandaceae
胡桃属
Juglans L.

麻核桃 *Juglans hopeiensis* Hu
【中文异名】
【拉丁异名】
【生 长 型】阔叶落叶乔木。

【产地与分布】分布于北京、河北，辽宁省经济林研究所有栽培，保护区内刀尔登镇引种栽培。
【生长环境】平原、山地均可栽植。
【实用价值】果实用于把玩。

杨柳科
Salicaceae
杨属
Populus L.

银白杨 *Populus alba* L.
【中文异名】
【拉丁异名】
【生 长 型】落叶阔叶乔木。
【产地与分布】分布于亚洲西部、非洲北部及欧洲。新疆额尔齐斯河河谷有野生群落，辽宁省各地多有栽培，保护区内引种栽培。
【生长环境】公路两侧。
【实用价值】木材用途广泛，园林绿化树种。

杨柳科
Salicaceae
杨属
Populus L.

新疆杨 *Populus alba* var. *pyramidalis* Bunge
【中文异名】
【拉丁异名】
【生 长 型】落叶阔叶乔木。
【产地与分布】辽宁省各地多有栽培，保护区内引种栽培。我国西北地区普遍栽植，亚洲西部、欧洲等地有分布。
【生长环境】公路两侧。
【实用价值】园林绿化树种。

杨柳科
Salicaceae
杨属
Populus L.

毛白杨 *Populus tomentosa* Carr.
【中文异名】响杨
【拉丁异名】*Populus pekinensis* Henry
【生 长 型】落叶阔叶乔木。
【产地与分布】广泛分布于黄河流域中、下游地区。辽宁省各地多有栽培，保护区内引种栽培。
【生长环境】公园或城乡公路两侧。
【实用价值】园林绿化树种。

杨柳科
Salicaceae
杨属

山杨 *Populus davidiana* Dode
【中文异名】
【拉丁异名】*Populus wutanica* Mayr.

Populus L.

【生 长 型】落叶阔叶乔木。
【产地与分布】产于辽宁省各地山区，保护区内广布。分布于我国东北、华北、西北、华中及西南高山地区，朝鲜、俄罗斯也有分布。
【生长环境】生于山坡杂木林。
【实用价值】具有荒山绿化、水土保持等生态价值。

杨柳科
Salicaceae
杨属
Populus L.

加杨 *Populus canadensis* Moench
【中文异名】加拿大杨
【拉丁异名】*Populus euramericana* (Dode) Guinier
【生 长 型】落叶阔叶乔木。
【产地与分布】辽宁省各地广泛栽培，保护区内引种栽培。欧洲、亚洲、北美洲有分布。
【生长环境】本种喜温暖湿润气候，耐瘠薄及微碱性土壤。
【实用价值】木材用途广泛，可用于园林绿化。

杨柳科
Salicaceae
杨属
Populus L.

钻天杨 *Populus nigra* var. *italica* (Moench) Koehne
【中文异名】
【拉丁异名】*Populus pyramidalis* Borkh.
【生 长 型】落叶阔叶乔木。
【产地与分布】辽宁省各地广泛栽培，保护区内引种栽培。欧洲、亚洲、北美洲有分布。
【生长环境】本种喜温暖湿润气候，耐瘠薄及微碱性土壤。
【实用价值】木材用途广泛，园林绿化树种。

杨柳科
Salicaceae
杨属
Populus L.

箭杆杨 *Populus nigra* var. *thevestina* (Dode) Bean
【中文异名】
【拉丁异名】
【生 长 型】落叶阔叶乔木。
【产地与分布】原产西亚，西北、华北广为栽植。辽宁省各地广泛栽培，保护区内引种栽培。
【生长环境】本种喜温暖湿润气候，耐瘠薄及微碱性土壤。
【实用价值】木材用途广泛，可用于园林绿化。

杨柳科
Salicaceae

北京杨 *Populus*×*beijingensis* W. Y. Hsu
【中文异名】

杨属
Populus L.

【拉丁异名】
【生 长 型】落叶阔叶乔木。
【产地与分布】辽宁省及保护区内广泛栽植。华北、西北各地广泛栽培。
【生长环境】本种在土壤、水肥条件较好的立地条件下生长较快。
【实用价值】木材用途广泛，是营造防护林和四旁绿化的优良速生树种。

杨柳科
Salicaceae
杨属
Populus L.

小黑杨 *Populus*×*xiaohei* T. S. Hwang et Liang
【中文异名】
【拉丁异名】
【生 长 型】落叶阔叶乔木。
【产地与分布】黄河流域及其以北的广大地区均有栽植，保护区内引种栽培。黄河流域及其以北的广大地区均有栽植。
【生长环境】生于土壤肥沃、排水良好的沙质壤土上。
【实用价值】木材用途广泛，是营造防护林和四旁绿化的优良速生树种。

杨柳科
Salicaceae
杨属
Populus L.

小叶杨 *Populus simonii* Carr
【中文异名】
【拉丁异名】*Populus laurifolia* Ledeb.
【生 长 型】落叶阔叶乔木。
【产地与分布】辽宁省产于朝阳、锦州等地，保护区内广布。分布于我国东北、华北、华中、西北及西南各地区。
【生长环境】生于土壤肥沃、排水良好的沙质壤土上。
【实用价值】木材用途广泛，是营造防护林和河滩绿化的优良速生树种。

杨柳科
Salicaceae
杨属
Populus L.

小钻杨 *Populus*×*xiaozhuanica* W. Y. Hsu et Liang
【中文异名】
【拉丁异名】
【生 长 型】落叶阔叶乔木。
【产地与分布】辽宁省各地均有栽培，保护区引种栽培。

吉林、内蒙古、河南、山东等都有引种。
【生长环境】适于干旱地区沙地、轻盐碱地或河岸造林。
【实用价值】是营造农田防护林和河滩绿化的优良速生树种。

杨柳科
Salicaceae
杨属
Populus L.

小青杨 *Populus pseudosimonii* Kitag.
【中文异名】
【拉丁异名】
【生 长 型】落叶阔叶乔木。
【产地与分布】辽宁省普遍栽植，保护区内多有栽培。分布于黑龙江、吉林、内蒙古、河北、山西、陕西、甘肃、青海、四川等地区。
【生长环境】生于山沟及河流两岸或平地。
【实用价值】生产木材及营造防护林。

杨柳科
Salicaceae
杨属
Populus L.

青杨 *Populus cathayana* Rehd.
【中文异名】
【拉丁异名】
【生 长 型】落叶阔叶乔木。
【产地与分布】辽宁省各地普遍栽植，保护区引种栽培。分布于华北、西北及四川。
【生长环境】生于山沟及河流两岸或平地。
【实用价值】生产木材及营造防护林。

杨柳科
Salicaceae
柳属
Salix L.

垂柳 *Salix babylonica* L.
【中文异名】垂丝柳
【拉丁异名】*Salix chinensis* Burm.
【生 长 型】落叶阔叶乔木。
【产地与分布】辽宁省及全国各地普遍栽培，为道旁、公园、水边等地的绿化树种，保护区内广布。欧、亚、美各洲多有栽植。
【生长环境】生于水边或平地上，耐水湿，也能生于干旱地区。
【实用价值】为优良的美化、绿化树种。木材可制家具，枝条可编筐，树皮含鞣质，可提制栲胶。

杨柳科
Salicaceae
柳属
Salix L.

旱柳 *Salix matsudana* Koidz.
【中文异名】
【拉丁异名】*Salix jeholensis* Nakai
【生 长 型】落叶阔叶乔木。
【产地与分布】辽宁省各地区自生或栽培，保护区内广布。分布于我国东北、华北、西北各地区，朝鲜、日本、俄罗斯（远东地区）也有栽植。
【生长环境】生于水边或平地上。
【实用价值】用于营造防护林或园林绿化。

杨柳科
Salicaceae
柳属
Salix L.

龙爪柳 *Salix matsudana* f. *tortuosa* (Vilm.) Rehd.
【中文异名】
【拉丁异名】
【生 长 型】落叶阔叶乔木。
【产地与分布】辽宁省常见栽培，保护区内多有栽培。全国各地多引种作为庭院及公园等地的美化树种。日本、欧洲、北美洲也均有引种。
【生长环境】多作为绿化树种栽于庭院。
【实用价值】为优良的美化、绿化树种。

杨柳科
Salicaceae
柳属
Salix L.

绦柳 *Salix matsudana* f. *pendula* Schneid.
【中文异名】
【拉丁异名】
【生 长 型】落叶阔叶乔木。
【产地与分布】辽宁省各地有引种，保护区内有栽培。我国东北、华北、西北和上海等地作为园林绿化树种多有栽培。
【生长环境】生于水边或平地上。
【实用价值】为优良的美化、绿化树种。

杨柳科
Salicaceae
柳属
Salix L.

旱垂柳 *Salix matsudana* var. *pseudomatsudana* (Y. L. Chou et Skv.) Y. L. Chou
【中文异名】
【拉丁异名】
【生 长 型】落叶阔叶乔木。
【产地与分布】辽宁省产于本溪、丹东、朝阳、阜新、锦州等地，保护区内有栽培。分布于我国黑龙江、河北等省。
【生长环境】生于水边或平地上。
【实用价值】为优良的美化、绿化树种。

杨柳科
Salicaceae
柳属
Salix L.

旱快柳 *Salix matsudana* var. *anshanensis* C. Wang et J. Z. Yan
【中文异名】
【拉丁异名】
【生 长 型】落叶阔叶乔木。
【产地与分布】辽宁省各市县多有引种，保护区内有栽培。黑龙江、吉林、内蒙古、河北、江苏、新疆等地也有引植。
【生长环境】生于水边或平地上。
【实用价值】生产木材或用于营造固沙、保土等，又为园林绿化及薪炭林树种。

杨柳科
Salicaceae
柳属
Salix L.

馒头柳 *Salix matsudana* f. *umbraculifera* Rehd.
【中文异名】
【拉丁异名】
【生 长 型】落叶阔叶乔木。
【产地与分布】辽宁省各地多有引种，保护区内有栽培。黑龙江、河北、陕西、甘肃等省普遍栽培。
【生长环境】生于路边或平地上。
【实用价值】为优良的美化、绿化树种。

杨柳科
Salicaceae
柳属
Salix L.

大黄柳 *Salix raddeana* Lacksch.
【中文异名】
【拉丁异名】*Salix caprea* f. *elongata* (Nakai) Kitag.
【生 长 型】落叶阔叶灌木或小乔木。
【产地与分布】辽宁省产于丹东、抚顺、沈阳、鞍山、朝阳等地，保护区内广布。分布于我国黑龙江、吉林、内蒙古等地区，朝鲜也有分布。
【生长环境】生于山坡、林缘，稀生于林中或林区路旁。
【实用价值】水土保持等生态价值。

杨柳科
Salicaceae
柳属
Salix L.

崖柳 *Salix floderusii* Nakai
【中文异名】
【拉丁异名】
【生 长 型】落叶阔叶灌木或小乔木。
【产地与分布】辽宁省产于沈阳、本溪、抚顺、鞍山、大连、朝阳等地，保护区内广布。分布于我国黑龙江、内蒙古、吉林、河北、山西等，朝鲜和俄罗斯也有分布。
【生长环境】生于较湿润的山坡、采伐迹地及林缘路旁。
【实用价值】水土保持等生态价值。

杨柳科
Salicaceae
柳属
Salix L.

谷柳 *Salix taraikensis* Kimura
【中文异名】
【拉丁异名】
【生 长 型】落叶阔叶灌木或小乔木。
【产地与分布】辽宁省产于本溪、抚顺、沈阳、铁岭、鞍山、大连、朝阳等地，保护区内广布。分布于我国东北、华北，朝鲜、俄罗斯（东部）也有分布。
【生长环境】生于林中、林缘、灌丛和山路旁。
【实用价值】水土保持等生态价值。

杨柳科
Salicaceae
柳属
Salix L.

蒿柳 *Salix schwerinii* E.L. Wolf
【中文异名】绢柳
【拉丁异名】
【生 长 型】落叶阔叶灌木或小乔木。
【产地与分布】辽宁省产于本溪、抚顺、沈阳、铁岭、鞍山、大连、朝阳等地，保护区内广布。分布于我国东北、华北，朝鲜、俄罗斯（东部）也有分布。
【生长环境】生于溪流旁、河边。
【实用价值】枝条可供编筐，叶可饲蚕，可作为护岸树种。

杨柳科
Salicaceae
柳属
Salix L.

筐柳 *Salix linearistipularis* (Franch.) K.S. Hao
【中文异名】蒙古柳
【拉丁异名】
【生 长 型】落叶阔叶灌木或小乔木。
【产地与分布】辽宁省产于朝阳、沈阳、大连等地，保护区内广布。黑龙江、吉林、河北、山西、陕西、河南、甘肃等省亦有栽培。

【生长环境】生于山地、河流、水泡岸边及草原地带的低丘间低地。

【实用价值】可作固沙、护堤及编织用树种。

杨柳科
Salicaceae
柳属
Salix L.

细枝柳 *Salix gracilior* (Siuz.) Nakai

【中文异名】

【拉丁异名】*Salix mongolica* f. *gracilior* Siuzev

【生 长 型】落叶阔叶灌木。

【产地与分布】辽宁省产于本溪、抚顺、沈阳、铁岭、鞍山、大连、朝阳等地，保护区内广布。分布于我国黑龙江、吉林、内蒙古、山西、新疆，朝鲜、俄罗斯（东部）也有分布。

【生长环境】生于河边。

【实用价值】为固堤岸、固沙树种，枝条可供编织。

杨柳科
Salicaceae
柳属
Salix L.

杞柳 *Salix integra* Thunb.

【中文异名】

【拉丁异名】*Salix multinervis* Franch. et Sav.

【生 长 型】落叶阔叶灌木。

【产地与分布】辽宁省产于本溪、抚顺、沈阳、铁岭、鞍山、大连、朝阳等地，保护区内广布。分布于我国黑龙江、吉林、内蒙古、山西、新疆，朝鲜、俄罗斯（东部）也有分布。

【生长环境】生于山地、河边及水甸子。

【实用价值】为固堤岸、固沙树种，枝条可供编织。

桦木科
Betulaceae
桦木属
Betula L.

硕桦 *Betula costata* Trautv.

【中文异名】黄桦

【拉丁异名】

【生 长 型】落叶阔叶乔木。

【产地与分布】辽宁省产于抚顺、本溪、朝阳等地，保护区内三道河子镇有分布。分布于我国黑龙江、吉林、河北等省，俄罗斯也有分布。

【生长环境】生于山腰及上部的杂木林内。

【实用价值】生产木材及水土保持等生态价值。

桦木科
Betulaceae
桦木属
Betula L.

白桦 *Betula platyphylla* Suk.
【中文异名】东北白桦
【拉丁异名】*Betula latifolia* Kom.
【生 长 型】落叶阔叶乔木。
【产地与分布】辽宁省产于本溪、丹东、朝阳等地，保护区内广布。分布于我国东北、西北、华东、西南，朝鲜、日本也有分布。
【生长环境】散生于山地中上部的杂木林内。
【实用价值】生产木材及水土保持等生态价值。

桦木科
Betulaceae
桦木属
Betula L.

黑桦 *Betula dahurica* Pall.
【中文异名】
【拉丁异名】*Betula maximowiczii* Rupr.
【生 长 型】落叶阔叶乔木。
【产地与分布】辽宁省产于本溪、丹东、朝阳等地，保护区内广布。分布于我国黑龙江、吉林、内蒙古、河北、山西等地区，朝鲜、日本、俄罗斯也有分布。
【生长环境】生于低山向阳山坡、山麓较干燥处或杂木林内。
【实用价值】生产木材及水土保持等生态价值。

桦木科
Betulaceae
桦木属
Betula L.

坚桦 *Betula chinensis* Maxim.
【中文异名】杵榆
【拉丁异名】
【生 长 型】落叶阔叶小乔木或灌木。
【产地与分布】辽宁省产于抚顺、本溪、鞍山、丹东、朝阳等地，保护区内广布。分布于我国吉林、河北、山西、山东、甘肃、陕西、河南等省，朝鲜也有分布。
【生长环境】生于山脊、干旱山坡或多石地。
【实用价值】水土保持等生态价值。

桦木科
Betulaceae

辽东桤木 *Alnus hirsuta* (Spach) Rupr.
【中文异名】水冬瓜赤杨

桤木属
Alnus Mill.

【拉丁异名】
【生　长　型】落叶阔叶乔木。
【产地与分布】辽宁省产于营口、大连等地。其他地区有栽培，保护区内引种栽培。分布于我国黑龙江、吉林等省，朝鲜、日本也有分布。
【生长环境】生于林中湿地、河岸。
【实用价值】木材较坚实，可作建筑、家具、器具、农具等用材。

桦木科
Betulaceae
鹅耳枥属
Carpinus L.

千金榆　*Carpinus cordata* Blume
【中文异名】千金鹅耳枥
【拉丁异名】*Ostrya mandshurica* Budischtschew cx Trautv.
【生　长　型】落叶阔叶灌木。
【产地与分布】辽宁省产于抚顺、本溪、丹东、大连、朝阳等地，保护区内广布。分布于我国东北、华北、西北等地，朝鲜、日本也有分布。
【生长环境】生于杂木林内湿润、肥沃处。
【实用价值】水土保持等生态价值。

桦木科
Betulaceae
鹅耳枥属
Carpinus L.

鹅耳枥　*Carpinus turczaninowii* Hance
【中文异名】见风干
【拉丁异名】*Carpinus paxii* H. Winkl.
【生　长　型】落叶阔叶小乔木或灌木。
【产地与分布】辽宁省产于朝阳、丹东、大连等地，保护区内广布。分布于我国东北、华北、西北等地，朝鲜、日本也有分布。
【生长环境】生于阴坡山谷低地。
【实用价值】水土保持等生态价值。

桦木科
Betulaceae
榛属
Corylus L.

毛榛　*Corylus mandshurica* Maxim
【中文异名】火榛子
【拉丁异名】*Corylus mandshurica var. brevituba* Nakai
【生　长　型】落叶阔叶灌木。
【产地与分布】辽宁省产于本溪、丹东、朝阳等地，保护区内广布。分布于我国黑龙江省、吉林省及华北、西北、西南，朝鲜、日本、俄罗斯（远东地区）也有分布。
【生长环境】散生于低山地的林内或灌丛中。
【实用价值】种子富含油分，可食用或榨油。

桦木科
Betulaceae
榛属
Corylus L.

榛 *Corylus heterophylla* Fisch. ex Trautv.
【中文异名】
【拉丁异名】*Corylus avellana* var.*davurica* Ledeb.
【生 长 型】落叶阔叶灌木。
【产地与分布】辽宁省各地均产，保护区内广布。分布于我国东北、华北，朝鲜、日本、俄罗斯、蒙古也有分布。
【生长环境】常丛生于裸露向阳坡地或林缘低平处。
【实用价值】种子富含油分，可食用或榨油。

桦木科
Betulaceae
虎榛子属
Ostryopsis Decne.

虎榛子 *Ostryopsis davidiana* Decaisne
【中文异名】
【拉丁异名】*Corylus davidiana* Baillon
【生 长 型】落叶阔叶灌木。
【产地与分布】辽宁省产于朝阳、葫芦岛、锦州等地，保护区内广布。分布于我国内蒙古、河北、山西、陕西、甘肃、四川等地区。
【生长环境】生于干旱山坡。
【实用价值】具有极高的涵养水源等生态价值。

壳斗科
Fagaceae
栗属
Castanea Mill.

栗 *Castanea mollissima* Blume
【中文异名】板栗
【拉丁异名】
【生 长 型】落叶阔叶乔木。
【产地与分布】原产于我国黄河流域中下游地区，除青海、宁夏、新疆、海南等少数地区外广布南北各地。辽宁省丹东、大连等地广泛栽培，保护区内多有栽培。朝鲜有分布。
【生长环境】常生于山地、沟谷。
【实用价值】坚果富含淀粉，食用。

壳斗科
Fagaceae

麻栎 *Quercus acutissima* Carr.
【中文异名】

栎属

Quercus L.

【拉丁异名】*Quercus serrata* Sieb. et Zuce

【生 长 型】落叶阔叶乔木。

【产地与分布】辽宁省产于丹东、大连、朝阳等地，保护区内河坎子乡有分布。朝鲜、日本也有分布。

【生长环境】生于低山缓坡地土层深厚肥沃处。

【实用价值】生产木材，叶可饲养柞蚕；果实可作饲料。

壳斗科

Fagaceae

栎属

Quercus L.

栓皮栎 *Quercus variabilis* Bl.

【中文异名】

【拉丁异名】

【生 长 型】落叶阔叶乔木。

【产地与分布】辽宁省产于辽南、辽东地区，保护区内河坎子乡有分布。我国广泛分布，朝鲜、日本、印度也有分布。

【生长环境】生于低山缓坡地土层深厚肥沃处。

【实用价值】生产木材，叶可饲养柞蚕；果实可作饲料。

壳斗科

Fagaceae

栎属

Quercus L.

槲树 *Quercus dentata* Thunb.

【中文异名】

【拉丁异名】*Ouercus dentata* subsp. *eudentata* A.Camus

【生 长 型】落叶阔叶乔木。

【产地与分布】分布于我国黑龙江、吉林及华北、华东、华中、西南各地区，辽宁省各地均有分布，保护区内广布。朝鲜、日本也有分布。

【生长环境】深根系阳性树，常生于山麓阳坡的杂木林内。

【实用价值】生产木材，坚果可提取淀粉或供饲料用。

壳斗科

Fagaceae

栎属

Quercus L.

大叶槲树 *Quercus dentata* subsp. *dentata*

【中文异名】

【拉丁异名】*Quercus dentata* f. *grandifolia* (Koidz.) Kitag.

【生 长 型】落叶阔叶乔木。

【产地与分布】分布于我国黑龙江、吉林及华北、华东、华中、西南各地区，辽宁省各地均有分布，保护区内广布。朝鲜、日本也有分布。

【生长环境】深根系阳性树，常生于山麓阳坡的杂木林内。

【实用价值】生产木材，坚果可提取淀粉或供饲料用。

壳斗科
Fagaceae
栎属
Quercus L.

蒙栎 *Quercus mongolica* Fisch. ex Ledebour
【中文异名】蒙古栎
【拉丁异名】*Quercus mongolica var. macrocarpa* H.Wei Jen & L.M.Wang
【生 长 型】落叶阔叶乔木。
【产地与分布】辽宁省各地均产，保护区内广布，分布于我国华北各地区。
【生长环境】深根系树种，生于山地的阴坡或半阴坡。
【实用价值】生产木材，叶可饲养柞蚕。

壳斗科
Fagaceae
栎属
Quercus L.

辽东栎 *Quercus wutaishanica* Mayr
【中文异名】
【拉丁异名】*Quercus liaotungensis* Koidzumi
【生 长 型】落叶阔叶乔木。
【产地与分布】辽宁省东部、南部均产，保护区内有分布，分布于我国华北各地。
【生长环境】生于低山向阳坡地杂木林中，较耐干旱。
【实用价值】生产木材，叶可饲养柞蚕。

壳斗科
Fagaceae
栎属
Quercus L.

槲栎 *Quercus aliena* Bl.
【中文异名】
【拉丁异名】
【生 长 型】落叶阔叶乔木。
【产地与分布】辽宁省产于抚顺、本溪、鞍山、丹东、大连、朝阳等地，保护区内大河北镇有分布。分布于我国华北、西北、华中、华东、西南各地区，朝鲜、日本也有分布。
【生长环境】为深根系阳性树种，通常生于山麓杂木林内。
【实用价值】水土保持等生态价值。

榆科
Ulmaceae
榆属
Ulmus L.

黑榆 *Ulmus davidiana* Planch.
【中文异名】东北黑榆
【拉丁异名】
【生 长 型】落叶阔叶乔木。

【产地与分布】辽宁省产于鞍山、丹东、朝阳等地，保护区内大河北、河坎子等乡镇有分布。分布于我国吉林、河北、山西和陕西等省，朝鲜也有分布。
【生长环境】生于山坡、谷地或路旁。
【实用价值】水土保持等生态价值。

榆科
Ulmaceae
榆属
Ulmus L.

春榆 *Ulmus davidiana* var. *japonica* (Rehd.) Nakai
【中文异名】
【拉丁异名】*Ulmus japonica* (Rehd.) Sarg.
【生 长 型】落叶阔叶乔木。
【产地与分布】辽宁省产于鞍山、丹东、朝阳等地，保护区内大河北、河坎子等乡镇均有分布。分布于我国吉林、河北、山西和陕西等省，朝鲜也有分布。
【生长环境】生于山坡、谷地或路旁。
【实用价值】水土保持等生态价值。

榆科
Ulmaceae
榆属
Ulmus L.

榆树 *Ulmus pumila* L.
【中文异名】家榆
【拉丁异名】*Ulmus campestros* var. *pumila* L.
【生 长 型】落叶阔叶乔木。
【产地与分布】产于辽宁省各地，保护区内广布。分布于我国黑龙江省、吉林省及华北、西北、华东，俄罗斯（中亚、东部西伯利亚和远东地区）、蒙古、朝鲜也有分布。
【生长环境】多生于山麓、丘陵、沙地上。
【实用价值】果实可食，叶、树皮还可入药。

榆科
Ulmaceae
榆属
Ulmus L.

垂枝榆 *Ulmus pumila* var. *Pendula* (Kirchr.) Rehd.
【中文异名】
【拉丁异名】
【生 长 型】落叶阔叶乔木。
【产地与分布】辽宁省产于喀左县，各地公园、庭院有栽培，保护区内有栽培。
【生长环境】公园庭院。
【实用价值】园林绿化。

榆科
Ulmaceae
榆属
Ulmus L.

旱榆 *Ulmus glaucescens* Franch.
【中文异名】灰榆
【拉丁异名】
【生 长 型】落叶阔叶乔木。
【产地与分布】辽宁省产于朝阳市，保护区内前进乡有分布。分布于我国内蒙古、宁夏、甘肃、陕西、山西、河北、山东等地区。
【生长环境】生于干旱山坡。
【实用价值】水土保持等生态价值。

榆科
Ulmaceae
榆属
Ulmus L.

毛果旱榆 *Ulmus glaucescens* var. *lasiocarpa* Rehd.
【中文异名】
【拉丁异名】
【生 长 型】落叶阔叶乔木。
【产地与分布】辽宁省产于朝阳市，保护区内前进乡有分布。分布于我国内蒙古、宁夏、甘肃、陕西、山西、河北、山东等地区。
【生长环境】生于干旱山坡。
【实用价值】水土保持等生态价值。

榆科
Ulmaceae
榆属
Ulmus L.

大果榆 *Ulmus macrocarpa* Hance
【中文异名】黄榆
【拉丁异名】*Ulmus macrocarpa* var. *mandshurica* Skv.
【生 长 型】落叶阔叶乔木。
【产地与分布】产于辽宁省各地。分布于我国东北、华北、华东和华中，俄罗斯（远东地区）、朝鲜、蒙古也有分布。
【生长环境】生于山地、丘陵及固定沙丘上。
【实用价值】水土保持等生态价值。

榆科
Ulmaceae
榆属
Ulmus L.

脱皮榆 *Ulmus lamellosa* Wang & S. L. Chang ex L.K.Fu
【中文异名】沙包榆
【拉丁异名】
【生 长 型】落叶阔叶乔木。
【产地与分布】辽宁省产于凌源市，保护区内前进乡有分布，营口（熊岳）有栽培。分布于我国河北（东陵），北京市有栽培。
【生长环境】生于山地沟谷地带。
【实用价值】新鲜嫩叶是很好的牲畜饲料，嫩果可食。

榆科
Ulmaceae
朴属
Celtis L.

大叶朴 *Celtis koraiensis* Nakai
【中文异名】
【拉丁异名】
【生 长 型】落叶阔叶乔木。
【产地与分布】辽宁省产于沈阳、锦州、朝阳等地，保护区内刀尔登镇柏杖子有分布。分布于华北、西北、华东，朝鲜也有分布。
【生长环境】生于山坡或沟谷杂木林中。
【实用价值】果可榨油，供制肥皂和作润滑剂；还可栽植为庭园观赏树。

榆科
Ulmaceae
朴属
Celtis L.

黑弹树 *Celtis bungeana* Bl.
【中文异名】小叶朴
【拉丁异名】*Celtis chimensis* Bunge
【生 长 型】落叶阔叶乔木。
【产地与分布】辽宁省产于朝阳、葫芦岛等地，保护区内广布。分布于我国吉林、内蒙古，朝鲜、日本也有分布。
【生长环境】生于路旁、山坡、灌丛中或林边。
【实用价值】枝干可药用，主治支气管哮喘及慢性气管炎。

榆科
Ulmaceae
朴属
Celtis L.

狭叶朴 *Celtis jessoensis* Koidz.
【中文异名】
【拉丁异名】
【生 长 型】落叶阔叶乔木。
【产地与分布】辽宁省产于葫芦岛、朝阳、锦州等地，保护区内刀尔登镇有分布。分布于我国吉林、内蒙古，朝鲜、日本也有分布。
【生长环境】生于山坡或沟谷杂木林中。
【实用价值】果实可食，亦可作行道树。

榆科
Ulmaceae

刺榆 *Hemiptelea davidii* (Hance) Planch.
【中文异名】

刺榆属
Hemiptelea Planch.

【拉丁异名】
【生 长 型】落叶阔叶乔木。
【产地与分布】辽宁省产于沈阳、鞍山、大连、丹东、朝阳等地，保护区内大河北、刘杖子等乡镇有分布。分布于我国吉林省及华北、西北、华中、华东，朝鲜也有分布。
【生长环境】生于村旁路边及山坡次生林中。
【实用价值】嫩叶可作饲料，因树枝有棘刺，可作绿篱树种。

杜仲科
Eucommiaceae
杜仲属
Eucommia Oliver

杜仲 *Eucommia ulmoides* Oliver
【中文异名】
【拉丁异名】
【生 长 型】落叶阔叶乔木。
【产地与分布】原产于我国，分布于西北、西南和华中。辽宁省大连、沈阳等地有栽培，保护区内大河北镇有栽培。
【生长环境】生长于低山、谷地或低坡的疏林里。
【实用价值】树皮药用，有强壮、降压的功效，亦可栽培供观赏。

桑科
Moraceae
桑属
Morus L.

桑 *Morus alba* L.
【中文异名】
【拉丁异名】*Morus atropurpurer Roxb.*
【生 长 型】落叶阔叶乔木。
【产地与分布】辽宁省产于朝阳、沈阳、辽阳、鞍山、本溪、大连等地。分布于全国各地区，朝鲜、日本、蒙古也有分布。
【生长环境】生于山坡疏林中，喜光，耐干旱，对土壤适应性强。
【实用价值】桑叶可制茶、养蚕，果实生食或酿酒。

桑科
Moraceae
桑属
Morus L.

垂枝桑 *Morus alba* var. *pendula* Dipel
【中文异名】
【拉丁异名】
【生 长 型】落叶阔叶小乔木。
【产地与分布】辽宁省朝阳、沈阳、辽阳、鞍山、本溪、大连等地多有栽培，保护区内有栽培。
【生长环境】栽培于公园及庭院。
【实用价值】园林绿化。

桑科
Moraceae
桑属
Morus L.

鸡桑 *Morus australis* Poir.
【中文异名】
【拉丁异名】
【生 长 型】落叶阔叶乔木。
【产地与分布】辽宁省产于本溪、丹东、朝阳等地，保护区内有分布。分布于我国河北、河南、湖北、四川、云南、贵州、广东等省，朝鲜、日本也有分布。
【生长环境】喜生于向阳山坡。
【实用价值】叶可制茶、养蚕，果实可食用。

桑科
Moraceae
桑属
Morus L.

蒙桑 *Morus mongolica* (Bureau) Schneid.
【中文异名】崖桑
【拉丁异名】*Morus alba* var *mongolica* Bur.
【生 长 型】落叶阔叶乔木。
【产地与分布】辽宁省产于朝阳、锦州、鞍山、大连等地。分布于我国黑龙江、吉林、内蒙古、河北、山东、湖南、四川、云南等地区，朝鲜也有分布。
【生长环境】生于向阳山坡及低地。
【实用价值】桑叶可制茶、饲养蚕，果实生食或酿酒。

桑科
Moraceae
桑属
Morus L.

毛蒙桑 *Morus mongolica* var. *diabolica* Koidz.
【中文异名】
【拉丁异名】
【生 长 型】落叶阔叶乔木。
【产地与分布】辽宁省产于朝阳、锦州、鞍山、大连等地，保护区内大河北、刀尔登等乡镇均有分布。
【生长环境】生于向阳山坡及低地。
【实用价值】果实可生食或酿酒，叶片、小枝及根皮药用。

大麻科
Cannabaceae

大麻 *Cannabis sativa* L.
【中文异名】线麻

大麻属
Cannabis L.

【拉丁异名】
【生 长 型】一年生草本。
【产地与分布】原产印度及中亚。国内各地均有栽培，保护区内广布。
【生长环境】原为栽培作物，现多为逸生，生于路边、田间地头及荒野。
【实用价值】主产品为茎皮纤维，种子含油率高，食用及药用。

大麻科
Cannabaceae
葎草属
Humulus L.

葎草 *Humulus scandens* (Lour.) Merr.
【中文异名】
【拉丁异名】
【生 长 型】一年生缠绕草本。
【产地与分布】生长于辽宁省各地，保护区内广布。除新疆、青海外分布于全国各地，日本、朝鲜、俄罗斯也有分布。
【生长环境】生于沟边、路旁、庭院附近及田野间、石砾质沙地及灌丛间，为常见的杂草。
【实用价值】全草药用，有消热解毒、利尿消肿之效。

荨麻科
Urticaceae
荨麻属
Urtica L.

麻叶荨麻 *Urtica cannabina* L.
【中文异名】
【拉丁异名】*Urtica cannabina* f. *angustiloba* Chu
【生 长 型】多年生草本。
【产地与分布】辽宁省产于沈阳、朝阳、锦州等地，保护区内广布。分布于我国东北、华北、西北，日本、蒙古、俄罗斯及其他欧洲国家也有分布。
【生长环境】生于干燥山坡和路旁。
【实用价值】全草药用，嫩叶食用。

荨麻科
Urticaceae
荨麻属
Urtica L.

宽叶荨麻 *Urtica laetevirens* Maxim.
【中文异名】
【拉丁异名】
【生 长 型】多年生草本。
【产地与分布】辽宁省产于抚顺、鞍山、丹东、大连、朝阳等地，保护区内广布。分布于我国东北、华北，朝鲜、日本也有分布。

【生长环境】生于林内多荫地，石砬子下或裂缝间、林缘路旁，溪流附近。

【实用价值】全草药用，嫩叶食用。

荨麻科
Urticaceae
荨麻属
Urtica L.

狭叶荨麻 *Urtica angustifolia* Fisch.ex Hornem.

【中文异名】螫麻子

【拉丁异名】

【生 长 型】多年生草本。

【产地与分布】辽宁省产于沈阳、鞍山、丹东、大连、朝阳等地，保护区内广布。分布于我国东北、华北，朝鲜、日本也有分布。

【生长环境】生于灌木林、林缘湿地、水甸子边，林内风倒木上及山野多荫处。

【实用价值】全草药用，嫩叶食用。

荨麻科
Urticaceae
蝎子草属
Girardinia Gaudich.

蝎子草 *Girardinia diversifolia* subsp. *suborbiculata* (C.J.Chen) C.J. Chen & Friis

【中文异名】

【拉丁异名】*Girardinia suborbiculata* C. J. Chen

【生 长 型】一年生草本。

【产地与分布】辽宁省产于鞍山、丹东、朝阳等地，保护区内广布。分布于我国东北、华北，朝鲜也有分布。

【生长环境】生于山坡疏林内、林缘及山边。

【实用价值】水土保持等生态价值。

荨麻科
Urticaceae
冷水花属
Pilea Lindl.

透茎冷水花 *Pilea pumila* (L.) A. Gray

【中文异名】

【拉丁异名】*Pilea mongolica* Wedd.

【生 长 型】一年生草本。

【产地与分布】辽宁省产于沈阳、鞍山、本溪、大连、朝阳等地，保护区内广布。分布于我国东北、华北及四川、江苏、浙江、云南等地区，俄罗斯、朝鲜、日本也有分布。

【生长环境】生于湿润林下、林缘及河岸边草甸子上。
【实用价值】根茎入药，有清热利尿之效。

荨麻科
Urticaceae
墙草属
Parietaria L.

墙草 *Parietaria micrantha* Ledeb.
【中文异名】
【拉丁异名】
【生 长 型】一年生草本。
【产地与分布】辽宁省产于本溪、朝阳等地。分布于我国内蒙古、河北、山西、陕西、甘肃、四川、云南、台湾等地区，朝鲜、日本、蒙古、俄罗斯、印度也有分布。
【生长环境】生于石砬子裂缝间，岩石下阴湿地上。
【实用价值】全草药用，有拔脓消肿之效。

檀香科
Santalaceae
百蕊草属
Thesium L.

百蕊草 *Thesium chinense* Turcz.
【中文异名】珍珠草
【拉丁异名】
【生 长 型】多年生半寄生草本。
【产地与分布】辽宁省产于沈阳、抚顺、鞍山、丹东、朝阳、锦州等地，保护区内广布。分布于我国东北、华北、华东和西南各地区，朝鲜、日本、俄罗斯也有分布。
【生长环境】生于山坡灌丛、林缘、石砾质地、干燥草地等处，常寄生于蒿类植物的根上。
【实用价值】全草入药，有清热解毒、消肿之效。

檀香科
Santalaceae
百蕊草属
Thesium L.

急折百蕊草 *Thesium refractum* C. A. Mey.
【中文异名】
【拉丁异名】
【生 长 型】多年生草本。
【产地与分布】辽宁省产于阜新、朝阳等地，保护区内广布。分布于黑龙江、内蒙古、四川、云南等地区，俄罗斯、朝鲜、日本、蒙古也有分布。
【生长环境】生于山坡草地、林缘及草甸处。
【实用价值】水土保持等生态价值。

槲寄生科
Viscaceae

槲寄生 *Viscum coloratum* (Kom.) Nakai
【中文异名】

槲寄生属
Viscum L.

【拉丁异名】*Viscum alnipormosanae* Hayqta
【生 长 型】常绿寄生小灌木。
【产地与分布】辽宁省产于沈阳、鞍山、本溪、铁岭等地。分布于我国东北、华北及湖北、陕西、甘肃等地，俄罗斯、朝鲜、日本也有分布。
【生长环境】寄生于杨树、柳树、梨树、榆树等树枝上。
【实用价值】全株入药，有补肝肾、除风湿、强筋骨之效。

桑寄生科
Loranthaceae
桑寄生属
Loranthus Jacq.

北桑寄生 *Loranthus tanakae* Franch. et Sav.
【中文异名】
【拉丁异名】
【生 长 型】落叶寄生小灌木。
【产地与分布】辽宁省产于凌源市，保护区内河坎子乡有分布。分布于我国内蒙古、河北、山西、陕西、甘肃、四川等地区。
【生长环境】寄生于栎属、桦木属、榆属、苹果属等植物上。
【实用价值】枝、叶民间作桑寄生入药。

蓼科
Polygonaceae
荞麦属
Fagopyrum Mill.

荞麦 *Fagopyrum esculentum* Moench
【中文异名】
【拉丁异名】
【生 长 型】一年生草本。
【产地与分布】全国各地都有栽培，保护区内广布。原产中亚，现广布欧洲和亚洲。
【生长环境】生于村边、荒地及山地边，多为逸生。
【实用价值】栽培粮食作物，并可入药，亦为良好的蜜源植物。

蓼科
Polygonaceae
何首乌属
Fallopia Adans.

齿翅首乌 *Fallopia dentatoalata* (Fr. Schm.) Holub.
【中文异名】齿翅蓼
【拉丁异名】*Bilderdyhia dentato-alata* (Fr. Schm.) Kitag.
【生 长 型】一年生草本。
【产地与分布】辽宁省产于朝阳、抚顺、本溪、丹东、鞍山、营口、大连等地，保护区内广布。分布于我国吉林、黑龙江、内蒙古、河北等地区，俄罗斯、朝鲜、日本、印度等也有分布。
【生长环境】生于河岸、山坡荒地及园地上。
【实用价值】水土保持等生态价值。

蓼科
Polygonaceae
何首乌属
Fallopia Adans.

篱首乌 *Fallopia dumetorum* (L.) Holub
【中文异名】篱蓼
【拉丁异名】
【生 长 型】一年生草本。
【产地与分布】辽宁省产于朝阳、本溪、大连等地，保护区内广布。分布于我国吉林、黑龙江等省，俄罗斯、蒙古、朝鲜、日本、印度也有分布。
【生长环境】生于耕地旁、河岸沙地或湿润的灌丛间。
【实用价值】水土保持等生态价值。

蓼科
Polygonaceae
何首乌属
Fallopia Adans.

蔓首乌 *Fallopia convolvulus* (L.) A.
【中文异名】拳茎蓼
【拉丁异名】
【生 长 型】一年生草本。
【产地与分布】辽宁省产于阜新、铁岭、抚顺、朝阳、大连等地，保护区内大河北、刀尔登等乡镇有分布。分布于我国吉林、黑龙江、内蒙古等地区，俄罗斯、朝鲜、日本及北美洲等也有分布。
【生长环境】生于湿草地、沟边、耕地等处。
【实用价值】水土保持等生态价值。

蓼科
Polygonaceae
蓼属
Polygonum L.

普通萹蓄 *Polygonum humifusum* Merk ex C. Koch
【中文异名】普通蓼
【拉丁异名】
【生 长 型】一年生草本。
【产地与分布】辽宁省产于沈阳、朝阳、葫芦岛、阜新、抚顺、营口、丹东、大连等地，保护区内广布。分布于我国黑龙江、吉林、河北、内蒙古等，俄罗斯（远东地区）也有分布。
【生长环境】生于荒地、路旁、山沟旁湿地。

【实用价值】水土保持等生态价值。

蓼科
Polygonaceae
蓼属
Polygonum L.

萹蓄 *Polygonum aviculare* L.
【中文异名】
【拉丁异名】
【生 长 型】一年生草本。
【产地与分布】辽宁省产于沈阳、铁岭、丹东、朝阳等地，保护区内广布。分布于欧、亚、美三大洲。
【生长环境】生于荒地、路旁及河边沙地上。
【实用价值】全草药用，称萹蓄，性苦平，有清热、利尿功能。

蓼科
Polygonaceae
蓼属
Polygonum L.

尼泊尔蓼 *Polygonum nepalense* Meisn.
【中文异名】头状蓼
【拉丁异名】
【生 长 型】一年生草本。
【产地与分布】产于辽宁省各地，保护区内广布。除新疆外，全国各地均有分布。朝鲜、日本、俄罗斯（远东）、尼泊尔、菲律宾、印度尼西亚及非洲也有分布。
【生长环境】生于山坡草地、山谷路旁，海拔200～4000米。
【实用价值】水土保持等生态价值。

蓼科
Polygonaceae
蓼属
Polygonum L.

两栖蓼 *Polygonum amphibium* L.
【中文异名】
【拉丁异名】*Persicaria amphibium* var. *terrestre* Leyss.
【生 长 型】多年生草本。
【产地与分布】辽宁省产于本溪、丹东、鞍山、朝阳等地，保护区内前进、大河北等乡镇有分布。分布于我国各地，俄罗斯、朝鲜、日本、菲律宾、印度、尼泊尔以及非洲也有分布。
【生长环境】生于湖泊边缘的浅水中、沟边及田边湿地。
【实用价值】净化水质等生态价值。

蓼科
Polygonaceae

毛叶两栖蓼 *Polygonum a mphibium* var. *terrestre* Leyss.
【中文异名】

蓼属
Polygonum L.

【拉丁异名】
【生 长 型】多年生草本。
【产地与分布】辽宁省产于朝阳、沈阳等地，保护区内刀尔登、三道河子、前进等乡镇有分布。
【生长环境】生于河边沙地。
【实用价值】水土保持等生态价值。

蓼科
Polygonaceae
蓼属
Polygonum L.

红蓼 *Polygonum orientale* L.
【中文异名】东方蓼
【拉丁异名】*Persicaria pilosum* Roxb.
【生 长 型】一年生草本。
【产地与分布】辽宁省产于铁岭、沈阳、抚顺、辽阳、营口、丹东、大连等地，保护区内广布。分布于我国各地，朝鲜、俄罗斯、菲律宾、印度及中亚和欧洲各国也有分布。
【生长环境】生于路边、沟旁及近水肥沃湿地。
【实用价值】观赏及水土保持等生态价值。

蓼科
Polygonaceae
蓼属
Polygonum L.

春蓼 *Polygonum persicaria* L.
【中文异名】桃叶蓼
【拉丁异名】
【生 长 型】一年生草本。
【产地与分布】辽宁省产于铁岭、锦州、丹东、本溪、朝阳等地，保护区内广布。分布于我国黑龙江省、吉林省，欧洲、亚洲、非洲、北美洲也有分布。
【生长环境】生于林区水湿地。
【实用价值】水土保持等生态价值。

蓼科
Polygonaceae
蓼属
Polygonum L.

马蓼 *Polygonum lapathifolium* L.
【中文异名】酸模叶蓼
【拉丁异名】
【生 长 型】一年生草本。
【产地与分布】辽宁省产于铁岭、沈阳、本溪、朝阳、阜新、锦州等地，保护区内广布。分布于亚洲（温带、热带）、欧洲及非洲北部各地。

【生长环境】生于沟渠边、废耕地或湿草地。
【实用价值】水土保持等生态价值。

蓼科
Polygonaceae
蓼属
Polygonum L.

绵毛马蓼 *Polygonum lapathifolium* var. *salicifolium* Sibthorp
【中文异名】绵毛酸模叶蓼
【拉丁异名】
【生 长 型】一年生草本。
【产地与分布】辽宁省产于阜新、沈阳、本溪、朝阳、大连等地，保护区内广布。分布于我国黑龙江、吉林、内蒙古（东部）、河北等地，俄罗斯（远东地区）、朝鲜也有分布。
【生长环境】生于水边湿地。
【实用价值】水土保持等生态价值。

蓼科
Polygonaceae
蓼属
Polygonum L.

辣蓼 *Polygonum hydropiper* L.
【中文异名】水蓼
【拉丁异名】
【生 长 型】一年生草本。
【产地与分布】辽宁省产于朝阳、阜新、沈阳、本溪、鞍山、大连等地，保护区内广布。分布于我国各地，欧洲、中亚各国、印度、朝鲜、日本也有分布。
【生长环境】生于水边及路旁湿地。
【实用价值】水土保持等生态价值。

蓼科
Polygonaceae
蓼属
Polygonum L.

小蓼 *Polygonum minus* Huds.
【中文异名】
【拉丁异名】
【生 长 型】一年生草本。
【产地与分布】辽宁省产于朝阳、本溪等地，保护区内三道河子镇、窟窿山等地有分布。分布于我国吉林省、华北地区以及台湾地区，朝鲜、日本、俄罗斯（中亚地区）及其他欧洲国家也有分布。
【生长环境】生于水边及水中浅滩处。
【实用价值】水土保持等生态价值。

蓼科
Polygonaceae
蓼属
Polygonum L.

长鬃蓼 *Polygonum longisetum* De Br.
【中文异名】假长尾叶蓼
【拉丁异名】
【生 长 型】一年生草本。
【产地与分布】辽宁省产于沈阳、朝阳、本溪、辽阳、抚顺、鞍山、大连等地，保护区内三道河子镇、窟窿山等地有分布。分布于我国黑龙江省。
【生长环境】生于林下湿地。
【实用价值】水土保持等生态价值。

蓼科
Polygonaceae
蓼属
Polygonum L.

圆基长鬃蓼 *Polygonum longisetum* var. *rotundatum* A. J. Li
【中文异名】
【拉丁异名】
【生 长 型】一年生草本。
【产地与分布】辽宁省产于阜新、朝阳等地，保护区内三道河子镇、窟窿山等地有分布。
【生长环境】生于山谷水边、河边草地。
【实用价值】水土保持等生态价值。

蓼科
Polygonaceae
蓼属
Polygonum L.

西伯利亚神血宁 *Polygonum sibiricum* Laxm.
【中文异名】西伯利亚蓼
【拉丁异名】
【生 长 型】多年生草本。
【产地与分布】辽宁省产于葫芦岛、大连、朝阳等地，保护区内前进、河坎子等乡镇有分布。分布于我国黑龙江省及华北各地，俄罗斯（西伯利亚地区）、蒙古也有分布。
【生长环境】生于盐碱地上及海滩附近。
【实用价值】水土保持等生态价值。

蓼科
Polygonaceae
蓼属
Polygonum L.

叉分神血宁 *Polygonum divaricatum* L.
【中文异名】叉分蓼
【拉丁异名】
【生 长 型】多年生草本。
【产地与分布】辽宁省产于朝阳、锦州、阜新、沈阳、辽阳、鞍山、大连等地，保护区内广布。分布于我国东北及华北，朝鲜、蒙古也有分布。
【生长环境】生于草原及固定沙丘、山坡。
【实用价值】水土保持等生态价值。

蓼科
Polygonaceae
蓼属
Polygonum L.

太平洋拳参 *Polygonum pacificum* V. Petr. ex Kom.
【中文异名】太平洋蓼
【拉丁异名】
【生 长 型】多年生草本。
【产地与分布】产于朝阳、本溪、丹东等地，保护区内河坎子有分布。分布于我国黑龙江、吉林、河北、内蒙古等，俄罗斯、朝鲜也有分布。
【生长环境】生于山沟林缘湿地及山坡。
【实用价值】水土保持等生态价值。

蓼科
Polygonaceae
蓼属
Polygonum L.

拳参 *Polygonum bistorta* L.
【中文异名】拳蓼、石生蓼
【拉丁异名】
【生 长 型】多年生草本。
【产地与分布】辽宁省产于朝阳、鞍山、大连、本溪等地，保护区内广布。分布于我国东北、华北、江苏、浙江、江西，日本、蒙古及欧洲也有分布。
【生长环境】生于山坡或干草地。
【实用价值】根状茎入药，可清热解毒，散结消肿。

蓼科
Polygonaceae
蓼属
Polygonum L.

耳叶拳参 *Polygonum manshuriense* V. Petr. ex Kom.
【中文异名】耳叶蓼
【拉丁异名】
【生 长 型】多年生草本。
【产地与分布】辽宁省产于沈阳、朝阳等地，保护区内广布。分布于我国黑龙江、吉林、内蒙古（东部），朝鲜也有分布。
【生长环境】生于山坡，山坡水沟旁或湿草地。
【实用价值】除水土保持等生态价值外，根状茎入药，清热解毒，散结消肿。

蓼科
Polygonaceae
蓼属
Polygonum L.

杠板归 *Polygonum perfoliatum* L.
【中文异名】穿叶蓼
【拉丁异名】
【生 长 型】多年生蔓性草本。
【产地与分布】辽宁省产于铁岭、本溪、丹东、大连、朝阳等地，保护区内前进、三道河子等乡镇有分布。分布于我国东北及华北各地区，朝鲜、日本、菲律宾、越南等国也有分布。
【生长环境】生于湿地、河边及路旁。
【实用价值】水土保持等生态价值。

蓼科
Polygonaceae
蓼属
Polygonum L.

刺蓼 *Polygonum senticosum* (Meisn.) Franch. et Sav.
【中文异名】
【拉丁异名】*Persicaria senticosa* (Meisn.) H. Gross ex Nakai
【生 长 型】多年生草本。
【产地与分布】辽宁省产于葫芦岛、本溪、鞍山、朝阳、大连等地，保护区内前进、三道河子等乡镇有分布。分布于我国东北、华北和台湾地区，俄罗斯（远东地区）、朝鲜、日本也有分布。
【生长环境】生于山沟、林内。
【实用价值】水土保持等生态价值。

蓼科
Polygonaceae
蓼属
Polygonum L.

箭头蓼 *Polygonum sagittatum* L.
【中文异名】箭叶蓼
【拉丁异名】
【生 长 型】一年生草本。
【产地与分布】辽宁省产于朝阳、沈阳、鞍山、本溪、大连等地，保护区内广布。分布于我国吉林、黑龙江、河北、台湾等地区，朝鲜、日本、俄罗斯（远东地区）也有分布。
【生长环境】生于山脚路旁、水边。
【实用价值】水土保持等生态价值。

蓼科
Polygonaceae

戟叶蓼 *Polygonum thunbergii* Sieb. et Zucc.
【中文异名】

蓼属
Polygonum L.

【拉丁异名】*Persicaria stoloniferum* F. Schm.
【生 长 型】一年生草本。
【产地与分布】辽宁省产于沈阳、鞍山、营口、本溪、抚顺、大连、朝阳等地，保护区内广布。分布于我国吉林、黑龙江、台湾、西藏、华北各地区等，俄罗斯、朝鲜、日本也有分布。
【生长环境】生于湿草地及水边。
【实用价值】水土保持等生态价值。

蓼科
Polygonaceae
蓼属
Polygonum L.

珠芽蓼 *Polygonum viviparum* L.
【中文异名】山谷子
【拉丁异名】
【生 长 型】多年生草本。
【产地与分布】分布于我国东北、华北、西北及西南地区，保护区内前进、刘杖子等乡镇有分布。朝鲜、日本、蒙古、哈萨克斯坦、印度、欧洲及北美洲也有。
【生长环境】生于山坡林下、高山或亚高山草甸。
【实用价值】根状茎入药，清热解毒，止血散瘀。

蓼科
Polygonaceae
酸模属
Rumex L.

酸模 *Rumex acetosa* L.
【中文异名】
【拉丁异名】*Acetosa pratensis* Mill.
【生 长 型】多年生草本。
【产地与分布】辽宁省产于铁岭、沈阳、锦州、朝阳、本溪、丹东、鞍山、大连等地，保护区内广布。分布于我国东北、华北及台湾地区，朝鲜、日本、俄罗斯也有分布。
【生长环境】生于湿地、草地、山坡、路旁及林缘。
【实用价值】全草入药，对治疗皮肤病等症有效，嫩叶可食。

蓼科
Polygonaceae
酸模属
Rumex L.

皱叶酸模 *Rumex crispus* L.
【中文异名】羊蹄叶
【拉丁异名】
【生 长 型】多年生草本。

【产地与分布】辽宁省产于沈阳、朝阳、大连等地，保护区内广布。分布于我国吉林、黑龙江等省，朝鲜、日本、俄罗斯及其他欧洲国家以及北美洲、非洲北部等也有分布。
【生长环境】生于湿地及河沟、水泡沿岸。
【实用价值】除水土保持等生态价值外，根药用。

蓼科
Polygonaceae
酸模属
Rumex L.

巴天酸模 *Rumex patientia* L.
【中文异名】洋铁酸模
【拉丁异名】*Rumex patientia* var. *callosus* F. Schm. et Maxim.
【生 长 型】多年生草本。
【产地与分布】产于辽宁省各地，保护区内广布。分布于我国东北、华北，俄罗斯（远东地区）、朝鲜也有分布。
【生长环境】生于草甸和河、水泡沿岸及湿荒地。
【实用价值】水土保持等生态价值。

蓼科
Polygonaceae
酸模属
Rumex L.

长刺酸模 *Rumex maritimus* L.
【中文异名】
【拉丁异名】*Rumex chinensis* Campd.
【生 长 型】一年生草本。
【产地与分布】辽宁省产于沈阳、辽阳、朝阳、大连等地，保护区内均有分布。分布于我国吉林、黑龙江、内蒙古（东部）等，欧洲、亚洲、北美洲温带和北温带地区广泛分布。
【生长环境】生于湿地及水泡、河、湖岸边，路旁。
【实用价值】水土保持等生态价值。

商陆科
Phytolaccaceae
商陆属
Phytolacca L.

垂序商陆 *Phytolacca americana* L.
【中文异名】
【拉丁异名】
【生 长 型】多年生草本。
【产地与分布】原产北美，引入栽培，遍及我国河北、陕西、山东、江苏、浙江、江西、福建、辽宁等地，保护区内有逸生。
【生长环境】生于山坡林下、路旁及山沟湿润地。

【实用价值】根供药用，全草可作农药。

紫茉莉科
Nyctaginaceae
紫茉莉属
Mirabilis L.

紫茉莉 *Mirabilis jalapa* L.
【中文异名】
【拉丁异名】
【生 长 型】一年生草本。
【产地与分布】原产热带美洲。我国南北各地常栽培，为观赏花卉，有时逸为野生，保护区内多有栽培。
【生长环境】村庄周围、路边及公园。
【实用价值】根、叶可供药用，有清热解毒、活血调经和滋补的功效。

马齿苋科
Portulacaceae
马齿苋属
Portulaca L.

马齿苋 *Portulaca oleracea* L.
【中文异名】
【拉丁异名】
【生 长 型】一年生草本。
【产地与分布】辽宁省各地普遍生长，保护区内广布。全国各地均有分布，其他温带、亚热带及热带地区广泛分布。
【生长环境】生于田间、路旁及荒地，为常见杂草。
【实用价值】全草药用，治细菌性赤痢、清热解毒，还可作野菜食用及家禽饲料。

马齿苋科
Portulacaceae
马齿苋属
Portulaca L.

大花马齿苋 *Portulaca grandiflora* Hook.
【中文异名】半支莲
【拉丁异名】
【生 长 型】一年生肉质草本。
【产地与分布】原产巴西，辽宁省及全国各地广泛栽培，保护区内有逸生。
【生长环境】生于村庄周围及路边。
【实用价值】观赏植物。

石竹科
Caryophyllaceae
孩儿参属

蔓孩儿参 *Pseudostellaria davidii* (Franch.) Pax ex Pax et Hoffm.
【中文异名】蔓假繁缕

Pseudostellaria Pax

【拉丁异名】
【生 长 型】多年生草本。
【产地与分布】辽宁省产于丹东、本溪、鞍山、朝阳、葫芦岛等地，保护区内广布。分布于我国黑龙江、吉林及华北、西南，朝鲜、俄罗斯（远东地区的南部）也有分布。
【生长环境】生于阔叶林下、林下溪流旁及林缘向阳石质的坡地。
【实用价值】水土保持等生态价值。

石竹科
Caryophyllaceae
孩儿参属
Pseudostellaria Pax

孩儿参 *Pseudostellaria heterophylla* (Miq.) Pax. ex Pax et Hoffm.
【中文异名】异叶假繁缕
【生 长 型】多年生草本。
【产地与分布】辽宁省产于本溪、大连、丹东、鞍山、朝阳等地，保护区内大河北等乡镇有分布。分布于我国东北、华北、华南，朝鲜、日本亦有分布。
【生长环境】生于杂木林、阔叶林、灌丛、林下岩石旁的阴湿地，喜生于腐殖质层厚的土壤。
【实用价值】块根入药，可滋养壮力、补气生津、健脾。

石竹科
Caryophyllaceae
鹅肠菜属
Myosoton Moench

鹅肠菜 *Myosoton aquaticum* (L.) Moench
【中文异名】
【拉丁异名】*Cerastium aquaticum* L.
【生 长 型】二年生或多年生草本。
【产地与分布】辽宁省产于本溪、朝阳、大连、丹东、鞍山、沈阳、抚顺等地，保护区内广布。分布于我国各地及北半球温带、亚热带其他地区。
【生长环境】生于林缘及山地潮湿地、河岸沙石地、山区耕地。
【实用价值】全草入药，为清热解毒、活血化瘀、祛风、表寒药。

石竹科
Caryophyllaceae
卷耳属

簇生泉卷耳 *Cerastium fontanum* subsp. *vulgare* (Hartm.) Greuter
【中文异名】簇生卷耳

Cerastium L.

【拉丁异名】
【生 长 型】一年生草本。
【产地与分布】辽宁省产于本溪、朝阳、丹东、沈阳、鞍山等地，保护区内大河北、前进等乡镇有分布。分布于我国东北、华北等地，朝鲜、日本、俄罗斯等国家以及北美洲各国也有分布。
【生长环境】生于林缘草地及山沟、山坡、河滩沙地。
【实用价值】水土保持等生态价值。

石竹科
Caryophyllaceae
卷耳属
Cerastium L.

卷耳 *Cerastium arvense* L.
【中文异名】
【拉丁异名】
【生 长 型】多年生草本。
【产地与分布】辽宁省产于大连、丹东、朝阳等地，保护区内广布。分布于河北、山西、内蒙古、陕西、甘肃、宁夏、青海、新疆、四川。朝鲜、日本、蒙古也有分布。
【生长环境】生于海拔 1200～2600 米高山草地、林缘或丘陵区。
【实用价值】水土保持等生态价值。

石竹科
Caryophyllaceae
繁缕属
Stellaria L.

繁缕 *Stellaria media* (L.) Cyrillus
【生 长 型】一年生或二年生草本。
【产地与分布】辽宁省产于大连、丹东、朝阳等地，保护区内广布。分布于我国各地，朝鲜、日本、印度、蒙古、土耳其、俄罗斯均有分布。
【生长环境】生于山坡路旁、果园、住宅周围以及田间和林缘，喜生于黏质土上。
【实用价值】全草入药，清热利湿、消炎解毒，有通筋活络、消炎抗菌、促进乳汁分泌的功效。

石竹科
Caryophyllaceae
繁缕属
Stellaria L.

叉歧繁缕 *Stellaria dichotoma* L.
【中文异名】叉繁缕
【拉丁异名】
【生 长 型】多年生草本。
【产地与分布】辽宁省产于朝阳、锦州等地，保护区内广布。分布于我国黑龙江、吉林及华北、西北，俄罗斯（西伯利亚）、蒙古亦有分布。
【生长环境】生于向阳多石质的干山坡、山坡石隙间及沙质草原。
【实用价值】水土保持等生态价值。

石竹科
Caryophyllaceae
繁缕属
Stellaria L.

雀舌草 *Stellaria alsine* Grimm
【中文异名】雀舌繁缕
【拉丁异名】
【生 长 型】一年生草本。
【产地与分布】辽宁省产于抚顺、大连、丹东、朝阳等地。分布于我国吉林省和华北、华东、中南、西南，俄罗斯、朝鲜、日本亦有分布。
【生长环境】生于河边、水田附近、水池边、山麓潮湿地、溪流旁黏土地、沙质土地。
【实用价值】水土保持等生态价值。

石竹科
Caryophyllaceae
繁缕属
Stellaria L.

沼生繁缕 *Stellaria palustris* Ehrh. ex Retz.
【中文异名】沼繁缕
【拉丁异名】
【生 长 型】多年生草本。
【产地与分布】辽宁省产于丹东、鞍山、朝阳等地。分布于我国黑龙江、河北、山西、甘肃、湖北、山东、内蒙古等地区，土耳其、伊朗、俄罗斯及其他欧洲国家亦有分布。
【生长环境】生于河边草地、山坡草地、山谷岩石旁及疏林下潮湿地。
【实用价值】水土保持等生态价值。

石竹科
Caryophyllaceae
种阜草属
Moehringia L.

种阜草 *Moehringia lateriflora* (L.) Fenzl
【中文异名】莫石竹
【拉丁异名】
【生 长 型】多年生草本。
【产地与分布】辽宁省产于丹东、本溪、朝阳等地。分布于我国东北及华北，朝鲜、日本、俄罗斯、蒙古及北美洲各国亦有分布。
【生长环境】生于稀疏的针叶林和针阔叶混交林内、灌丛间、林缘、湿草甸及沙丘间低湿地。
【实用价值】水土保持等生态价值。

石竹科
Caryophyllaceae
无心菜属
Arenaria L.

老牛筋 *Arenaria juncea* Bieb.
【中文异名】毛轴鹅不食
【拉丁异名】
【生 长 型】多年生草本。
【产地与分布】辽宁省产于鞍山、葫芦岛、朝阳等地。分布于我国黑龙江、吉林及华北、西北，朝鲜、日本、俄罗斯（远东地区）、蒙古亦有分布。
【生长环境】生于向阳的干山坡草地。
【实用价值】根入药，主治阴虚潮热、小儿疳热、肝炎等。

石竹科
Caryophyllaceae
无心菜属
Arenaria L.

无毛老牛筋 *Arenaria juncea* var. *glabra* Regel
【中文异名】光轴鹅不食
【拉丁异名】
【生 长 型】一年生草本。
【产地与分布】辽宁省产于大连、沈阳、鞍山、阜新、朝阳等地，保护区内广布。分布于我国吉林省及华北地区。
【生长环境】生于向阳的干山坡草地。
【实用价值】水土保持等生态价值。

石竹科
Caryophyllaceae
绳子草属
Silene L.

坚硬女娄菜 *Silene firma* Sieb. et Zucc.
【中文异名】光萼女娄菜
【拉丁异名】*Melandrium firmum* (Sieb et Zucc) Rohrb
【生 长 型】多年生草本。
【产地与分布】辽宁省产于大连、铁岭、丹东、鞍山、沈阳、朝阳等地，保护区内广布。分布于我国东北、华北、华中、西北，俄罗斯（远东地区）、朝鲜、日本亦有分布。
【生长环境】生于山坡草地、林缘、灌丛间、河谷、草甸及山沟路旁。
【实用价值】幼苗可食。

石竹科
Caryophyllaceae
绳子草属

女娄菜 *Silene aprica* Turcz. ex Fisch. et Mey.
【中文异名】王不留行
【生 长 型】一年生或二年生草本。

Silene L.

【产地与分布】辽宁省产于大连、本溪、铁岭、阜新、锦州、丹东、鞍山、朝阳等地，保护区内广布。分布于我国各地，朝鲜、日本、蒙古及俄罗斯（远东地区）亦有分布。

【生长环境】生于向阳干山坡、林下、草原沙地、山坡草地及沙丘路旁草地等。

【实用价值】幼苗可食。

石竹科
Caryophyllaceae
绳子草属
Silene L.

长冠女娄菜 *Silene aprica* var. *oldhamiana* (Miq.) C. Y. Wu

【中文异名】

【拉丁异名】*Melandrium apricum* var. *oldhamiana* (Miq.) C. Y. Wu

【生 长 型】一年或二年生草本。

【产地与分布】辽宁省产于朝阳、大连、鞍山、沈阳等地，保护区内广布。分布于我国东北、华北、华东各地区，朝鲜也有分布。

【生长环境】生于山坡草地、向阳干山坡、林缘、石砬子、海岸沙地、路旁草地及河岸沙质草地。

【实用价值】幼苗可食。

石竹科
Caryophyllaceae
绳子草属
Silene L.

石生蝇子草 *Silene tatarinowii* Regel

【中文异名】石生麦瓶草

【拉丁异名】

【生 长 型】多年生草本。

【产地与分布】辽宁省产于朝阳等地，保护区内前进等乡镇有分布。分布于我国东北南部、华北及西北。

【生长环境】生于干山坡、崖坡及石墙缝内。

【实用价值】水土保持等生态价值。

石竹科
Caryophyllaceae
绳子草属
Silene L.

蔓茎蝇子草 *Silene repens* Patr.

【中文异名】毛萼麦瓶草

【拉丁异名】

【生 长 型】多年生草本。

【产地与分布】辽宁省产于阜新、丹东、朝阳等地，保护区内前进、刘杖子等乡镇有分布。分布于我国东北、华北、西北，朝鲜、日本、蒙古、俄罗斯也有分布。

【生长环境】生于河岸、山坡草地、湿草地、山坡林下。
【实用价值】水土保持等生态价值。

石竹科
Caryophyllaceae
绳子草属
Silene L.

宽叶毛萼麦瓶草 *Silene repens* var. *latifolia* Turcz.
【中文异名】
【拉丁异名】
【生 长 型】多年生草本。
【产地与分布】辽宁省产于丹东、朝阳等地，保护区内刘杖子等乡镇有分布。分布于我国东北，俄罗斯（西伯利亚）、日本也有分布。
【生长环境】生于山地林下、山沟路旁、草甸子、河套边岗地。
【实用价值】水土保持等生态价值。

石竹科
Caryophyllaceae
绳子草属
Silene L.

山蚂蚱草 *Silene jenisseensis* Willd.
【中文异名】旱生麦瓶草
【拉丁异名】*Silene jenissea* Poir.
【生 长 型】多年生草本。
【产地与分布】产于辽宁省宽甸、本溪、彰武、凌源等地，保护区内广布。分布于我国东北、华北，俄罗斯（西伯利亚）、蒙古、朝鲜也有分布。
【生长环境】生于多石质干山坡、石砬子缝间、林缘地。
【实用价值】根入药，为清热凉血、生津之药。

石竹科
Caryophyllaceae
剪秋罗属
Lychnis L.

浅裂剪秋罗 *Lychnis cognata* Maxim.
【中文异名】浅裂剪秋萝
【拉丁异名】
【生 长 型】多年生草本。
【产地与分布】辽宁省产于大连、铁岭、鞍山、朝阳等地，保护区内大河北有分布。分布于我国东北，华北，朝鲜、俄罗斯（远东地区）亦有分布。
【生长环境】生于林缘草地、灌丛间、山沟路旁及草甸子处。
【实用价值】公园庭院美化、绿化草种。

石竹科
Caryophyllaceae
麦蓝菜属
Vaccaria Madic.

麦蓝菜 *Vaccaria hispanica* (Mill.) Rauschert

【中文异名】王不留行

【拉丁异名】Saponaria vaccaria L.

【生 长 型】一年或二年生草本。

【产地与分布】原产欧洲，辽宁省为栽培的药用植物，各国多引种栽培，保护区内三道河子镇有逸生。

【生长环境】生于田边及村庄附近。

【实用价值】种子药用，能活血调经、利尿、通乳、消肿止痛。

石竹科
Caryophyllaceae
石竹属
Dianthus L.

瞿麦 *Dianthus superbus* L.

【中文异名】

【拉丁异名】*Dianthus szechuensis* Williams

【生 长 型】多年生草本。

【产地与分布】辽宁省产于营口、本溪、大连、丹东、朝阳等地，保护区内刘杖子等乡镇有分布。分布于我国东北、华北、华中、华东及台湾地区，朝鲜、日本亦有分布。

【生长环境】生于山坡林缘、草地、沟谷及固定沙丘等处。

【实用价值】花色艳丽，公园庭院美化栽培。

石竹科
Caryophyllaceae
石竹属
Dianthus L.

石竹 *Dianthus chinensis* L.

【中文异名】石竹子花

【拉丁异名】*Dianthus chinensis* var.*ignescens* Nakai

【生 长 型】多年生草本。

【产地与分布】辽宁省各地普遍生长。保护区内广布。分布于我国北部及中部各地，朝鲜、日本、俄罗斯、印度亦有分布。

【生长环境】生于向阳山坡草地、林缘、灌丛、岩石裂隙、草甸及草原。

【实用价值】全草入药，有清热、消炎、利尿、通经之效。

石竹科
Caryophyllaceae
石竹属
Dianthus L.

辽东石竹 *Dianthus chinensis* var. *liaotungensis* Y. C. Chu

【中文异名】长萼石竹

【拉丁异名】

【生 长 型】多年生草本。

【产地与分布】辽宁省产于朝阳、葫芦岛、大连等地。分布于我国河北、山东等地。
【生长环境】生于山沟石砾质地、干山坡。
【实用价值】全草入药，有清热、消炎、利尿、通经之效。

石竹科
Caryophyllaceae
石竹属
Dianthus L.

火红石竹 *Dianthus chinensis* f. *ignescens* (Nakai) Kitag.
【中文异名】
【拉丁异名】
【生 长 型】多年生草本。
【产地与分布】辽宁省产于朝阳、葫芦岛、锦州等地，保护区内大河北、刘杖子、前进等乡镇均有分布。
【生长环境】生于向阳干山坡及海滨石砾质坡地。
【实用价值】全草入药，有清热、消炎、利尿、通经之效。

石竹科
Caryophyllaceae
石竹属
Dianthus L.

兴安石竹 *Dianthus chinensis* var. *versicolor* (Fisch. ex Link) Y. C. Ma
【中文异名】
【拉丁异名】
【生 长 型】多年生草本。
【产地与分布】辽宁省产于朝阳、沈阳、阜新等地。保护区内广布。分布于我国东北、西北，蒙古、俄罗斯亦有分布。
【生长环境】生于草甸、林区向阳干山坡、山坡灌丛及石砬子上。
【实用价值】全草入药，有清热、消炎、利尿、通经之效。

石竹科
Caryophyllaceae
石头花属
Gypsophila L.

长蕊石头花 *Gypsophila oldhamiana* Miq.
【中文异名】长蕊丝石竹
【拉丁异名】
【生 长 型】多年生草本。
【产地与分布】产于辽宁省各地，保护区内广布。分布于我国东北、华北及西北，朝鲜也有分布。
【生长环境】生于向阳山坡、山顶及山沟旁多石质地、海滨荒山及沙坡地。
【实用价值】全草可作饲料，幼苗、嫩叶用开水焯后可食用。

藜科
Chenopodiaceae
沙蓬属
Agriophyllum M. Bieb.

沙蓬 *Agriophyllum squarrosum* (L.) Moq.
【中文异名】蒺藜梗
【拉丁异名】*Agriophyllum arenarium* Bieb. ex C. A. Mey.
【生 长 型】一年生草本。
【产地与分布】辽宁省产于沈阳、锦州、朝阳、阜新等地，保护区内刘杖子有分布。分布于我国东北、华北、西北和西藏，蒙古和俄罗斯也有分布。
【生长环境】生于流动沙丘或半流动沙丘及河岸沙地。
【实用价值】种子含丰富淀粉，可食，植株可作牲畜饲料。

藜科
Chenopodiaceae
虫实属
Corispermum L.

绳虫实 *Corispermum declinatum* Steph. ex Stev.
【中文异名】
【拉丁异名】
【生 长 型】一年生草本。
【产地与分布】辽宁省产于朝阳，保护区北部边缘有分布。分布于我国华北、西北，俄罗斯等欧洲一些国家也有分布。
【生长环境】生于河滩、固定沙丘及干草地。
【实用价值】水土保持等生态价值。

藜科
Chenopodiaceae
虫实属
Corispermum L.

细苞虫实 *Corispermum stenolepis* Kitag.
【中文异名】
【拉丁异名】
【生 长 型】一年生草本。
【产地与分布】辽宁省产于朝阳市，保护区内大河北、刘杖子、前进等乡镇有分布。分布于我国东北、华北。
【生长环境】生于河滩、固定沙丘及干草地。
【实用价值】水土保持等生态价值。

藜科
Chenopodiaceae
虫实属
Corispermum L.

光果细苞虫实 *Corispermum stenolepis* var. *psilocarpum* Kitag.
【中文异名】
【拉丁异名】
【生 长 型】一年生草本。
【产地与分布】产于朝阳市。保护区内大河北、刘杖子、前进等乡镇有分布。分布于我国东北、华北。
【生长环境】生于河滩、固定沙丘及干草地。
【实用价值】水土保持等生态价值。

藜科
Chenopodiaceae
地肤属
Kochia Roth.

地肤 *Kochia scoparia* (L.) Schrad.
【中文异名】
【拉丁异名】*Kochia scoparia* var. *sieversiana* (Pall.) Ulbr. ex Aschers. et Graebn.
【生 长 型】一年生草本。
【产地与分布】辽宁省各地均有生长，保护区内广布。几乎分布全国，蒙古、日本、俄罗斯也有分布。
【生长环境】生于田边、路旁、荒漠、沙地等处。
【实用价值】幼苗可作蔬菜，果实称“地肤子”，为常用中草药。

藜科
Chenopodiaceae
地肤属
Kochia Roth.

扫帚菜 *Kochia scoparia* f. *trichophylla* (Hort.) Schinz. et Thell.
【中文异名】
【拉丁异名】
【生 长 型】一年生草本。
【产地与分布】辽宁省各地均有生长，保护区内广布。几乎分布全国，蒙古、日本、俄罗斯也有分布。
【生长环境】生于田边、路旁、荒漠、沙地等处。
【实用价值】幼苗可作蔬菜食用。

藜科
Chenopodiaceae
轴藜属
Axyris L.

轴藜 *Axyris amaranthoides* L.
【中文异名】
【拉丁异名】
【生 长 型】一年生草本。
【产地与分布】辽宁省产于丹东、本溪、营口、鞍山、朝阳等地，保护区内广布。分布于我国东北、华北及西北，朝鲜、日本、蒙古、俄罗斯和其他一些欧洲国家也有分布。
【生长环境】生于山坡、杂草地、路旁、河边等处。
【实用价值】水土保持等生态功能。

藜科
Chenopodiaceae
藜属
Chenopodium L.

灰绿藜 *Chenopodium glaucum* L.
【中文异名】
【拉丁异名】*Blitum glaucum* Koch
【生 长 型】一年生草本。
【产地与分布】辽宁省各地常见，保护区内广布。我国除东南部诸省外，其他地区都有分布，全球其他温带地区广布。
【生长环境】生于盐碱地、河湖边、菜园、撂荒地或住宅附近。
【实用价值】除农田视为杂草需铲除外，生长于荒野中的具有水土保持等生态功能。

藜科
Chenopodiaceae
藜属
Chenopodium L.

尖头叶藜 *Chenopodium acuminatum* Willd.
【中文异名】绿珠藜
【拉丁异名】
【生 长 型】一年生草本。
【产地与分布】辽宁省产于铁岭、沈阳、阜新、朝阳等地，保护区内广布。分布于我国东北、华北、西北、华东及华中。
【生长环境】生于农田、路旁湿地、河岸沙地、杂草地等处。
【实用价值】除农田视为杂草需铲除外，生长于荒野中的具有水土保持等生态功能。

藜科
Chenopodiaceae
藜属
Chenopodium L.

杂配藜 *Chenopodium hybridum* L.
【中文异名】大叶藜
【拉丁异名】
【生 长 型】一年生草本。
【产地与分布】辽宁省产于朝阳、沈阳、丹东、鞍山、大连等地，保护区内广布。分布于我国东北、华北、西北、西南，朝鲜、日本、蒙古、俄罗斯及欧洲一些国家也有分布。
【生长环境】生于路边、水边、林缘、山坡灌丛等处。
【实用价值】全草可入药，能调经止血。

藜科
Chenopodiaceae
藜属
Chenopodium L.

细叶藜 *Chenopodium stenophyllum* (Makino) Koidz.
【中文异名】
【拉丁异名】
【生 长 型】一年生草本。
【产地与分布】辽宁省产于沈阳、朝阳、阜新等地，保护区内广布。分布于我国黑龙江、吉林及内蒙古。
【生长环境】生于农田、路旁、杂草地或草原低湿地。
【实用价值】除农田视为杂草需铲除外，生长于荒野中的具有水土保持等生态功能。

藜科
Chenopodiaceae
藜属
Chenopodium L.

藜 *Chenopodium album* L.
【中文异名】灰菜
【拉丁异名】
【生 长 型】一年生草本。
【产地与分布】全国各地均有生长，保护区内广布。遍布世界其他温带及热带地区。
【生长环境】生于农田、草原及河岸低湿地。
【实用价值】除农田视为杂草需铲除外，生长于荒野中的具有水土保持等生态功能。

藜科
Chenopodiaceae
藜属
Chenopodium L.

小藜 *Chenopodium ficifolium* Smith
【中文异名】
【拉丁异名】*Chenopodium serotinum* L.
【生 长 型】一年生草本。
【产地与分布】辽宁省产于沈阳、朝阳、本溪、营口、大连等地，保护区内广布。我国除西藏外各地均有分布，俄罗斯及其他欧洲国家也有分布。
【生长环境】生于撂荒地、河岸、沟谷、湖岸湿地。
【实用价值】除农田外，具有水土保持等生态功能。

藜科
Chenopodiaceae
刺藜属
Dysphania R. Br.

刺藜 *Dysphania aristata* L.
【中文异名】
【拉丁异名】
【生 长 型】一年生草本。
【产地与分布】辽宁省产于抚顺、丹东、朝阳、阜新等地，保护区内广布。分布于我国东北、华北、西北、华东及西南，朝鲜、日本、蒙古、俄罗斯及其他一些欧洲国家也有分布。
【生长环境】生于田边、路旁及沙地。
【实用价值】除农田外，具有水土保持等生态功能。

藜科
Chenopodiaceae
刺藜属
Dysphania R. Br.

菊叶香藜 *Dysphania schraderiana* (Roemer & Schultes) Mosyakin & Clemants
【中文异名】菊叶刺藜
【拉丁异名】*Chenopodium schraderianum* Schult.
【生 长 型】一年生草本。
【产地与分布】辽宁省产于朝阳等地，保护区内广布。分布于我国内蒙古、山西、云南、西藏，亚洲、欧洲及非洲一些国家也有分布。
【生长环境】生于林缘草地、荒山、河沿、住宅附近。
【实用价值】嫩叶可食。

藜科
Chenopodiaceae
猪毛菜属
Salsola L.

猪毛菜 *Salsola collina* Pall.
【中文异名】
【拉丁异名】*Salsola chinensis* Gdgr.
【生 长 型】一年生草本。
【产地与分布】辽宁省产于鞍山、阜新、锦州、沈阳、抚顺、大连、朝阳等地。分布于我国华北、西北、华东、华中及西南，俄罗斯和一些欧洲国家也有分布。
【生长环境】生于路旁沟边、荒地，常为田间杂草。
【实用价值】全草入药，有降低血压作用，嫩茎叶可供食用。

苋科
Amaranthaceae
苋属
Amaranthus L.

老枪谷 *Amaranthus caudatus* L.
【中文异名】尾穗苋
【拉丁异名】
【生 长 型】一年生草本。
【产地与分布】辽宁省及全国各地均有栽培或逸生，保护区内广布。
【生长环境】生于庭园及荒野。
【实用价值】根供药用，有滋补强壮作用；观赏，还可作家畜及家禽饲料。

苋科
Amaranthaceae
苋属
Amaranthus L.

反枝苋 *Amaranthus retroflexus* L.

【中文异名】苋菜

【拉丁异名】

【生 长 型】一年生草本。

【产地与分布】辽宁省各地普遍生长，保护区内广布。分布于我国东北、华北、西北、华东。原产美洲，现广泛传播并归化于世界各地。

【生长环境】生于田间、农田旁、宅旁及杂草地。

【实用价值】嫩茎叶为野菜，也可作家畜饲料，全草药用，种子作青葙子入药。

苋科
Amaranthaceae
苋属
Amaranthus L.

北美苋 *Amaranthus blitoides* S. Watson

【中文异名】

【拉丁异名】

【生 长 型】一年生草本。

【产地与分布】外来入侵植物，大连、朝阳等地有发现，保护区内刀尔登、杨杖子等乡镇有分布。原产北美，传入欧洲、中亚及日本。

【生长环境】生于田园、路旁及杂草地上。

【实用价值】应科学、有效地加以控制。

苋科
Amaranthaceae
苋属
Amaranthus L.

凹头苋 *Amaranthus blitum* L.

【中文异名】

【拉丁异名】*Amaranthus ascenders* Loisel.

【生 长 型】一年生草本。

【产地与分布】辽宁省产于沈阳、朝阳、丹东等地，保护区内广布。我国除内蒙古、宁夏、青海、西藏外广泛分布，日本、欧洲、非洲北部及南美各国也有分布。

【生长环境】生于田野及宅旁的杂草地上。

【实用价值】嫩茎叶为野菜，也可作家畜饲料。

苋科
Amaranthaceae
青葙属
Celosia L.

鸡冠花 *Celosia cristata* L.

【中文异名】

【拉丁异名】*Celosia argrentea* var. *cristata* (L.)O. Ktze.

【生 长 型】一年生草本。

【产地与分布】广布于世界温暖地区，辽宁省各地常见栽培，保护区内多有栽培。
【生长环境】栽培于村庄、公园、庭院及路边。
【实用价值】美化环境，观赏。

苋科
Amaranthaceae
青葙属
Celosia L.

青葙 *Celosia argentea* L.
【中文异名】
【拉丁异名】
【生 长 型】一年生草本。
【产地与分布】辽宁省大连、朝阳等地有栽培。保护区内有栽培。
【生长环境】生于平原、田边、山坡、村庄周围。
【实用价值】美化环境，观赏。

苋科
Amaranthaceae
牛膝属
Achyranthes L.

牛膝 *Achyranthes bidentata* Blume
【中文异名】牛磕膝
【拉丁异名】
【生 长 型】多年生草本。
【产地与分布】辽宁省产于大连、鞍山、丹东等地，保护区内有栽培。朝鲜、俄罗斯、印度、越南、菲律宾、马来西亚、非洲均有分布。
【生长环境】生于山坡林下。
【实用价值】根入药，具有活血、通经之功效。

木兰科
Magnoliaceae
木兰属
Magnolia L.

天女木兰 *Magnolia sieboldii* K. Koch.
【中文异名】天女花
【拉丁异名】*Magnolia parviflora* Sieb.
【生 长 型】落叶阔叶小乔木。
【产地与分布】辽宁省产于本溪、鞍山、丹东、大连等地，保护区内引种栽培。分布于我国吉林、河北、安徽、江西、湖南、福建、广西等地区，朝鲜、日本也有分布。
【生长环境】生于次生阔叶林的阴坡或山谷湿润地。
【实用价值】花色美丽，可作庭院观赏树种；花入药，可制浸膏。

木兰科
Magnoliaceae
木兰属
Magnolia L.

玉兰 *Magnolia denudata* Dasr.
【中文异名】白玉兰
【拉丁异名】*Magnolia obovata* var. *denudata* (Desr.) DC. Prodr.
【生 长 型】落叶阔叶乔木。
【产地与分布】原产于我国长江流域，辽宁省大连、丹东等地有栽培，保护区内引种栽培。
【生长环境】生长于公园、庭院背风向阳处。
【实用价值】花大美丽、芳香，为著名的庭园观赏树木；花含芳香油，可提制浸膏。

五味子科
Schisandraceae
五味子属
Schisandra Michx.

五味子 *Schisandra chinensis* (Turcz.) Baill.
【中文异名】
【拉丁异名】*Kadsura chinensis* Turcz.
【生 长 型】木质藤本。
【产地与分布】辽宁省产于本溪、鞍山、丹东、抚顺、锦州、朝阳、大连等地，保护区内广布。分布于我国东北、华北、西北及湖北、湖南、江西、四川等地，朝鲜、日本、俄罗斯也有分布。
【生长环境】生于阔叶林或山沟溪流旁。
【实用价值】果实入药，主治咳喘、久泻、神经衰弱等症。

毛茛科
Ranunculaceae
乌头属
Aconitum L.

两色乌头 *Aconitum alboviolaceum* Kom.
【中文异名】
【拉丁异名】*Aconitum alboviolaceum* var.*purpurascens* Nakai
【生 长 型】多年生草本。
【产地与分布】辽宁省产于抚顺、本溪、丹东、大连、朝阳等地，保护区内大河北、刘杖子等乡镇有分布。分布于我国东北及华北，俄罗斯及朝鲜也有分布。
【生长环境】生于阔叶林下或灌丛中湿润的腐殖土上。
【实用价值】水土保持等生态功能。

毛茛科
Ranunculaceae
乌头属

草地乌头 *Aconitum umbrosum* (Korsh.) Kom.
【中文异名】
【拉丁异名】*Aconitum paishanense* Kitag

Aconitum L.

【生 长 型】多年生草本。
【产地与分布】辽宁省产于丹东、朝阳等地，保护区内大河北镇有分布。分布于我国东北、华北，俄罗斯（远东地区）、朝鲜也有分布。
【生长环境】生于阔叶林下或林缘。
【实用价值】水土保持等生态功能。

毛茛科
Ranunculaceae
乌头属
Aconitum L.

牛扁 *Aconitum barbatum* var. *puberullum* Ledeb.
【中文异名】牛扁乌头
【拉丁异名】
【生 长 型】多年生草本。
【产地与分布】辽宁省产于朝阳、凌源等地，保护区内河坎子、三道河子等乡镇有分布。分布于我国山西、河北、内蒙古、新疆，俄罗斯（西伯利亚）也有分布。
【生长环境】生于山坡草地。
【实用价值】根供药用，治腰腿痛、关节肿痛等症。

毛茛科
Ranunculaceae
乌头属
Aconitum L.

黄花乌头 *Aconitum coreanum* (Lévl.) Rap.
【中文异名】白附子
【拉丁异名】*Aconitum delavayi* var. *coreanum* Lévl.
【生 长 型】多年生草本。
【产地与分布】辽宁省广布，保护区内广布。分布于我国黑龙江、吉林、内蒙古、河北、山西，俄罗斯、朝鲜也有分布。
【生长环境】生于山坡草地、灌丛及疏林中。
【实用价值】块根有毒，经炮制后可入药，用于腰膝关节冷痛、头痛、祛风湿。

毛茛科
Ranunculaceae
乌头属
Aconitum L.

宽叶蔓乌头 *Aconitum sczukinii* Turcz.
【中文异名】
【拉丁异名】*Aconitum volubile* var. *latisectum* Regel
【生 长 型】多年生草本。
【产地与分布】辽宁省产于鞍山、本溪、丹东、大连、朝阳等地，保护区内大河北、河坎子等乡镇有分布。分布于我国东北各省，俄罗斯（远东地区）、朝鲜也有分布。
【生长环境】生于阔叶林下、林缘、灌丛或山坡草地。

【实用价值】水土保持等生态功能。

毛茛科
Ranunculaceae
乌头属
Aconitum L.

蔓乌头 *Aconitum volubile* Pall. ex Koelle
【中文异名】狭叶蔓乌头
【拉丁异名】
【生 长 型】多年生草本。
【产地与分布】辽宁省产于本溪、朝阳等地，保护区内大河北南大山有分布。分布于我国东北各省，俄罗斯、朝鲜也有分布。
【生长环境】生于阔叶林中。
【实用价值】水土保持等生态功能。

毛茛科
Ranunculaceae
乌头属
Aconitum L.

鸭绿乌头 *Aconitum jaluense* Kom.
【中文异名】
【拉丁异名】*Aconitum triphyllum* var.*manshuricum* Nakai
【生 长 型】多年生草本。
【产地与分布】辽宁省产于本溪、丹东、朝阳等地，保护区内大河北、三道河子等乡镇有分布。分布于我国东北，俄罗斯（远东地区）、朝鲜也有分布。
【生长环境】生于阔叶林、灌木林及林缘。
【实用价值】水土保持等生态功能。

毛茛科
Ranunculaceae
乌头属
Aconitum L.

北乌头 *Aconitum kusnezoffii* Reichb.
【中文异名】草乌
【拉丁异名】*Aconitum yamatsutae* Nakai
【生 长 型】多年生草本。
【产地与分布】辽宁省广布，保护区内广布。分布于我国黑龙江、吉林、内蒙古、河北、山西，俄罗斯、朝鲜也有分布。
【生长环境】生于林缘、山坡或阔叶林下。
【实用价值】块根入药，具有祛风湿、散寒、止痛等药效。

毛茛科
Ranunculaceae
乌头属

展毛乌头 *Aconitum carmichaelii* var. *truppelianum* (Ulbr.) W. T. Wang et Hsiao
【中文异名】辽东乌头

Aconitum L.

【拉丁异名】*Aconitum liaotungense* Nakai
【生 长 型】多年生草本。
【产地与分布】辽宁省产于葫芦岛、朝阳、大连等地，保护区内广布。分布于我国东北南部和西部。
【生长环境】生于山坡或山沟。
【实用价值】水土保持等生态功能。

毛茛科
Ranunculaceae
翠雀属
Delphinium L.

翠雀 *Delphinium grandiflorum* L.
【中文异名】飞燕草
【拉丁异名】*Delphinium grandiflorum* var. *tigridium* Kitag.
【生 长 型】多年生草本。
【产地与分布】辽宁省产于丹东、沈阳、阜新、朝阳等地，保护区内广布。分布于我国东北、华北、西南，蒙古、朝鲜也有分布。
【生长环境】生于山坡草地、固定沙丘、疏林下。
【实用价值】全草煎水含漱（有毒勿咽），可治风热牙痛；花色鲜艳美丽，可作花卉栽培供观赏。

毛茛科
Ranunculaceae
类叶升麻属
Actaea L.

类叶升麻 *Actaea asiatica* Hara
【中文异名】
【拉丁异名】*Actaea spicata* var. *asiatica* (H.Hara) S.H.Li et Y. Hui Huang
【生 长 型】多年生草本。
【产地与分布】辽宁省产于丹东、鞍山、营口、朝阳等地，保护区内刘杖子、前进等乡镇有分布。分布于我国东北、华北、西北、华中、西南，俄罗斯、朝鲜、日本也有分布。
【生长环境】生于林缘草地、山坡、林下。
【实用价值】根状茎可药用。

毛茛科
Ranunculaceae
耧斗菜属
Aquilegia L.

紫花耧斗菜 *Aquilegia viridiflora* var. *atropurpurea* (Willd.) Trevir.
【中文异名】
【拉丁异名】*Aquilegia atropurpurea* Willd.
【生 长 型】多年生草本。

【产地与分布】产于大连、葫芦岛、凌源等地，保护区内佛爷洞乡有分布。分布于我国东北、华北、西北，俄罗斯（远东地区）及蒙古也有分布。
【生长环境】生于山坡石质地、湿草地。
【实用价值】观赏，水土保持等生态价值。

毛茛科
Ranunculaceae
耧斗菜属
Aquilegia L.

尖萼耧斗菜 *Aquilegia oxysepala* Trautv. et C. A. Mey.
【中文异名】
【拉丁异名】*Aquilegia vulgaris* var. *oxysepala* (Trautv. et C. A. Mey.) Regel
【生 长 型】多年生草本。
【产地与分布】辽宁省产于本溪、丹东、大连、朝阳等地，保护区内三道河子镇有分布。分布于我国东北，朝鲜、俄罗斯也有分布。
【生长环境】生于林下、林缘及山麓草地。
【实用价值】观赏，水土保持等生态价值。

毛茛科
Ranunculaceae
耧斗菜属
Aquilegia L.

华北耧斗菜 *Aquilegia yabeana* Kitag.
【中文异名】
【拉丁异名】*Aquilegia oxysepala* var. *yabeana* (Kitag.) Munzi
【生 长 型】多年生草本。
【产地与分布】辽宁省产于朝阳、葫芦岛等地，保护区内广布。分布于我国东北、华北、西北、华东。
【生长环境】生于山坡、林缘及山沟石缝。
【实用价值】观赏，水土保持等生态价值。

毛茛科
Ranunculaceae
升麻属
Cimicifuga L.

兴安升麻 *Cimicifuga dahurica* (Turcz.) Maxim.
【中文异名】
【拉丁异名】*Actinospora dahurica* Turcz. ex Fisch.
【生 长 型】多年生草本。
【产地与分布】辽宁省产于抚顺、本溪、丹东、鞍山、大连、朝阳等地，保护区内广布。分布于我国东北、华北，俄罗斯、蒙古也有分布。
【生长环境】生于林缘灌丛、草甸、疏林下或山坡草地。

【实用价值】根状茎称“升麻”，供药用，治疗胃火牙痛等症。

毛茛科
Ranunculaceae
升麻属
Cimicifuga L.

大三叶升麻 *Cimicifuga heracleifolia* Kom.
【中文异名】窟窿牙根
【拉丁异名】
【生 长 型】多年生草本。
【产地与分布】辽宁省产于抚顺、本溪、丹东、朝阳、大连等地，保护区内广布。分布于我国东北，俄罗斯（远东地区）、朝鲜也有分布。
【生长环境】生于林下、灌丛或山坡草地。
【实用价值】嫩苗可食用；根状茎入药，性味甘、辛、微苦、微寒，具解毒、升提之效。

毛茛科
Ranunculaceae
蓝堇草属
Leptopyrum Rchb.

蓝堇草 *Leptopyrum fumarioides* (L.) Reichb.
【中文异名】
【拉丁异名】*Isopyrum fumarioides*. L.
【生 长 型】一年生草本。
【产地与分布】辽宁省产于沈阳、凌源等地，保护区内三道河子镇有分布。分布于我国东北、华北、西北，朝鲜、蒙古、俄罗斯（西伯利亚）和其他一些欧洲国家也有分布。
【生长环境】生于田边、路边草地上。
【实用价值】水土保持等生态价值。

毛茛科
Ranunculaceae
铁线莲属
Clematis L.

大叶铁线莲 *Clematis heracleifolia* DC.
【中文异名】
【拉丁异名】
【生 长 型】多年生草本或半灌木。
【产地与分布】辽宁省产于铁岭、沈阳、本溪、丹东、朝阳等地，保护区内广布。分布于我国吉林省及华北、西北、华东、华中，朝鲜、日本也有分布。
【生长环境】生于山坡、灌丛、阔叶林下、沟谷。
【实用价值】观赏，水土保持等生态价值。

毛茛科
Ranunculaceae
铁线莲属
Clematis L.

卷萼铁线莲 *Clematis heracleifolia* var. *davidiana* (Dcne. ex Verlot) O. Kuntze
【中文异名】
【拉丁异名】
【生 长 型】多年生草本。
【产地与分布】辽宁省产于鞍山、营口、丹东、锦州、葫芦岛、朝阳等地，保护区内广布。
【生长环境】生于山坡、灌丛、阔叶林下、沟谷。
【实用价值】观赏，水土保持等生态价值。

毛茛科
Ranunculaceae
铁线莲属
Clematis L.

棉团铁线莲 *Clematis hexapetala* Pall.
【中文异名】野棉花
【拉丁异名】*Clematis angustifolia* var. *dissecta* Yabe
【生 长 型】多年生草本。
【产地与分布】辽宁省产于沈阳、本溪、鞍山、大连、锦州、阜新、葫芦岛、朝阳等地，保护区内广布。分布于我国黑龙江、吉林及华北、西北，俄罗斯、蒙古、朝鲜也有分布。
【生长环境】生于山坡草地、林缘、固定沙丘。
【实用价值】根入药，可代威灵仙药用，有镇痛、利尿、消炎等作用。

毛茛科
Ranunculaceae
铁线莲属
Clematis L.

辣蓼铁线莲 *Clematis terniflora* var. *mandshurica* (Rupr.) Ohwi
【中文异名】
【拉丁异名】*Clematis recta* var. *mandshurica* (Rupr.) Maxim.
【生 长 型】多年生草质藤本。
【产地与分布】辽宁省产于沈阳、抚顺、鞍山、本溪、丹东、大连、朝阳、锦州等地，保护区内河坎子、佛爷洞等乡镇有分布。分布于我国东北、华北，俄罗斯、蒙古、朝鲜也有分布。
【生长环境】生于林缘、山坡灌丛、阔叶林下。
【实用价值】根入药，主治风寒湿痹、关节不利、四肢麻木。

毛茛科
Ranunculaceae
铁线莲属
Clematis L.

褐毛铁线莲 *Clematis fusca* Turcz.
【中文异名】
【拉丁异名】*Clematis kamtschatica* Bong.
【生 长 型】多年生草本或藤本。
【产地与分布】辽宁省产于辽阳、大连、鞍山、丹东、抚顺、锦州、朝阳等地，保护区内广布。分布于我国东北，俄罗斯（远东地区）、朝鲜、日本也有分布。
【生长环境】生于山坡草地、林缘、灌丛。
【实用价值】水土保持等生态价值。

毛茛科
Ranunculaceae
铁线莲属
Clematis L.

齿叶铁线莲 *Clematis serratifolia* Rehd.
【中文异名】
【拉丁异名】*Clematis intricate* var. *wilfordii* (Maxim.) Kom
【生 长 型】多年生草本或藤本。
【产地与分布】辽宁省产于抚顺、本溪、丹东、大连、朝阳等地，保护区内河坎子等乡镇有分布。分布于我国东北，俄罗斯、朝鲜也有分布。
【生长环境】生于山坡、林下、山沟溪流旁灌丛及河滩沙地。
【实用价值】水土保持等生态价值。

毛茛科
Ranunculaceae
铁线莲属
Clematis L.

黄花铁线莲 *Clematis intricata* Bunge
【中文异名】
【拉丁异名】*Clematis orientalis* var. *intricate* (Bunge) Maxim.
【生 长 型】多年生草质藤本。
【产地与分布】辽宁省产于本溪、丹东、朝阳等地，保护区内刘杖子等乡镇有分布。分布于我国华北、西北。
【生长环境】生于路旁、山坡。
【实用价值】观赏，水土保持等生态价值。

毛茛科
Ranunculaceae
铁线莲属
Clematis L.

短尾铁线莲 *Clematis brevicaudata* DC.
【中文异名】林地铁线莲
【拉丁异名】*Clematis viialba* subsp. *brevicaudata* (DC.) O. Kuntze

【生 长 型】多年生草质藤本。
【产地与分布】辽宁省产于沈阳、营口、大连、朝阳、葫芦岛等地，保护区内广布。分布于我国东北、华北、西北、华中、华东、西南，俄罗斯、蒙古、朝鲜也有分布。
【生长环境】生于山坡灌丛、林缘、林下。
【实用价值】藤条药用，主治尿道感染、尿道痛等病症；嫩叶食用。

毛茛科
Ranunculaceae
铁线莲属
Clematis L.

羽叶铁线莲 *Clematis pinnata* Maxim.
【中文异名】
【拉丁异名】
【生 长 型】多年生草本。
【产地与分布】辽宁省产于凌源市，保护区内河坎子乡、苏杖子、四道沟有分布。分布于我国河北、北京等地。
【生长环境】生于山坡、荒滩及灌木丛中。
【实用价值】水土保持等生态价值。

毛茛科
Ranunculaceae
铁线莲属
Clematis L.

半钟铁线莲 *Clematis ochotensis* (Pall.) Poir.
【中文异名】
【拉丁异名】*Atragene ochotensis* Pall.
【生 长 型】木质藤本。
【产地与分布】辽宁省产于凌源市，保护区内河坎子、刀尔登等乡镇有分布。分布于我国山西北部、河北北部、吉林东部及黑龙江，日本、俄罗斯远东地区也有分布。
【生长环境】生于海拔600～1200米的山谷、林边及灌丛中。
【实用价值】极具观赏及水土保持等生态价值。

毛茛科
Ranunculaceae
铁线莲属
Clematis L.

长瓣铁线莲 *Clematis macropetala* Ledeb.
【中文异名】大瓣铁线莲
【拉丁异名】
【生 长 型】多年生草本或藤本。
【产地与分布】辽宁省产于建昌、凌源等地，保护区内河坎子、大冰沟有分布。分布于我国东北、华北、西北，俄罗斯、蒙古也有分布。
【生长环境】生于岩石缝或林下。
【实用价值】极具观赏及水土保持等生态价值。

毛茛科
Ranunculaceae
银莲花属
Anemone L.

长毛银莲花 *Anemone narcissiflora* subsp. *crinita* (Juz.) Kitag.
【中文异名】
【拉丁异名】*Anemone narcissiflora* var. *crinita* (Juz.) Tamura
【生 长 型】多年生草本。
【产地与分布】辽宁省产于凌源市，保护区内前进乡、大河北镇有分布。分布于中国河北北部、黑龙江西部，蒙古、俄罗斯西伯利亚地区也有分布。
【生长环境】生于山地草坡或林下。
【实用价值】极具观赏及水土保持等生态价值。

毛茛科
Ranunculaceae
白头翁属
Pulsatilla Adans.

白头翁 *Pulsatilla chinensis* (Bunge) Regel.
【中文异名】
【拉丁异名】*Anemone chinensis* Bunge
【生 长 型】多年生草本。
【产地与分布】辽宁省产于沈阳、抚顺、阜新、锦州、葫芦岛、朝阳、鞍山、大连、丹东等地，保护区内广布。分布于我国东北、华北、西北、华中、华东、西南，俄罗斯和朝鲜也有分布。
【生长环境】生于山坡草地、林缘。
【实用价值】观赏，根状茎含白头翁素，药用。

毛茛科
Ranunculaceae
白头翁属
Pulsatilla Adans.

金县白头翁 *Pulsatilla chinensis* var. *kissii* (Mandl) S. H. Li et Y. H. Huang
【中文异名】
【拉丁异名】
【生 长 型】多年生草本。
【产地与分布】辽宁省产于大连、凌源等地，保护区内刘杖子、前进等乡镇有分布。分布于我国东北南部。
【生长环境】生于干山坡。
【实用价值】根状茎含白头翁素，药用。

毛茛科
Ranunculaceae
唐松草属
Thalictrum L.

唐松草 *Thalictrum aquilegiifolium* var. *sibiricum* Regel et Tiling
【中文异名】翼果唐松草
【拉丁异名】*Thalictrum contortum* L.
【生 长 型】多年生草本。
【产地与分布】辽宁省产于鞍山、本溪、丹东、大连、朝阳等地，保护区内广布。分布于我国东北、华北、华东，俄罗斯、朝鲜、日本也有分布。
【生长环境】生于山坡灌丛、溪流旁、林缘草地、阔叶林下。
【实用价值】根药用，可治痈肿疮疖、黄疸型肝炎、腹泻等症。

毛茛科
Ranunculaceae
唐松草属
Thalictrum L.

深山唐松草 *Thalictrum tuberiferum* Maxim.
【中文异名】
【拉丁异名】
【生 长 型】多年生草本。
【产地与分布】辽宁省产于本溪、丹东、朝阳等地，保护区内广布。分布于我国东北各省，俄罗斯、朝鲜、日本也有分布。
【生长环境】生于阔叶林下。
【实用价值】水土保持等生态价值。

毛茛科
Ranunculaceae
唐松草属
Thalictrum L.

贝加尔唐松草 *Thalictrum baicalense* Turcz.
【中文异名】球果白蓬草
【拉丁异名】*Thalictrum francheti* Huth
【生 长 型】多年生草本。
【产地与分布】辽宁省产于丹东、本溪、凌源等地，保护区内刘杖子乡有分布。分布于我国东北、华北、西北、西南，朝鲜、俄罗斯（远东地区）也有分布。
【生长环境】生于阔叶林下。
【实用价值】根含小檗碱，可代替黄连药用。

毛茛科
Ranunculaceae

瓣蕊唐松草 *Thalictrum petaloideum* L.
【中文异名】

唐松草属
Thalictrum L.

【拉丁异名】*Thalictrum petaloideum* var. *latifoliolatum* Kitag.
【生 长 型】多年生草本。
【产地与分布】辽宁省产于东部山区及辽西地区，保护区内广布。分布于我国东北、华北、西北、华东、华中、西南，俄罗斯、朝鲜也有分布。
【生长环境】生于山坡、林缘。
【实用价值】水土保持等生态价值。

毛茛科
Ranunculaceae
唐松草属
Thalictrum L.

狭裂瓣蕊唐松草 *Thalictrum petaloideum* var. *supradecompositum* (Nakai) Kitag.
【中文异名】卷叶唐松草
【拉丁异名】
【生 长 型】多年生草本。
【产地与分布】辽宁省产于建平、凌源等地，保护区内广布。分布于我国东北、华北。
【生长环境】生于干山坡。
【实用价值】水土保持等生态价值。

毛茛科
Ranunculaceae
唐松草属
Thalictrum L.

展枝唐松草 *Thalictrum squarrosum* Steph. ex Willd.
【中文异名】猫爪子
【拉丁异名】
【生 长 型】多年生草本。
【产地与分布】辽宁省产于阜新、丹东、本溪、朝阳等地，保护区内广布。分布于我国东北、华北、西北，俄罗斯、蒙古也有分布。
【生长环境】生于固定沙丘、沙地、林缘。
【实用价值】幼苗可食用。

毛茛科
Ranunculaceae
唐松草属
Thalictrum L.

箭头唐松草 *Thalictrum simplex* L.
【中文异名】
【拉丁异名】*Thalictrum affine* Ledeb.
【生 长 型】多年生草本。
【产地与分布】辽宁省产于沈阳、锦州、鞍山、本溪、朝阳、大连等地，保护区内河坎子等乡镇有分布。分布于我国东北、华北、西北、西南，俄罗斯、蒙古、朝鲜、日本也有分布。
【生长环境】生于山坡草地、沟谷湿地、林缘草地。
【实用价值】根含生物碱，药用，可治黄疸、腹水、小便不利等症。

毛茛科
Ranunculaceae
唐松草属
Thalictrum L.

短梗箭头唐松草 *Thalictrum simplex* var. *brevipes* Hara
【中文异名】
【拉丁异名】
【生 长 型】多年生草本。
【产地与分布】辽宁省产于鞍山、沈阳、朝阳等地，保护区内河坎子等乡镇有分布。
【生长环境】生于山坡草地、湿草地。
【实用价值】水土保持等生态价值。

毛茛科
Ranunculaceae
唐松草属
Thalictrum L.

东亚唐松草 *Thalictrum minus* var. *hypoleucum* (Sieb. et Zucc.) Miq.
【中文异名】小果白蓬草
【拉丁异名】*Thalictrum hypoleucum* Sieb. et Zucc.
【生 长 型】多年生草本。
【产地与分布】辽宁省各市均有分布，保护区内广布。分布于我国东北、华北、西北、华东、华南、西南，俄罗斯、蒙古、朝鲜、日本也有分布。
【生长环境】生于山坡灌丛、林缘、草地。
【实用价值】根可治牙痛、急性皮炎等症。

毛茛科
Ranunculaceae
毛茛属
Ranunculus L.

水毛茛 *Ranunculus bungei* Steud.
【中文异名】扇叶水毛茛
【拉丁异名】*Batrachium bungei* (Steud.) L. Liou
【生 长 型】多年生沉水草本。
【产地与分布】辽宁省产于朝阳、葫芦岛等地，保护区内广布。分布于我国华北、西北、华东、西南等。
【生长环境】生于山谷溪流水中或水泡子中。
【实用价值】净化水质，防止水体污染。

毛茛科

茴茴蒜 *Ranunculus chinensis* Bunge

Ranunculaceae
毛茛属
Ranunculus L.

【中文异名】回回蒜毛茛
【拉丁异名】
【生 长 型】一年生草本。
【产地与分布】辽宁省产于沈阳、阜新、锦州、朝阳、鞍山、大连等地，保护区内广布。分布于我国东北、华北、西北、华东、华中、华南、西南，俄罗斯、朝鲜、日本、印度也有分布。
【生长环境】生于山麓、山谷、溪流旁、路旁湿草地。
【实用价值】全草入药，外用治肝炎，鲜草捣烂敷肝区。

毛茛科
Ranunculaceae
毛茛属
Ranunculus L.

毛茛 *Ranunculus japonicus* Thunb.
【中文异名】
【拉丁异名】*Ranunculus acris* var. *japonicus* (Thunb.) Maxim.
【生 长 型】多年生草本。
【产地与分布】辽宁省各地均有分布，保护区内广布。分布于我国各地（西藏除外），俄罗斯、朝鲜、日本也有分布。
【生长环境】生于湿草地、水边、沟谷、山坡、林下。
【实用价值】鲜根药用，具有利湿、消肿、止痛、退翳、截疟、杀虫等功能。

毛茛科
Ranunculaceae
碱毛茛属
Halerpestes E. L. Greene

水葫芦苗 *Halerpestes cymbalaria* (Pursh) Green
【中文异名】圆叶碱毛茛
【拉丁异名】*Ranunculus cymbalaria* Pursh
【生 长 型】多年生草本。
【产地与分布】辽宁省产于铁岭、沈阳、阜新、锦州、朝阳、丹东等地，保护区内刀尔登镇、三道河子镇有分布。分布于我国黑龙江、吉林及华北、西北、西南，俄罗斯、蒙古、朝鲜也有分布。
【生长环境】生于山谷溪流旁、海岸沙地、盐碱土湿草地。
【实用价值】水土保持等生态价值。

毛茛科
Ranunculaceae
碱毛茛属

长叶碱毛茛 *Halerpestes ruthenica* (Jacq.) Ovcz.
【中文异名】
【拉丁异名】*Ranunculus ruthenicus* Jacq.

Halerpestes E. L. Greene

【生 长 型】多年生草本。

【产地与分布】辽宁省产于阜新、朝阳等地，保护区内刀尔登镇有分布。分布于我国黑龙江、吉林及华北、西北，俄罗斯、蒙古也有分布。

【生长环境】生于盐碱地或湿草地。

【实用价值】水土保持等生态价值。

毛茛科
Ranunculaceae
拟扁果草属
Enemion Raf.

拟扁果草 *Enemion raddeanum* Regel

【中文异名】

【拉丁异名】*Isopyrum raddeanum* (Regel) Maxim.

【生 长 型】多年生草本。

【产地与分布】辽宁省产于丹东、本溪、朝阳等地，保护区内广布。分布于我国东北各省，朝鲜、俄罗斯（远东地区）、日本也有分布。

【生长环境】生于山沟阔叶林及针叶林下。

【实用价值】水土保持等生态价值。

小檗科
Berberidaceae
小檗属
Berberis L.

西伯利亚小檗 *Berberis sibirica* Pall.

【中文异名】刺叶小檗

【拉丁异名】*Berberis boreali-sinensis* Nakao

【生 长 型】落叶灌木。

【产地与分布】辽宁省产于朝阳市，保护区内广布。分布于我国东北及内蒙古，俄罗斯（远东地区）、蒙古也有分布。

【生长环境】生于高山碎石坡、陡峭山坡及灌木林中。

【实用价值】水土保持等生态价值。

小檗科
Berberidaceae
小檗属
Berberis L.

细叶小檗 *Berberis poiretii* Schneid.

【中文异名】

【拉丁异名】*Berberis sinensis* var. *angustifolia* Regel

【生 长 型】落叶灌木。

【产地与分布】辽宁省产于沈阳、鞍山、本溪、丹东、抚顺、朝阳、锦州等地，保护区内广布。分布于我国黑龙江、吉林、河北、山西、内蒙古等地区，朝鲜、俄罗斯、蒙古也有分布。

【生长环境】生于山坡路旁或溪边。

【实用价值】根皮含小檗碱，供药用。

小檗科
Berberidaceae
小檗属
Berberis L.

黄芦木 *Berberis amurensis* Rupr.
【中文异名】大叶小檗
【拉丁异名】
【生 长 型】落叶灌木。
【产地与分布】辽宁省产于本溪、营口、抚顺、大连、朝阳等地，保护区内广布。分布于我国东北、华北、西北及山东，朝鲜、日本、俄罗斯也有分布。
【生长环境】生于山地林缘、溪边或灌丛中。
【实用价值】根及茎药用，主治细菌性痢疾、胃肠炎等病症。

小檗科
Berberidaceae
小檗属
Berberis L.

日本小檗 *Berberis thunbergii* DC.
【中文异名】
【拉丁异名】
【生 长 型】落叶灌木。
【产地与分布】原产日本。沈阳、大连等地有栽培，保护区内有栽培。
【生长环境】生于公园、庭院及公路两侧。
【实用价值】根和茎药用，枝叶煎汁可洗眼疾；做绿篱或丛植供观赏。

小檗科
Berberidaceae
淫羊藿属
Epimedium L.

朝鲜淫羊藿 *Epimedium koreanum* Nakai
【中文异名】淫羊藿
【拉丁异名】*Epimedium sulphurellum* Nakai
【生 长 型】多年生草本。
【产地与分布】辽宁省产于本溪、鞍山、丹东、凌源等地，保护区内刀尔登等乡镇有分布。分布于我国吉林、浙江和安徽，朝鲜、日本也有分布。
【生长环境】生于林下或灌丛间。
【实用价值】全草入药，有温肾壮阳、祛风除湿等功效。

防己科
Menispermaceae
蝙蝠葛属
Menispermum L.

蝙蝠葛 *Menispermum dauricum* DC.
【中文异名】山豆根
【拉丁异名】
【生 长 型】多年生缠绕性草本。

【产地与分布】辽宁省产于阜新、抚顺、沈阳、鞍山、丹东、锦州、朝阳、大连等地，保护区内广布。分布于我国东北及华北，俄罗斯、蒙古、朝鲜、日本也有分布。
【生长环境】生于山区林缘路旁、灌丛沟谷、山沟多石砾地、采伐迹地、河边灌丛间或沙丘上。
【实用价值】根状茎入药，清热解毒、消肿止痛。

莲科
Nelumbonaceae
莲属
Nelumbo Adanson

莲 *Nelumbo nucifera* Gaertn.
【中文异名】荷花
【拉丁异名】*Nymphaea nelumbo* L.
【生 长 型】多年生水生草本。
【产地与分布】辽宁省产于大连、营口、辽阳、沈阳、锦州等地，保护区内有栽培。分布于我国东北及华北，俄罗斯、朝鲜、日本、亚洲南部和大洋洲各国均有分布，世界各国皆有栽培。
【生长环境】自生或栽培于池塘内。
【实用价值】根状茎（藕）可作蔬菜或提制淀粉（藕粉），种子供食用。

睡莲科
Nymphaeaceae
睡莲属
Nymphaea L.

白睡莲 *Nymphaea alba* L.
【中文异名】
【拉丁异名】
【生 长 型】多年生水生草本。
【产地与分布】原产瑞典。辽宁省各地栽培，保护区内有栽培。
【生长环境】生于池沼中。
【实用价值】观赏。

睡莲科
Nymphaeaceae
睡莲属
Nymphaea L.

红睡莲 *Nymphaea alba* var. *rubra* Lonnr.
【中文异名】
【拉丁异名】
【生 长 型】多年生水生草本。
【产地与分布】原产瑞典。辽宁省各地栽培，保护区内有栽培。
【生长环境】生于池沼中。

【实用价值】观赏。

睡莲科
Nymphaeaceae
睡莲属
Nymphaea L.

黄睡莲 *Nymphaea mexicana* Zucc.
【中文异名】
【拉丁异名】
【生 长 型】多年生水生草本。
【产地与分布】原产瑞典。辽宁省各地栽培，保护区内有栽培。
【生长环境】生于池沼中。
【实用价值】观赏。

睡莲科
Nymphaeaceae
睡莲属
Nymphaea L.

睡莲 *Nymphaea tetragona* Georgi
【中文异名】
【拉丁异名】*Castalia crassifolia* Hand.
【生 长 型】多年生水生植物。
【产地与分布】辽宁省产于铁岭、沈阳等地，大连有栽培，保护区内有栽培。分布于我国各地，俄罗斯、朝鲜、日本、印度、越南也有分布。
【生长环境】生于池沼中。
【实用价值】观赏。

金鱼藻科
Ceratophyllaceae
金鱼藻属
Ceratophyllum L.

五刺金鱼藻 *Ceratophyllum platyacanthum* subsp. *oryzetorum* (Kom.) Lesin
【中文异名】
【拉丁异名】*Ceratophyllum demersum* var. *quadrispinum* Makino
【生 长 型】多年生沉水草本。
【产地与分布】辽宁省产于铁岭、沈阳、抚顺、丹东等地，保护区内前进、刀尔登等乡镇有分布。分布于我国黑龙江、内蒙古、河北、湖北、台湾等地区，俄罗斯及日本也有分布。
【生长环境】生于河沟或池沼中。
【实用价值】净化水质等生态价值。

金粟兰科

银线草 *Chloranthus japonicus* Sieb.

Chloranthaceae
金粟兰属
Chloranthus Swartz

【中文异名】
【拉丁异名】*Chloranthus mandshuricus* Rupr.
【生 长 型】多年生草本。
【产地与分布】辽宁省产于本溪、鞍山、丹东、朝阳等地，保护区内广布。分布于我国黑龙江、吉林、河北、山西、山东、陕西、甘肃等省。朝鲜、日本也有分布。
【生长环境】生于山坡杂木林下或沟边草丛中阴湿处。
【实用价值】全草供药用，具祛湿散寒、活血止痛、散瘀解毒等功效。

马兜铃科
Aristolochiaceae
马兜铃属
Aristolochia L.

北马兜铃 *Aristolochia contorta* Bunge
【中文异名】马兜铃
【拉丁异名】
【生 长 型】多年生草质藤本。
【产地与分布】辽宁省产于铁岭、沈阳、鞍山、丹东、大连、朝阳等地，保护区内三道河子镇有分布。分布于我国东北、华北各地区及陕西、甘肃、江苏、安徽等省，朝鲜、日本、俄罗斯也有分布。
【生长环境】生于山沟灌丛间、林缘、溪流旁灌丛中、河岸柳丛间。
【实用价值】果实、叶、根均可入药。

马兜铃科
Aristolochiaceae
细辛属
Asarum L.

辽细辛 *Asarum heterotropoides* f. *mandshuricum* (Maxim.) Kitag.
【中文异名】细辛
【拉丁异名】
【生 长 型】多年生草本。
【产地与分布】辽宁省产于鞍山、本溪、营口、朝阳等地，保护区内刀尔登等乡镇有分布。分布于我国东北各省，俄罗斯也有分布。
【生长环境】生于针叶林及针阔叶混交林下腐殖质深厚的地方。
【实用价值】全草入药，味辛、有小毒，能祛风、散寒、止痛、温肺祛痰。

芍药科
Paeoniaceae
芍药属
Paeonia L.

草芍药 *Paeonia obovata* Maxim.
【中文异名】野芍药
【拉丁异名】*Paeonia obovata* var. *glabra* Makino
【生 长 型】多年生草本。
【产地与分布】辽宁省产于抚顺、鞍山、本溪、丹东、营口、朝阳等地，保护区内广布。分布于我国东北、华北、西北、华东、华中、西南，俄罗斯、朝鲜、日本也有分布。
【生长环境】生于山坡杂木林下。
【实用价值】观赏，根药用。

芍药科
Paeoniaceae
芍药属
Paeonia L.

芍药 *Paeonia lactiflora* Pall.
【中文异名】红芍药
【拉丁异名】
【生 长 型】多年生草本。
【产地与分布】辽宁省产于沈阳、鞍山、阜新、朝阳、丹东等地，保护区内广布。分布于我国黑龙江省、吉林省及华北、西北，俄罗斯、蒙古、朝鲜、日本也有分布。
【生长环境】常见栽培，偶见野生于山坡、阔叶林下。
【实用价值】观赏，根药用。

芍药科
Paeoniaceae
芍药属
Paeonia L.

牡丹 *Paeonia suffruticosa* Andr.
【中文异名】
【拉丁异名】*Paeonia moutan* Sims
【生 长 型】落叶灌木。
【产地与分布】原产我国陕西省。大连、丹东、朝阳等地有栽培，保护区内多有栽培，全国栽培很广，品种甚多。
【生长环境】栽培于公园、庭院。
【实用价值】花大美丽，鲜艳，栽培供观赏。

芍药科
Paeoniaceae
芍药属
Paeonia L.

紫斑牡丹 *Paeonia suffruticosa* var. *papaveracea* (Andr.) Kerner
【中文异名】
【拉丁异名】

【生 长 型】落叶灌木。
【产地与分布】原产陕西。辽宁省有少量栽培，保护区内大河北镇引种栽培。
【生长环境】栽培于公园、庭院及农田。
【实用价值】花大美丽，鲜艳，供观赏；种子用于榨油。

猕猴桃科
Actinidiaceae
猕猴桃属
Actinidia Lindl.

软枣猕猴桃 *Actinidia arguta* (Sieb. et Zucc.) Planch. ex Miq.
【中文异名】软枣子
【拉丁异名】*Trochostigma arguta* Sieb. et Zucc.
【生 长 型】木质藤本。
【产地与分布】辽宁省产于抚顺、本溪、丹东、葫芦岛、凌源等地，保护区内大河北、河坎子等乡镇均有分布。分布于我国东北、华北、西北以及长江流域各地区，朝鲜、日本、俄罗斯也有分布。
【生长环境】生于阔叶林或针阔混交林中。
【实用价值】果实可食用，营养价值很高。

藤黄科
Clusiaceae
金丝桃属
Hypericum L.

黄海棠 *Hypericum ascyron* L.
【中文异名】长柱金丝桃
【拉丁异名】
【生 长 型】多年生草本。
【产地与分布】辽宁省各地均产，保护区内广布。分布于我国黑龙江、吉林、内蒙古及黄河流域、长江流域各地区，朝鲜、日本、俄罗斯（西伯利亚）也有分布。
【生长环境】生于山坡、林缘、草地及河岸湿地。
【实用价值】全草药用，具有凉血止血、清热解毒之功能。

藤黄科
Clusiaceae
金丝桃属
Hypericum L.

东北长柱金丝桃 *Hypericum ascyron* var. *longistylum* Maxim.
【中文异名】
【拉丁异名】
【生 长 型】多年生草本。
【产地与分布】产于辽宁省丹东、本溪、朝阳等地，保护区内河坎子等乡镇有分布。分布于我国黑龙江、吉林及内蒙古（东部），朝鲜、日本、俄罗斯也有分布。
【生长环境】生于山坡、林缘及河岸湿地。
【实用价值】花色艳丽，可在公园庭院栽培。

藤黄科
Clusiaceae
金丝桃属
Hypericum L.

短柱金丝桃　*Hypericum hookerianum* Wight et Arn.
【中文异名】
【拉丁异名】*Norysca hookeriana* (Wight et Arn.) Wight
【生 长 型】多年生草本。
【产地与分布】辽宁省产于葫芦岛、丹东、鞍山、朝阳等地，保护区内刀尔登等乡镇有分布。分布于我国黑龙江、吉林，朝鲜、日本、俄罗斯（西伯利亚及远东地区）也有分布。
【生长环境】生于林缘、灌丛、湿草甸子及江、河、湖边沼泽地。
【实用价值】花色艳丽，可在公园庭院栽培。

藤黄科
Clusiaceae
金丝桃属
Hypericum L.

赶山鞭　*Hypericum attenuatum* Choisy
【中文异名】乌腺金丝桃
【拉丁异名】
【生 长 型】多年生草本。
【产地与分布】辽宁省产于朝阳、锦州、本溪、丹东、抚顺、沈阳、阜新、鞍山、大连等地，保护区内广布。分布于我国黑龙江、吉林、内蒙古及华东、华中，朝鲜、日本、蒙古、俄罗斯（远东地区）也有分布。
【生长环境】生于田野、半湿草地、山坡草地、林下及石砾地。
【实用价值】花色艳丽，可在公园庭院栽培。

罂粟科
Papaveraceae
罂粟属
Papaver L.

虞美人　*Papaver rhoeas* L.
【中文异名】立春花
【拉丁异名】
【生 长 型】一年生草本。
【产地与分布】本种原产欧洲，在中国有大量栽培，保护区内有栽培。
【生长环境】生于阳光充足、排水良好且肥沃的沙壤土上。
【实用价值】本种多彩多姿，颇为美观，被广泛栽植于花坛、花境供观赏；全草、花和果实均能入药，有抗癌化瘤、延年益寿之效。

罂粟科
Papaveraceae
白屈菜属
Chelidonium L.

白屈菜 *Chelidonium majus* L.
【中文异名】
【拉丁异名】*Chelidonium majus* var. *grandiflorum* DC.
【生 长 型】多年生草本。
【产地与分布】辽宁省各地均产，保护区内广布。分布于我国东北、华北、西北、西南各地区，朝鲜（北部）、日本、俄罗斯（西伯利亚）也有分布。
【生长环境】生于山谷湿润地、水沟边、住宅附近。
【实用价值】全草药用，有镇痛、止咳、消肿作用。

罂粟科
Papaveraceae
荷包牡丹属
Lamprocapnos Endlicher

荷包牡丹 *Lamprocapnos spectabilis* (L.) Fukuharain
【中文异名】
【拉丁异名】*Dicentra spectabilis* (L.) Lem.
【生 长 型】多年生草本。
【产地与分布】辽宁省各地广泛栽培，保护区内多有栽培。分布于我国河北、甘肃、四川、云南，日本、朝鲜、俄罗斯也有分布。
【生长环境】喜散射光充足的半阴环境，比较耐寒。
【实用价值】全草入药，有镇痛、解痉、利尿作用；供观赏。

罂粟科
Papaveraceae
紫堇属
Corydalis Vent.

齿瓣延胡索 *Corydalis turtschaninovii* Bess.
【中文异名】
【拉丁异名】*Corydalis remota* Fisch. ex Maxim.
【生 长 型】多年生草本。
【产地与分布】辽宁省产于葫芦岛、朝阳、大连、丹东等地，保护区内广布。分布于我国黑龙江、吉林，俄罗斯（西伯利亚）也有分布。
【生长环境】生于杂木林下、林缘、河漫滩及溪沟边。
【实用价值】块茎入药，为良好的止痛药。对胃痛、关节痛、痛经、外伤肿痛均有疗效。

罂粟科
Papaveraceae
紫堇属
Corydalis Vent.

黄堇 *Corydalis pallida* (Thunb.) Pers.
【中文异名】珠果紫堇
【拉丁异名】
【生 长 型】二年生草本。
【产地与分布】辽宁省产于丹东、朝阳、本溪、大连、锦州、鞍山等地，保护区内广布。分布于我国黑龙江、吉林、浙江、江苏等省，俄罗斯（西伯利亚）、朝鲜（北部）也有分布。
【生长环境】生于林间空地、坡地、河滩石砾地及沙质地。
【实用价值】根入药，有清热解毒、消肿之功效。

罂粟科
Papaveraceae
紫堇属
Corydalis Vent.

小黄紫堇 *Corydalis raddeana* Regel
【中文异名】黄花地丁
【拉丁异名】
【生 长 型】一年生或二年生草本。
【产地与分布】辽宁省产于鞍山、本溪、大连、丹东、朝阳等地，保护区内广布。分布于我国东北、华北及河南、山东、浙江、台湾等地。俄罗斯远东地区、朝鲜、日本有分布。
【生长环境】生于林内石砬子旁、杂木林下、溪流两旁。
【实用价值】水土保持等生态价值。

罂粟科
Papaveraceae
紫堇属
Corydalis Vent.

地丁草 *Corydalis bungeana* Turcz.
【中文异名】
【拉丁异名】*Corydalis bugeana* var. *odontopetale* Hemsl
【生 长 型】多年生草本。
【产地与分布】辽宁省产于大连、锦州、阜新、朝阳等地，保护区内广布。分布于我国甘肃、陕西、山西、山东及河北等省。蒙古、朝鲜和俄罗斯也有分布或逸生。
【生长环境】生于山沟、溪旁、杂草丛中及砾石处。
【实用价值】全草入药，有清热解毒、活血消肿之效。

十字花科
Brassicaceae
诸葛菜属

诸葛菜 *Orychophragmus violaceus* (L.) O. E. Schulz
【中文异名】二月兰
【拉丁异名】

Orychophragmus Bunge

【生 长 型】一年生或二年生草本。
【产地与分布】辽宁省产于锦州、鞍山、朝阳、大连等地，各地常见栽培与逸生，保护区内有栽培或逸生。分布于我国东北、华北、西北、华东。
【生长环境】生于山坡杂木林缘或路旁。
【实用价值】观赏，嫩茎叶食用。

十字花科
Brassicaceae
芝麻菜属
Eruca Mill.

芝麻菜 *Eruca vesicaria* subsp. *sativa* (Mill.) Thell.
【中文异名】臭抽菜
【拉丁异名】
【生 长 型】一年生草本。
【产地与分布】辽宁省北镇、凌源等地有栽培，保护区内各乡镇因栽培而逸生。我国东北、华北、西北各地区皆有栽培。分布于欧洲及非洲各国。
【生长环境】逸生于荒地或湿地。
【实用价值】栽培作蔬菜，嫩株可生食，种子可榨油。

十字花科
Brassicaceae
糖芥属
Erysimum L.

糖芥 *Erysimum amurense* Kitag.
【中文异名】
【拉丁异名】*Cheiranthus aurantiacus* Bunge
【生 长 型】多年生草本。
【产地与分布】辽宁省产于凌源、金州和大连市蛇岛，保护区内广布。分布于我国华北、西北，朝鲜也有分布。
【生长环境】生于干山坡、石缝或海岛上。
【实用价值】种子入药，有强心作用。

十字花科
Brassicaceae
播娘蒿属
Descurainia Webb et Berth.

播娘蒿 *Descurainia sophia* (L.) Webb ex Prantl
【中文异名】
【拉丁异名】
【生 长 型】二年生草本。
【产地与分布】辽宁省产于大连、朝阳等地，保护区内广布。分布于我国东北、华北、西北、西南、华东，蒙古、朝鲜、日本、印度、俄罗斯以及其他欧洲国家、北非、北美亦有分布。
【生长环境】生于杂草地、住宅附近、山坡、沙质地或盐碱地。

【实用价值】种子含干性油可供食用，嫩苗还可作蔬菜。

十字花科
Brassicaceae
大蒜芥属
Sisymbrium L.

垂果大蒜芥 *Sisymbrium heteromallum* C. A. Mey.
【中文异名】弯果蒜芥
【拉丁异名】*Sisymbrium heteromallum* var. *dahuricum* (Turcz.) Glehn
【生 长 型】一年生或二年生草本。
【产地与分布】辽宁省产于朝阳、锦州、沈阳等地，保护区内广布。分布于我国东北、华北、西北等，蒙古、俄罗斯（西伯利亚）也有分布。
【生长环境】生于沟边、草地或石质山坡。
【实用价值】种子可作辛辣调味品，代芥末用。

十字花科
Brassicaceae
大蒜芥属
Sisymbrium L.

全叶大蒜芥 *Sisymbrium luteum* (Maxim.) O. E. Schulz
【中文异名】黄花大蒜芥
【拉丁异名】
【生 长 型】多年生草本。
【产地与分布】辽宁省产于本溪、朝阳等地，保护区内三道河子等乡镇有分布。分布于我国东北，俄罗斯（远东地区）、朝鲜、日本也有分布。
【生长环境】生于森林或灌丛间。
【实用价值】嫩苗可食。

十字花科
Brassicaceae
花旗杆属
（花旗竿属）
Dontostemon Andrz.

小花花旗杆 *Dontostemon micranthus* C. A. Mey.
【中文异名】
【拉丁异名】
【生 长 型】一年生或二年生草本。
【产地与分布】辽宁省产于朝阳、阜新、铁岭、抚顺等地，保护区内广布。分布于我国黑龙江、内蒙古，俄罗斯（西伯利亚）、蒙古也有分布。
【生长环境】生于固定沙丘、山坡草地或草原。
【实用价值】水土保持等生态价值。

十字花科
Brassicaceae

线叶花旗杆 *Dontostemon integrifolius* (L.) Ledeb.
【中文异名】

花旗杆属
（花旗竿属）
Dontostemon Andrz.

【拉丁异名】
【生　长　型】一年生或二年生草本。
【产地与分布】辽宁省产于阜新、朝阳等地，保护区内广布。分布于我国内蒙古，俄罗斯（东部西伯利亚）和蒙古也有分布。
【生长环境】生于草原沙地或沙丘上。
【实用价值】水土保持等生态价值。

十字花科
Brassicaceae
花旗杆属
（花旗竿属）
Dontostemon Andrz.

花旗杆　*Dontostemon dentatus* (Bunge) Ledeb.
【中文异名】
【拉丁异名】*Andreoskia debtatus* Bunge
【生　长　型】一年生或二年生草本。
【产地与分布】辽宁省各地均产，保护区内广布。分布于我国东北、华北、西北和华东，朝鲜、日本、俄罗斯（东西伯利亚）亦有分布。
【生长环境】生于山坡路旁、林缘、石质地、草地。
【实用价值】水土保持等生态价值。

十字花科
Brassicaceae
蔊菜属
Rorippa Scop.

风花菜　*Rorippa globosa* (Turcz.) Thell.
【中文异名】球果蔊菜
【拉丁异名】
【生　长　型】一年生或二年生草本。
【产地与分布】辽宁省产于阜新、沈阳、辽阳、鞍山、丹东、大连、朝阳等地，保护区内广布。分布于我国东北、华北、华东、华南和台湾，俄罗斯、朝鲜、越南也有分布。
【生长环境】生于湿地或河岸。
【实用价值】嫩茎和叶可作野菜食用。

十字花科
Brassicaceae
蔊菜属
Rorippa Scop.

沼生蔊菜　*Rorippa palustris* (L.) Besser
【中文异名】风花菜
【拉丁异名】*Sirymbrium isandicum* Oed.
【生　长　型】一年生或二年生草本。
【产地与分布】辽宁省各地均产，保护区内广布。分布于我国东北、华北、西北及河南、安徽、江苏、湖南、贵州，北半球温暖地区皆有分布。
【生长环境】生于潮湿环境或田边、山坡草地及草场。
【实用价值】嫩茎和叶可作野菜食用。

十字花科
Brassicaceae
蔊菜属
Rorippa Scop.

欧亚蔊菜 *Rorippa sylvestris* (L.) Bess.
【中文异名】辽东蔊菜
【拉丁异名】*Rorippa liaotungensis* X. D. Cui et Y. L. Chang
【生 长 型】多年生草本。
【产地与分布】辽宁省产于沈阳、大连、朝阳等地，保护区内广布。自然分布于欧洲、亚洲及中国新疆。
【生长环境】生于湿地、河流沿岸。
【实用价值】嫩茎和叶可作野菜食用。

十字花科
Brassicaceae
蔊菜属
Rorippa Scop.

两栖蔊菜 *Rorippa amphibia* (L.) Besser
【中文异名】
【拉丁异名】
【生 长 型】一年生草本。
【产地与分布】原产北美。辽宁省大连、鞍山、辽阳、铁岭、葫芦岛、朝阳等地均有分布，保护区内广布。
【生长环境】喜生河岸边、河流冲积地、路边等地。
【实用价值】嫩茎和叶可作野菜食用。

十字花科
Brassicaceae
蔊菜属
Rorippa Scop.

蔊菜 *Rorippa indica* (L.) Hiern
【中文异名】印度蔊菜
【拉丁异名】
【生 长 型】一年生草本。
【产地与分布】辽宁省产于大连、丹东、朝阳等地，保护区内广布。分布于我国华北、西北、西南、东南、华南，印度、马来西亚、越南、菲律宾也有分布。
【生长环境】生于山沟、河滩、渠旁、路边和田边。
【实用价值】嫩茎和叶可作野菜食用，全草供药用。

十字花科
Brassicaceae
碎米荠属

白花碎米荠 *Cardamine leucantha* (Tausch) O. E. Schulz
【中文异名】
【拉丁异名】*Dentaria leucantha* Tausch

Cardamine L.	【生 长 型】多年生草本。 【产地与分布】辽宁省产于抚顺、鞍山、本溪、丹东、大连、朝阳等地，保护区内广布。分布于我国东北，朝鲜、日本、俄罗斯（远东地区）也有分布。 【生长环境】生于林下、林缘、灌丛下、湿草地、溪流附近。 【实用价值】嫩苗可作野菜食用；根茎入药，有解痉镇咳，活血止痛的功能。

十字花科 Brassicaceae **香芥属** *Clausia* Kornuch-Trotzky	**毛萼香芥**　*Clausia trichosepala* (Turcz.) Dvorak 【中文异名】香芥 【拉丁异名】 【生 长 型】二年生草本。 【产地与分布】辽宁省产于凌源市，保护区内前进、刘杖子等乡镇有分布。分布于我国吉林、内蒙古、河北、山西，朝鲜也有分布。 【生长环境】生于山坡荒地。 【实用价值】嫩苗可食。

十字花科 Brassicaceae **南芥属** *Arabis* L.	**垂果南芥**　*Arabis pendula* L. 【中文异名】野白菜 【拉丁异名】 【生 长 型】多年生草本。 【产地与分布】辽宁省产于沈阳、抚顺、本溪、鞍山、营口、丹东、朝阳、大连等地，保护区内广布。分布于我国东北、华北、西北、西南，朝鲜、日本、蒙古、俄罗斯（西伯利亚）也有分布。 【生长环境】生于沙丘、山坡、草地、路旁、草甸、林下、河岸等处。 【实用价值】果实入药，有清热解毒、消肿的功能。

十字花科 Brassicaceae **南芥属** *Arabis* L.	**硬毛南芥**　*Arabis hirsuta* (L.) Scop. 【中文异名】毛南芥 【拉丁异名】*Turritis hirsuta* L. 【生 长 型】二年生草本。

【产地与分布】辽宁省产于鞍山、抚顺、朝阳等地，保护区内三道河子等乡镇有分布。分布于我国黑龙江省及华北、西北，朝鲜、日本、俄罗斯及其他一些欧洲国家和北美洲各国也有分布。
【生长环境】生于河岸砾质湿草地、水甸子、林内、山坡、山谷、地旁。
【实用价值】水土保持等生态价值。

十字花科
Brassicaceae
山芥属
Barbarea R. Br.

山芥 *Barbarea orthoceras* Ledeb.
【中文异名】山芥菜
【拉丁异名】
【生 长 型】二年生草本。
【产地与分布】辽宁省产于本溪、鞍山、丹东、朝阳等地，保护区内刀尔登等乡镇有分布。分布于我国东北，蒙古、俄罗斯（远东地区）、朝鲜和日本也有分布。
【生长环境】生于湿地、湿草甸、沼泽旁、河岸、溪谷等地或山坡杂木林内。
【实用价值】水土保持等生态价值。

十字花科
Brassicaceae
独行菜属
Lepidium L.

密花独行菜 *Lepidium densiflorum* Schrad.
【中文异名】
【拉丁异名】*Lepidium virginicum* L.
【生 长 型】一、二年生草本。
【产地与分布】辽宁省产于沈阳、抚顺、辽阳、鞍山、本溪、丹东、大连、朝阳等地，保护区内广布。原产于北美洲，后传播至欧洲各国及我国，是外来植物。
【生长环境】生于路旁、草地、耕地边、海边沙地等处。
【实用价值】嫩苗可食。

十字花科
Brassicaceae
独行菜属
Lepidium L.

独行菜 *Lepidium apetalum* Willd.
【中文异名】腺独行菜
【拉丁异名】
【生 长 型】一、二年生草本。
【产地与分布】辽宁省产于阜新、铁岭、沈阳、抚顺、本溪、鞍山、丹东、营口、大连、朝阳等地，保护区内广布。分布于我国东北、华北、西北等地，原产北美，蒙古、俄罗斯、朝鲜亦有分布。
【生长环境】生于路旁、沟边、草地、耕地旁、庭园等处。
【实用价值】种子入药，称葶苈子，有祛痰定喘、泻肺利水的功能。

十字花科
Brassicaceae
荠属
Capsella Medic.

荠 *Capsella bursa-pastoris* (L.) Medic.
【中文异名】荠菜
【拉丁异名】*Thlaspi bursa-pastoris* L.
【生 长 型】一、二年生草本。
【产地与分布】遍布于辽宁省各地，保护区内广布。我国各地均有分布，世界各温带地区也有分布。
【生长环境】生于草地、田边、路旁、耕地或杂草地等处。
【实用价值】嫩苗可食，种子含干性油；全草入药，有凉血止血、清热利尿的功能。

十字花科
Brassicaceae
菥蓂属（遏蓝菜属）
Thlaspi L.

菥蓂 *Thlaspi arvense* L.
【中文异名】遏蓝菜
【拉丁异名】
【生 长 型】一年生草本。
【产地与分布】辽宁省产于沈阳、鞍山、抚顺、本溪、丹东、朝阳、大连等地，保护区内广布。分布于我国东北、华北、西北、华中、华东、西南，亚洲、欧洲、非洲北部亦有分布。
【生长环境】生于草地、路旁、沟边、村庄附近。
【实用价值】全草及种子均入药。

十字花科
Brassicaceae
葶苈属
Draba L.

葶苈 *Draba nemorosa* L.
【中文异名】
【拉丁异名】*Draba marals* L.
【生 长 型】一年或二年生草本。
【产地与分布】辽宁省产于沈阳、辽阳、鞍山、抚顺、本溪、丹东、朝阳、大连等地，保护区内广布。分布于我国东北、华北、西北，朝鲜、日本、俄罗斯亦有分布。
【生长环境】生于耕地旁、田间、路边、草地、山边及林下。

【实用价值】全草入药，其功能同独行菜；幼苗为我国北方早春野菜。

十字花科
Brassicaceae
菘蓝属
Isatis L.

欧洲菘蓝 *Isatis tinctoria* L.
【中文异名】板蓝根
【拉丁异名】
【生 长 型】二年生草本。
【产地与分布】本种原产欧洲，现栽培于全国各地，辽宁省各地均有栽培，保护区内多有栽培。
【生长环境】栽培于坡地或平川地带。
【实用价值】其根称板蓝根，入药，有清热解毒、凉血之功能。

景天科
Crassulaceae
八宝属
Hylotelephium H. Ohba

长药八宝 *Hylotelephium spectabile* (Boreau) H. Ohba
【中文异名】长药景天
【拉丁异名】*Sedum spectabile* Boreau
【生 长 型】多年生草本。
【产地与分布】辽宁省产于本溪、鞍山、大连、沈阳、锦州、朝阳等地，保护区内广布。分布于我国吉林、内蒙古、河北、山东、山西，朝鲜、日本也有分布。
【生长环境】生于多石山坡及干石墙隙。
【实用价值】公园庭院驯化栽培，观赏。

景天科
Crassulaceae
瓦松属
Orostachys (DC.) Fisch.

日本瓦松 *Orostachys japonicus* (Maxim.) A. Berger
【中文异名】
【拉丁异名】
【生 长 型】二年生草本。
【产地与分布】辽宁省产于鞍山、丹东、大连、朝阳等地，保护区内三道河子、前进等乡镇有分布。分布于我国东北、华东，日本、朝鲜也有分布。
【生长环境】生于干山坡岩石上。
【实用价值】水土保持等生态价值。

景天科
Crassulaceae

瓦松 *Orostachys fimbriata* (Turcz.) A. Berger
【中文异名】

瓦松属
Orostachys (DC.) Fisch.

【拉丁异名】*Sedum fimbritum* (Turcz.) Franch.
【生 长 型】二年生草本。
【产地与分布】辽宁省产于鞍山、大连、阜新、朝阳等地，保护区内广布。分布于我国华北、西北、华东，朝鲜、日本、蒙古、俄罗斯（远东地区）也有分布。
【生长环境】生于石质山坡、岩石上及屋顶上。
【实用价值】全草药用，有止血、活血、敛疮之功效，有毒，须慎用。

景天科
Crassulaceae
瓦松属
Orostachys (DC.) Fisch.

黄花瓦松 *Orostachys spinosa* (L.) C. A. Mey.
【中文异名】
【拉丁异名】*Cotyledon spinosa* L.
【生 长 型】二年生草本。
【产地与分布】辽宁省产于鞍山、营口、丹东、大连、抚顺、沈阳、朝阳等地，保护区内前进、三道河子等乡镇有分布。分布于我国黑龙江、吉林、内蒙古、新疆、西藏，朝鲜、日本、俄罗斯也有分布。
【生长环境】生于山坡石缝中、林下岩石上及屋顶上。
【实用价值】水土保持等生态价值。

景天科
Crassulaceae
瓦松属
Orostachys (DC.) Fisch.

狼爪瓦松 *Orostachys cartilaginea* A. Bor.
【中文异名】
【拉丁异名】
【生 长 型】二年生或多年生草本。
【产地与分布】辽宁省产于阜新、鞍山、朝阳、大连等地，保护区内广布。分布于我国吉林省及华北，朝鲜、俄罗斯（远东地区）也有分布。
【生长环境】生于瓦房顶、固定沙丘、干山坡等处。
【实用价值】水土保持等生态价值。

景天科
Crassulaceae
费菜属
Phedimus Rafinesque

费菜 *Phedimus aizoon* (Linnaeus)'t Hart
【中文异名】土三七
【拉丁异名】
【生 长 型】多年生草本。
【产地与分布】产于辽宁省各地，保护区内广布。分布于我国东北、华北、华中、华东地区，朝鲜、日本、蒙古、俄罗斯（远东地区）也有分布。
【生长环境】生于多石质山坡、灌丛间、草甸子及沙岗上。
【实用价值】嫩叶可食，水土保持等生态价值。

景天科
Crassulaceae
费菜属
Phedimus
Rafinesque

宽叶费菜 *Phedimus aizoon* var. *latifolius* (Maximowicz) H. Ohba et al.
【中文异名】
【拉丁异名】
【生 长 型】多年生草本。
【产地与分布】辽宁省产于丹东、朝阳等地，保护区内大河北、三道河子等乡镇有分布。分布于我国华北、华东，朝鲜、日本、俄罗斯（远东地区）也有分布。
【生长环境】生于多石质山坡、灌丛间、草甸子及沙岗上。
【实用价值】嫩叶可食，水土保持等生态价值。

景天科
Crassulaceae
费菜属
Phedimus
Rafinesque

狭叶费菜 *Phedimus aizoon* var. *yamatutae* (Kitagawa) H. Ohba et al.
【中文异名】
【拉丁异名】
【生 长 型】多年生草本。
【产地与分布】辽宁省产于锦州、大连、朝阳等地，保护区内广布。分布于我国黑龙江及华北、西北、华东，俄罗斯（西伯利亚）也有分布。
【生长环境】生于山坡石砾地、沙丘。
【实用价值】嫩叶可食用，水土保持等生态价值。

景天科
Crassulaceae
景天属
Sedum L.

火焰草 *Sedum stellariifolium* Franch.
【中文异名】繁缕叶景天
【拉丁异名】
【生 长 型】一年生或二年生草本。
【产地与分布】辽宁省产于丹东、朝阳等地，保护区内大河北、刘杖子等乡镇有分布。分布于我国黑龙江省及华北、西北、华中、西南以及台湾地区。
【生长环境】生于山坡草地及阴湿石缝中。

【实用价值】水土保持等生态价值。

虎耳草科
Saxifragaceae
扯根菜属
Penthorum Gronov. ex L.

扯根菜 *Penthorum chinense* Pursh
【中文异名】
【拉丁异名】*Penthorum intermedium* Turcz.
【生 长 型】多年生草本。
【产地与分布】辽宁省产于沈阳、抚顺、铁岭、本溪、丹东、大连、朝阳等地，保护区内刀尔登、前进等乡镇有分布。分布于我国东北、华东、西南，俄罗斯（远东地区）、朝鲜、日本也有分布。
【生长环境】生于河岸、湿地或沟渠旁。
【实用价值】嫩叶可食，民间供药用。

虎耳草科
Saxifragaceae
落新妇属
Astilbe Buch. Ham.

落新妇 *Astilbe chinensis* (Maxim.) Franch et Sav.
【中文异名】
【拉丁异名】*Astilbe chinensis* var. *davidii* Franch.
【生 长 型】多年生草本。
【产地与分布】辽宁省产于铁岭、抚顺、本溪、丹东、鞍山、大连、朝阳等地，保护区内广布。分布于我国东北、华北、西北、西南，朝鲜、日本、俄罗斯也有分布。
【生长环境】生于山谷溪边、阔叶林下、草甸子。
【实用价值】药用，主治跌打损伤、风湿关节痛、毒蛇咬伤。

虎耳草科
Saxifragaceae
虎耳草属
Saxifraga Tourn. ex L.

球茎虎耳草 *Saxifraga sibirica* L.
【中文异名】
【拉丁异名】*Saxifraga pekinensis* Maxim.
【生 长 型】多年生草本。
【产地与分布】辽宁省产于凌源市，保护区内大河北镇有分布。分布于我国黑龙江、河北、山西、山东、陕西、甘肃、新疆、湖北、湖南、四川，俄罗斯、蒙古、尼泊尔、印度及欧洲东部均有分布。
【生长环境】生于林下、灌丛、高山草甸和石隙。
【实用价值】水土保持等生态价值。

虎耳草科
Saxifragaceae
独根草属
Oresitrophe Bunge

独根草 *Oresitrophe rupifraga* Bunge
【中文异名】
【拉丁异名】*Oresitrophe rupifraga* var. *glanrescens* W.T. Wang
【生 长 型】多年生草本。
【产地与分布】辽宁省产于凌源、庄河等地，保护区内广布。分布于我国河北和山西东部。
【生长环境】生于山谷或悬崖石缝中。
【实用价值】水土保持等生态价值。

虎耳草科
Saxifragaceae
梅花草属
Parnassia L.

多枝梅花草 *Parnassia palustris* var. *multiseta* Ledeb.
【中文异名】
【拉丁异名】
【生 长 型】多年生草本。
【产地与分布】辽宁省产于沈阳、阜新、朝阳、抚顺、本溪、丹东、大连等地，保护区内河坎子、刀尔登等乡镇有分布。分布于我国东北、华北、西北，朝鲜、日本也有分布。
【生长环境】生于湿草甸子，湖边湿地、林下湿地、溪流旁。
【实用价值】观赏；全草入药，煎服可治痢疾。

虎耳草科
Saxifragaceae
溲疏属
Deutzia Thunb.

钩齿溲疏 *Deutzia baroniana* Diels
【中文异名】李叶溲疏
【拉丁异名】
【生 长 型】落叶灌木。
【产地与分布】辽宁省产于鞍山、本溪、丹东、营口、大连、锦州、葫芦岛、朝阳等地，保护区内广布。分布于我国东北各地，朝鲜也有分布。
【生长环境】生于灌丛、山坡、岩石缝。
【实用价值】观赏，水土保持等生态价值。

虎耳草科
Saxifragaceae
溲疏属
Deutzia Thunb.

大花溲疏 *Deutzia grandiflora* Bunge
【中文异名】
【拉丁异名】*Deutzia grandiflora* var. *minor* Maxim.
【生 长 型】落叶灌木。

【产地与分布】辽宁省产于大连、朝阳等地，保护区内广布。分布于我国东北、华北、西北。
【生长环境】生于丘陵或山坡灌丛。
【实用价值】观赏，水土保持等生态价值。

虎耳草科
Saxifragaceae
溲疏属
Deutzia Thunb.

小花溲疏 *Deutzia parviflora* Bunge
【中文异名】
【拉丁异名】*Deutzia parviflora* var. *ovatifolia* (synonym)
【生 长 型】落叶灌木。
【产地与分布】辽宁省产于锦州、葫芦岛、朝阳等地，保护区内广布。分布于我国东北、华北，俄罗斯、朝鲜也有分布。
【生长环境】生于阔叶林缘或灌丛中。
【实用价值】观赏，水土保持等生态价值。

虎耳草科
Saxifragaceae
溲疏属
Deutzia Thunb.

东北溲疏 *Deutzia parviflora* var. *amurensis* Regel
【中文异名】
【拉丁异名】*Deutzia parviflora* var.*bungei* Franch.
【生 长 型】落叶灌木。
【产地与分布】辽宁省产于抚顺、本溪、丹东、大连、朝阳等地，保护区内河坎子、三道河子等乡镇有分布。分布于我国东北各地，俄罗斯（远东地区）、朝鲜（北部）也有分布。
【生长环境】生于山坡岩石旁、阔叶林中。
【实用价值】观赏，水土保持等生态价值。

虎耳草科
Saxifragaceae
溲疏属
Deutzia Thunb.

光萼溲疏 *Deutzia glabrata* Kom.
【中文异名】无毛溲疏
【拉丁异名】
【生 长 型】落叶灌木。
【产地与分布】辽宁省产于沈阳、鞍山、本溪、丹东、朝阳、锦州等地，保护区内三道河子镇有分布。分布于我国东北、华北，朝鲜、俄罗斯（东部西伯利亚）也有分布。
【生长环境】生于阔叶林中、灌丛或山地岩石上。
【实用价值】观赏，水土保持等生态价值。

虎耳草科
Saxifragaceae
绣球属
Hydrangea L.

东陵绣球 *Hydrangea bretschneideri* Dipp.
【中文异名】
【拉丁异名】
【生 长 型】落叶灌木。
【产地与分布】辽宁省产于凌源、建昌等地，保护区内广布。分布于我国东北、华北及西北。
【生长环境】生于山地、灌丛、阔叶林下。
【实用价值】观赏，水土保持等生态价值。

虎耳草科
Saxifragaceae
茶藨子属
Ribes L.

东北茶藨子 *Ribes mandshuricum* (Maxim.) Kom.
【中文异名】
【拉丁异名】*Ribes multiflorum* var.*mandshuricum* Maxim.
【生 长 型】落叶灌木。
【产地与分布】辽宁省产于铁岭、抚顺、本溪、丹东、朝阳、大连等地。分布于我国东北、华北、西北，朝鲜、俄罗斯也有分布。
【生长环境】生于阔叶林或针阔叶混交林下。
【实用价值】红色果实艳丽，极具观赏性，果可食、制果酱或酿酒。

虎耳草科
Saxifragaceae
山梅花属
Philadelphus L.

太平花 *Philadelphus pekinensis* Rupr.
【中文异名】京山梅花
【拉丁异名】
【生 长 型】落叶灌木。
【产地与分布】辽宁省产于锦州、葫芦岛、朝阳、大连等地，保护区内广布。分布于我国东北、华北，朝鲜也有分布。
【生长环境】生于山坡阔叶林中。
【实用价值】观赏，水土保持等生态价值。

虎耳草科
Saxifragaceae
山梅花属
Philadelphus L.

长叶太平花 *Philadelphus pekinensis* var. *lanceolatus* S. Y. Hu
【中文异名】
【拉丁异名】
【生 长 型】落叶灌木。
【产地与分布】辽宁省产于凌源等地，保护区内大河北、三道河子等乡镇有分布。
【生长环境】生于山坡阔叶林中。
【实用价值】观赏，水土保持等生态价值。

虎耳草科
Saxifragaceae
槭叶草属
Mukdenia Koidz.

岩槭叶草 *Mukdenia acanthifolia* Nakai
【中文异名】齿叶槭叶草
【拉丁异名】
【生 长 型】多年生草本。
【产地与分布】辽宁省产于大连、本溪、凌源等地，保护区内河坎子大冰沟有分布。分布于我国东北南部，朝鲜也有分布。
【生长环境】生于岩石缝上。
【实用价值】水土保持等生态价值。

蔷薇科
Rosaceae
绣线菊属
Spiraea L.

华北绣线菊 *Spiraea fritschiana* Schneid.
【中文异名】
【拉丁异名】*Spiraea angulata* Fritsch. ex Schneid.
【生 长 型】落叶灌木。
【产地与分布】辽宁省产于朝阳、锦州、鞍山、营口、大连等地，保护区内广布。分布于我国河南、河北、山西、陕西、甘肃、山东、江西、江苏、浙江、湖北、安徽等地，朝鲜亦有分布。
【生长环境】生于山坡杂木林中、林缘、山谷、多石砾地及石崖上。
【实用价值】观赏，水土保持等生态价值。

蔷薇科
Rosaceae
绣线菊属
Spiraea L.

小叶华北绣线菊 *Spiraea fritschiana* var. *parvifolia* Liou
【中文异名】
【拉丁异名】
【生 长 型】落叶灌木。
【产地与分布】辽宁省产于朝阳、锦州等地，保护区内广布。分布于我国河北、山东等地。
【生长环境】生于干燥山坡或山沟内。
【实用价值】水土保持等生态价值，观赏。

蔷薇科
Rosaceae
绣线菊属
Spiraea L.

三裂绣线菊 *Spiraea trilobata* L.
【中文异名】
【拉丁异名】*Spiraea trilobata* L.
【生 长 型】落叶灌木。
【产地与分布】辽宁省产于朝阳、大连、锦州、葫芦岛等地，保护区内广布。分布于我国山东、山西、河北等地，朝鲜、日本、俄罗斯（西伯利亚）也有分布。
【生长环境】生于向阳山地、灌丛及林缘。
【实用价值】水土保持等生态价值，可栽培供观赏。

蔷薇科
Rosaceae
绣线菊属
Spiraea L.

绣球绣线菊 *Spiraea blumei* G. Don
【中文异名】珍珠绣球
【拉丁异名】
【生 长 型】落叶灌木。
【产地与分布】辽宁省产于朝阳、营口、本溪、丹东、鞍山、葫芦岛等地，保护区内广布。分布于我国华北、西北、西南，日本、朝鲜亦有分布。
【生长环境】生于向阳山坡、杂木林内、溪流旁、路旁。
【实用价值】水土保持等生态价值，可栽培供观赏。

蔷薇科
Rosaceae
绣线菊属
Spiraea L.

土庄绣线菊 *Spiraea pubescens* Turcz.
【中文异名】
【拉丁异名】*Spiraea laucheana* Koehne
【生 长 型】落叶灌木。
【产地与分布】辽宁省产于丹东、本溪、大连、营口、鞍山、锦州、阜新、朝阳、沈阳等地，保护区内广布。分布于我国东北、华北、西北，蒙古、俄罗斯及朝鲜也有分布。
【生长环境】生于向阳多石山坡灌丛中及林间空地。
【实用价值】水土保持等生态价值，可栽培供观赏。

蔷薇科
Rosaceae
绣线菊属
Spiraea L.

白背土庄绣线菊 *Spiraea pubescens* var. *hypoleuca* Nakai
【中文异名】
【拉丁异名】
【生 长 型】落叶灌木。

【产地与分布】产于辽宁省北镇、凌源等地，保护区内佛爷洞、河坎子等乡镇有分布。
【生长环境】生于向阳多石山坡。
【实用价值】水土保持等生态价值。

蔷薇科
Rosaceae
绣线菊属
Spiraea L.

毛花绣线菊 *Spiraea dasyantha* Bunge
【中文异名】绒毛绣线菊
【拉丁异名】
【生 长 型】落叶灌木。
【产地与分布】辽宁省产于辽西地区，见于凌源市，保护区内佛爷洞、河坎子等乡镇有分布。分布于我国内蒙古、河北、山西、湖北、江苏、江西等地区，日本亦有分布。
【生长环境】生于向阳干山坡及多石山沟。
【实用价值】水土保持等生态价值，可栽培供观赏。

蔷薇科
Rosaceae
风箱果属
Physocarpus (Cambess.) Maxim.

风箱果 *Physocarpus amurensis* (Maxim.) Maxim.
【中文异名】
【拉丁异名】*Spiraea amurensis* Maxim.
【生 长 型】落叶灌木。
【产地与分布】辽宁省沈阳、鞍山、大连等地有栽培，保护区内有栽培。分布于我国黑龙江省（帽儿山）及河北省（雾灵山），朝鲜、俄罗斯亦有分布。
【生长环境】生于山沟中，在阔叶林边，常丛生。
【实用价值】优良观赏花木。

蔷薇科
Rosaceae
珍珠梅属
Sorbaria (Ser.) A. Br. ex Aschers.

华北珍珠梅 *Sorbaria kirilowii* (Regel) Maxim.
【中文异名】
【拉丁异名】*Sorbaria sorbifolia* var. *kirlowii* Ito
【生 长 型】落叶灌木。
【产地与分布】辽宁省产于锦州、鞍山（千山）等地，其他地区多有栽培，保护区内有栽培。分布于我国华北。
【生长环境】生于山沟、路旁。
【实用价值】园林绿化。

蔷薇科
Rosaceae
珍珠梅属
Sorbaria (Ser.) A. Br. ex Aschers.

珍珠梅 *Sorbaria sorbifolia* (L.) A. Br.
【中文异名】
【拉丁异名】*Sorbaria sorbifolia* L.
【生 长 型】落叶灌木。
【产地与分布】辽宁省产于营口、鞍山、丹东、本溪、抚顺、朝阳等地，保护区内有栽培。分布于我国黑龙江、吉林、内蒙古，俄罗斯、朝鲜、日本亦有分布。
【生长环境】生于山坡疏林、山脚、溪流沿岸。
【实用价值】园林绿化。

蔷薇科
Rosaceae
白鹃梅属
Exochorda Lindl.

白鹃梅 *Exochorda racemosa* (Lindl.) Rehd.
【中文异名】总花白鹃梅
【拉丁异名】*Amelanchier racemosa* Lindl.
【生 长 型】落叶灌木。
【产地与分布】产于辽宁省凌源市，大连、沈阳有栽培，保护区内刀尔登等乡镇有分布。分布于我国河南、江西、江苏、浙江等地。
【生长环境】生于山坡、河边灌丛边。
【实用价值】花大而艳丽，为优良观赏花木。

蔷薇科
Rosaceae
白鹃梅属
Exochorda Lindl.

齿叶白鹃梅 *Exochorda serratifolia* S. Moore
【中文异名】榆叶白鹃梅
【拉丁异名】
【生 长 型】落叶灌木。
【产地与分布】辽宁省产于朝阳、铁岭、鞍山等地，保护区内广布。分布于我国河北省，朝鲜亦有分布。
【生长环境】生于山坡、河边灌丛边。
【实用价值】花大而艳丽，为优良观赏花木。

蔷薇科
Rosaceae
悬钩子属
Rubus L.

牛叠肚 *Rubus crataegifolius* Bunge
【中文异名】山楂叶悬钩子
【拉丁异名】
【生 长 型】落叶灌木。
【产地与分布】辽宁省产于丹东、本溪、抚顺、朝阳、鞍山、大连等地，保护区内广布。分布于我国东北及华北，朝鲜和日本亦有分布。
【生长环境】生于海拔 100～1100 米山坡灌丛、林缘及林中荒地。
【实用价值】果实可制果酱和果酒，亦可鲜食。

蔷薇科
Rosaceae
委陵菜属
Potentilla L.

金露梅 *Potentilla fruticosa* L.
【中文异名】金老梅
【拉丁异名】*Dasiplora riparia* Raf.
【生 长 型】落叶灌木。
【产地与分布】辽宁省大连有栽培，保护区内有栽培。产于黑龙江、吉林、内蒙古、河北、山西、陕西、甘肃、新疆、四川、云南、西藏等地。
【生长环境】生于山坡草地、砾石坡、灌丛及林缘。
【实用价值】作庭园观赏灌木，或作矮篱。

蔷薇科
Rosaceae
委陵菜属
Potentilla L.

皱叶委陵菜 *Potentilla ancistrifolia* Bunge
【中文异名】钩叶委陵菜
【拉丁异名】
【生 长 型】多年生草本。
【产地与分布】辽宁省产于鞍山、大连、营口、丹东、朝阳等地，保护区内广布。分布于我国东北、华北及西北，朝鲜、俄罗斯（远东地区）也有分布。
【生长环境】生于山坡石质地、岩石缝间。
【实用价值】水土保持等生态价值。

蔷薇科
Rosaceae
委陵菜属
Potentilla L.

薄皱叶委陵菜 *Potentilla ancistrifolia* var. *dickinsii* (Franch. et Sav.) Koidz.
【中文异名】同色钩叶委陵菜
【拉丁异名】
【生 长 型】多年生草本。
【产地与分布】辽宁省产于绥中、凌源等地，保护区内河坎子、佛爷洞等乡镇有分布。分布于我国河北省。
【生长环境】生于岩石缝、石砬子上。
【实用价值】水土保持等生态价值。

蔷薇科
Rosaceae
委陵菜属
Potentilla L.

蕨麻 *Potentilla anserina* L.
【中文异名】鹅绒委陵菜
【拉丁异名】
【生 长 型】多年生草本。
【产地与分布】辽宁省产于锦州、阜新、朝阳、沈阳、大连、丹东等地，保护区内广布。遍布于亚洲、欧洲、北美洲各地。
【生长环境】喜生于湿润沙地，亦生于湿草地、水边及碱性沙地。常在盐浸化草地构成斑片状优势 群落。
【实用价值】全草药用，并为蜜源植物，幼嫩茎叶可食。

蔷薇科
Rosaceae
委陵菜属
Potentilla L.

蛇莓委陵菜 *Potentilla centigrana* Maxim.
【中文异名】蛇莓萎陵菜
【拉丁异名】
【生 长 型】多年生草本。
【产地与分布】辽宁省产于沈阳、抚顺、鞍山、本溪、朝阳等地，保护区内广布。分布于我国东北、华北、西南，朝鲜、日本、俄罗斯（远东地区）也有分布。
【生长环境】生于林下、草甸、路旁湿地、河边、村旁等处。
【实用价值】水土保持等生态价值。

蔷薇科
Rosaceae
委陵菜属
Potentilla L.

等齿委陵菜 *Potentilla simulatrix* Wolf
【中文异名】
【拉丁异名】
【生 长 型】多年生草本。
【产地与分布】辽宁省产于沈阳、朝阳，保护区内河坎子、佛爷洞等乡镇有分布。
【生长环境】生于林下溪边阴湿处。
【实用价值】水土保持等生态价值。

蔷薇科
Rosaceae
委陵菜属
Potentilla L.

绢毛匍匐委陵菜 *Potentilla reptans* var. *sericophylla* Franch.
【中文异名】绢毛细蔓萎陵菜
【拉丁异名】
【生 长 型】多年生草本。

【产地与分布】辽宁省产于凌源市，保护区内三道河子、刀尔登等乡镇有分布。分布于内蒙古、河北、山西、陕西、甘肃、河南、山东、江苏、浙江、四川、云南等地。
【生长环境】生于山坡草地、渠旁、溪边灌丛中及林缘。
【实用价值】块根供药用，能收敛解毒，生津止渴。

蔷薇科
Rosaceae
委陵菜属
Potentilla L.

匍枝委陵菜 *Potentilla flagellaris* Willd. ex Schlecht.
【中文异名】蔓委陵菜
【拉丁异名】
【生 长 型】多年生草本。
【产地与分布】辽宁省产于朝阳、锦州、沈阳、丹东、大连等地，保护区内广布。分布于我国黑龙江省及华北、西北，朝鲜、蒙古、俄罗斯（西伯利亚）也有分布。
【生长环境】生于草甸、林下及林缘路旁等处。
【实用价值】嫩苗可做饲料，也可食。

蔷薇科
Rosaceae
委陵菜属
Potentilla L.

蛇含委陵菜 *Potentilla kleiniana* Wight et Arn.
【中文异名】
【拉丁异名】
【生 长 型】多年生草本。
【产地与分布】辽宁省产于锦州、营口、大连、沈阳、朝阳、鞍山等地，保护区内广布。分布于我国华北、华中及西南，朝鲜、日本、印度也有分布。
【生长环境】生于草甸、河边及林边湿地。
【实用价值】全草入药，具有清热解毒、镇痛、消肿、化痰、止咳等药效。

蔷薇科
Rosaceae
委陵菜属
Potentilla L.

白萼委陵菜 *Potentilla betonicifolia* Poir.
【中文异名】白叶委陵菜
【拉丁异名】
【生 长 型】多年生草本。
【产地与分布】辽宁省产于朝阳，保护区内广布。分布于我国黑龙江、吉林及内蒙古，蒙古、俄罗斯（西伯利亚）也有分布。
【生长环境】生于草原、石质地、岩石缝、山坡草地及石砬子上。
【实用价值】水土保持等生态价值。

蔷薇科
Rosaceae
委陵菜属
Potentilla L.

五叶白叶委陵菜 *Potentilla betonicifolia* var. *pentaphylla* Liou et C. Y. Li
【中文异名】
【拉丁异名】
【生 长 型】多年生草本。
【产地与分布】产于辽宁省大连、凌源等地，保护区内广布。
【生长环境】生于山坡草地及岩石缝间。
【实用价值】水土保持等生态价值。

蔷薇科
Rosaceae
委陵菜属
Potentilla L.

三叶委陵菜 *Potentilla freyniana* Bornm.
【中文异名】
【拉丁异名】*Potentilla fragarioides* var.*ternata* Maxim.
【生 长 型】多年生草本。
【产地与分布】辽宁省产于丹东、本溪、鞍山、沈阳、朝阳等地，保护区内广布。分布于我国东北、华北、西北、西南及华中，朝鲜、日本、俄罗斯（西伯利亚）也有分布。
【生长环境】生于林缘草地、河边、草甸。
【实用价值】水土保持等生态价值。

蔷薇科
Rosaceae
委陵菜属
Potentilla L.

翻白草 *Potentilla discolor* Bunge
【中文异名】翻白委陵菜
【拉丁异名】
【生 长 型】多年生草本。
【产地与分布】辽宁省产于朝阳、葫芦岛、沈阳、鞍山、丹东等地，保护区内广布。分布于我国各地，朝鲜、日本、俄罗斯（西伯利亚）也有分布。
【生长环境】生于草甸、干山坡、路旁、草原。
【实用价值】全草入药，以根为最佳，有清热、解毒、消肿、止血作用。

蔷薇科
Rosaceae
委陵菜属
Potentilla L.

多茎委陵菜 *Potentilla multicaulis* Bunge
【中文异名】
【拉丁异名】*Potentilla sericea* var. *multicaulis* Lehm.
【生 长 型】多年生草本。
【产地与分布】辽宁省产于锦州、阜新、大连、朝阳、沈阳等地，保护区内广布。分布于我国华北、西北及西南，蒙古、俄罗斯（西伯利亚）也有分布。
【生长环境】生于山坡、荒地、林缘路旁。
【实用价值】水土保持等生态价值。

蔷薇科
Rosaceae
委陵菜属
Potentilla L.

轮叶委陵菜 *Potentilla verticillaris* Steph. ex Willd.
【中文异名】
【拉丁异名】*Potentilla verticillaris* var. *acutipetala* Lehm.
【生 长 型】多年生草本。
【产地与分布】辽宁省产于凌源、建平、彰武等地，保护区内刘杖子、前进等乡镇有分布。分布于我国黑龙江、华北及西北，蒙古、俄罗斯（西伯利亚）也有分布。
【生长环境】生于石质山坡、沙质地及草原。
【实用价值】水土保持等生态价值。

蔷薇科
Rosaceae
委陵菜属
Potentilla L.

委陵菜 *Potentilla chinensis* Ser.
【中文异名】
【拉丁异名】*Potentilla exaltata* Bunge
【生 长 型】多年生草本。
【产地与分布】辽宁全省各地均产，保护区内广布。分布于我国东北、华北、西北及华中，朝鲜、日本、俄罗斯（西伯利亚）也有分布。
【生长环境】生于山坡、林边、荒地、路旁及沙质地。
【实用价值】全草入药，能清热、解毒、消炎止血。

蔷薇科
Rosaceae
委陵菜属
Potentilla L.

大萼委陵菜 *Potentilla conferta* Bunge
【中文异名】大头委陵菜
【拉丁异名】
【生 长 型】多年生草本。
【产地与分布】辽宁省产于朝阳、锦州等地，保护区内广布。分布于我国黑龙江、内蒙古、河北，俄罗斯、蒙古也有分布。
【生长环境】生于耕地边、山坡草地、沟谷、草甸及灌丛中。
【实用价值】水土保持等生态价值。

蔷薇科
Rosaceae
委陵菜属
Potentilla L.

长叶二裂委陵菜 *Potentilla bifurca* var. *major* Ledeb.
【中文异名】光叉叶委陵菜
【拉丁异名】
【生 长 型】多年生草本。
【产地与分布】辽宁省产于朝阳、丹东等地，保护区内广布。分布于我国东北、华北、西北及华中，朝鲜、蒙古、俄罗斯（西伯利亚）也有分布。
【生长环境】生于草原、山坡、沙地、草甸及河边。
【实用价值】水土保持等生态价值。

蔷薇科
Rosaceae
委陵菜属
Potentilla L.

覆瓦委陵菜 *Potentilla imbricata* Kar.
【中文异名】毛叉叶委陵菜
【拉丁异名】
【生 长 型】多年生草本。
【产地与分布】辽宁省产于北镇、凌源等地，保护区内广布。分布于我国黑龙江、吉林等地，蒙古、俄罗斯也有分布。
【生长环境】生于草地。
【实用价值】水土保持等生态价值。

蔷薇科
Rosaceae
委陵菜属
Potentilla L.

朝天委陵菜 *Potentilla supina* L.
【中文异名】伏委陵菜
【拉丁异名】
【生 长 型】多年生草本。
【产地与分布】辽宁省产于丹东、鞍山、沈阳、葫芦岛、锦州、阜新、朝阳、大连等地，保护区内广布。分布于我国东北、华北，朝鲜、日本、俄罗斯（西伯利亚）也有分布。
【生长环境】生于荒地、路旁、村边、河边及林缘湿地。

【实用价值】水土保持等生态价值。

蔷薇科
Rosaceae
委陵菜属
Potentilla L.

三叶朝天委陵菜 *Potentilla supina* var. *ternata* Peterm.
【中文异名】东北委陵菜
【拉丁异名】
【生 长 型】多年生草本。
【产地与分布】辽宁省产于沈阳、大连、朝阳、丹东等地。分布于我国黑龙江、河北、山西、陕西、甘肃、新疆、河南、安徽、江苏、浙江、江西、广东、四川、贵州、云南，俄罗斯远东地区也有分布。
【生长环境】生于荒地、路旁、村边、河边及林缘湿地。
【实用价值】水土保持等生态价值。

蔷薇科
Rosaceae
委陵菜属
Potentilla L.

莓叶委陵菜 *Potentilla fragarioides* L.
【中文异名】
【拉丁异名】*Potentilla fragarioides* var. *major* Maxim.
【生 长 型】多年生草本。
【产地与分布】辽宁省产于沈阳、抚顺、鞍山、本溪、朝阳等地，保护区内广布。分布于我国东北、华北、西南，朝鲜、日本、俄罗斯（远东地区）也有分布。
【生长环境】生于林下、草甸、路旁湿地、河边、村旁等处。
【实用价值】水土保持等生态价值。

蔷薇科
Rosaceae
委陵菜属
Potentilla L.

菊叶委陵菜 *Potentilla tanacetifolia* Willd. ex Schlecht.
【中文异名】蒿叶委陵菜
【拉丁异名】
【生 长 型】多年生草本。
【产地与分布】辽宁省产于朝阳、葫芦岛等地，保护区内广布。分布于我国东北、华北及新疆，蒙古、俄罗斯（西伯利亚）也有分布。
【生长环境】生于山坡、林缘或坡地。
【实用价值】水土保持等生态价值。

蔷薇科
Rosaceae

腺毛委陵菜 *Potentilla longifolia* Willd. ex Schlecht.
【中文异名】粘委陵菜

委陵菜属
Potentilla L.

【拉丁异名】
【生 长 型】多年生草本。
【产地与分布】辽宁省产于阜新、朝阳等地，保护区内刘杖子、前进等乡镇有分布。分布于我国东北、华北及西北，蒙古、俄罗斯（西伯利亚）也有分布。
【生长环境】生于固定沙丘、林缘草地、沙质草地。
【实用价值】水土保持等生态价值。

蔷薇科
Rosaceae
地蔷薇属
Chamaerhodos Bunge

灰毛地蔷薇 *Chamaerhodos canescens* J. Krause.
【中文异名】毛地蔷薇
【拉丁异名】
【生 长 型】多年生草本。
【产地与分布】产于辽宁省大连、朝阳等地，保护区内广布。分布于我国黑龙江省、华北北部，蒙古也有分布。
【生长环境】生于草原、干山坡、路旁及固定沙丘上。
【实用价值】水土保持等生态价值。

蔷薇科
Rosaceae
地蔷薇属
Chamaerhodos Bunge

地蔷薇 *Chamaerhodos erecta* (L.) Bunge
【中文异名】追风蒿
【拉丁异名】*Sibbaldia erecta* L.
【生 长 型】一、二年生草本。
【产地与分布】辽宁省产于朝阳、葫芦岛、锦州等地，保护区内广布。分布于我国华北，朝鲜（北部）、蒙古、俄罗斯（西伯利亚）也有分布。
【生长环境】生于干山坡、草原、石砾地及沙质地。
【实用价值】水土保持等生态价值。

蔷薇科
Rosaceae
蚊子草属
Filipendula Adans.

光叶蚊子草 *Filipendula palmate* var. *glabra* Ldb. ex Kom.
【中文异名】
【拉丁异名】*Filipendula nuda* Grub.
【生 长 型】多年生草本。
【产地与分布】辽宁省产于凌源市，保护区内河坎子、刀尔登等乡镇有分布。分布于我国东北及华北，朝鲜、日本、蒙古、俄罗斯（西伯利亚）也有分布。

【生长环境】生于山坡草地、河岸湿地及草甸。
【实用价值】水土保持等生态价值。

蔷薇科
Rosaceae
路边青属
Geum L.

路边青 *Geum aleppicum* Jacq
【中文异名】水杨梅
【拉丁异名】
【生 长 型】多年生草本。
【产地与分布】辽宁省各地均产，保护区内广布。分布于我国东北及华北，朝鲜、日本、蒙古、俄罗斯以及北欧、北美各国均有分布。
【生长环境】生于山坡、路旁、草甸、灌丛、阔叶林下、林缘及河滩等地。
【实用价值】全草入药，有利尿作用；嫩叶可食用。

蔷薇科
Rosaceae
龙芽草属
Agrimonia L.

龙芽草 *Agrimonia pilosa* Ledeb.
【中文异名】仙鹤草
【拉丁异名】
【生 长 型】多年生草本。
【产地与分布】辽宁省各地均产，保护区内广布。分布于我国西部及东部，朝鲜、蒙古、日本、俄罗斯（西伯利亚）也有分布。
【生长环境】生于荒山坡草地、路旁、草甸、林下、林缘及山下河边等地。
【实用价值】全草入药，有收敛、止血、消炎作用。

蔷薇科
Rosaceae
地榆属
Sanguisorba L.

地榆 *Sanguisorba officinalis* L.
【中文异名】黄瓜香
【拉丁异名】*Sanguisorba officinalis* var. *montana* (Jord.) Focke
【生 长 型】多年生草本。
【产地与分布】辽宁省各地均产，保护区内广布。广布于我国各地，朝鲜、日本、俄罗斯及其他一些欧洲国家、北美各国均有分布。
【生长环境】生于干山坡、林缘、草甸及灌丛间。
【实用价值】根入药，有收敛、止血、消炎作用。

蔷薇科
Rosaceae
地榆属
Sanguisorba L.

浅花地榆 *Sanguisorba officinalis* f. *dilutiflora* (Kitag.) Liou et C. Y. Li

【中文异名】

【拉丁异名】

【生 长 型】多年生草本。

【产地与分布】产于辽宁省营口、沈阳、朝阳、葫芦岛等地，保护区内刘杖子、大河北等乡镇有分布。分布于我国东北及华北。

【生长环境】生于山坡、草地、林缘及灌丛间。

【实用价值】根药用。

蔷薇科
Rosaceae
地榆属
Sanguisorba L.

长蕊地榆 *Sanguisorba officinalis* var. *longifila* (Kitag.) Yu et Li

【中文异名】直穗粉花地榆

【拉丁异名】

【生 长 型】多年生草本。

【产地与分布】辽宁省产于阜新、朝阳等地，保护区内广布。分布于我国东北及内蒙古东部，朝鲜、日本、俄罗斯（远东地区）也有分布。

【生长环境】生于草甸、水甸附近及山坡草地。

【实用价值】根入药，有收敛、止血、消炎作用。

蔷薇科
Rosaceae
蔷薇属
Rosa L.

野蔷薇 *Rosa multiflora* Thunb.

【中文异名】刺花

【拉丁异名】

【生 长 型】落叶灌木。

【产地与分布】原产我国。沈阳、大连等市有栽培，保护区内有栽培。分布于我国华北、西北、华东、华中及西南，朝鲜、日本也有分布。

【生长环境】栽植于公园、庭院。

【实用价值】花、果及根均可入药；花洁白而芳香，为优良观赏花。

蔷薇科
Rosaceae

月季花 *Rosa chinensis* Jacq.

【中文异名】月季

蔷薇属
Rosa L.

【拉丁异名】
【生 长 型】常绿或半常绿灌木。
【产地与分布】辽宁省各地均有栽培，保护区内广泛栽培。原产中国，世界各地广为栽培。
【生长环境】栽植于公园、庭院。
【实用价值】为著名观赏花木，花、根及叶均可入药；花含芳香油，为香水的原料，并可用于食品工业。

蔷薇科
Rosaceae
蔷薇属
Rosa L.

黄刺玫 *Rosa xanthina* Lindl.
【中文异名】
【拉丁异名】*Rosa xanthinoides* Nakai
【生 长 型】落叶灌木。
【产地与分布】原产我国，分布于吉林、内蒙古、河北、山西、陕西、甘肃、青海等地区。辽宁各地广泛栽培，保护区内多有栽培。
【生长环境】栽植于公园、庭院。
【实用价值】花大重瓣，为园林观赏佳品。

蔷薇科
Rosaceae
蔷薇属
Rosa L.

单瓣黄刺玫 *Rosa xanthina* var. *normalis* Rehd. et Wils.
【中文异名】
【拉丁异名】
【生 长 型】落叶灌木。
【产地与分布】辽宁省各市广泛栽培，保护区内有栽培。分布于我国黑龙江、吉林、内蒙古、河北、山东、山西、陕西、甘肃等地区。
【生长环境】栽植于公园、庭院。
【实用价值】园林观赏。

蔷薇科
Rosaceae
蔷薇属
Rosa L.

山刺玫 *Rosa davurica* Pall.
【中文异名】刺玫蔷薇
【拉丁异名】*Rosa willdenowii* Spreng.
【生 长 型】落叶灌木。
【产地与分布】辽宁省产于本溪、丹东、鞍山、辽阳、营口、朝阳、锦州、沈阳、铁岭、抚顺等地，保护区内广布。分布于我国东北、华北，朝鲜及俄罗斯（远东地区）

也有分布。
【生长环境】生于山坡、山脚及路旁灌丛中。
【实用价值】果实可作果酱、果酒；栽培观赏。

蔷薇科
Rosaceae
蔷薇属
Rosa L.

长果山刺玫 *Rosa davurica* var. *ellipsoidea* Nakai
【中文异名】
【拉丁异名】
【生 长 型】落叶灌木。
【产地与分布】辽宁省产于本溪、鞍山、朝阳等地，保护区内大河北、三道河子等乡镇有分布。朝鲜北部也有分布。
【生长环境】生于山坡灌丛中。
【实用价值】果实可作果酱、果酒，提取黄色染料；花制玫瑰酱或提取香精等；栽培观赏。

蔷薇科
Rosaceae
扁核木属
Prinsepia Royle

东北扁核木 *Prinsepia sinensis* (Oliv.) Oliv. ex Bean
【中文异名】
【拉丁异名】*Plagiospermum sinense* Oliv.
【生 长 型】落叶灌木。
【产地与分布】辽宁省产于丹东、本溪、抚顺、朝阳等地，保护区内三道河子、刀尔登等乡镇有分布。分布于我国东北各地，朝鲜（北部）也有分布。
【生长环境】生于山沟杂木林及林缘灌丛中。
【实用价值】果实可食，栽培观赏。

蔷薇科
Rosaceae
稠李属
Padus Mill.

稠李 *Padus avium* Mill.
【中文异名】臭李子
【拉丁异名】*Padus racemosa* (Lam.) Gilib.
【生 长 型】落叶乔木或小乔木。
【产地与分布】辽宁省产于丹东、本溪、沈阳、鞍山、大连、朝阳等地，保护区内刀尔登、佛爷洞等乡镇有分布。分布于我国东北、华北、西北，日本、朝鲜、蒙古、俄罗斯及欧洲北部各国均有分布。
【生长环境】生于山中溪流沿岸及沟谷地带。
【实用价值】为良好蜜源植物和观赏植物。

蔷薇科
Rosaceae
李属
Prunus L.

毛樱桃 *Prunus tomentosa* Thunb.
【中文异名】樱桃
【拉丁异名】*Prunus trichocarpa* Bge.
【生 长 型】落叶灌木。
【产地与分布】辽宁省产于丹东、本溪、大连、鞍山、锦州、朝阳、沈阳等地，保护区内广布。分布于我国东北、华北、西北及西南，朝鲜和日本也有分布。
【生长环境】生于山坡灌丛、庭院中。
【实用价值】果实酸甜，可鲜食、酿酒，还可入药。

蔷薇科
Rosaceae
李属
Prunus L.

白果樱桃 *Prunus tomentosa* var. *leueocorpa* (Kehder.) S. M. Zhang,
【中文异名】
【拉丁异名】
【生 长 型】落叶灌木。
【产地与分布】产于辽宁省大连、凌源等地，大连园林有栽培，保护区内各乡镇均有分布。
【生长环境】生于灌丛、庭院中。
【实用价值】果实食用，可酿酒，还可入药。

蔷薇科
Rosaceae
李属
Prunus L.

欧李 *Prunus humilis* Bunge
【中文异名】
【拉丁异名】*Cerasus humilis* (Bge.) Bar. et Lion
【生 长 型】落叶小灌木。
【产地与分布】辽宁省产于朝阳、葫芦岛、阜新、锦州、铁岭、沈阳、鞍山、大连等地，保护区内广布。分布于我国黑龙江、吉林、河北、内蒙古、山东、河南等地区。
【生长环境】生于阳坡灌丛中以及半固定沙丘和草地上。
【实用价值】果实酸甜可食；核仁可入药；可栽培供观赏。

蔷薇科
Rosaceae
李属
Prunus L.

郁李 *Prunus japonica* Thunb.
【中文异名】
【拉丁异名】*Prunus japonica* Thunb.
【生 长 型】落叶灌木。
【产地与分布】辽宁省产于本溪、丹东等地，沈阳、营口有栽培，保护区内有栽培。分布于我国黑龙江、吉林、河北、山东等地，日本、朝鲜也有分布。
【生长环境】生于山坡灌丛。
【实用价值】花先于叶开放，栽培观赏。

蔷薇科
Rosaceae
李属
Prunus L.

李 *Prunus salicina* Lindl.
【中文异名】李子
【拉丁异名】
【生 长 型】落叶小乔木。
【产地与分布】辽宁省各地广泛栽培，保护区内多有栽培。原产于我国西北，现国内外均有栽培。
【生长环境】栽植于坡地果园及庭院。
【实用价值】果实可鲜食、造酒或制蜜饯、果干等；核仁药用，有活血祛痰的功效。

蔷薇科
Rosaceae
李属
Prunus L.

紫叶李 *Prunus cerasifera* f. *atropurpurea* (Jacq.) Rehd.
【中文异名】
【拉丁异名】
【生 长 型】落叶灌木或小乔木。
【产地与分布】原产于我国新疆，伊朗、小亚细亚、巴尔干半岛均有分布。辽宁省各地广泛栽培，保护区内有栽培。
【生长环境】栽植于公园、庭院及村庄路边。
【实用价值】观赏植物。

蔷薇科
Rosaceae
李属
Prunus L.

杏 *Prunus armeniaca* L.
【中文异名】杏树
【拉丁异名】*Prunus armeniaea* L.
【生 长 型】落叶乔木。
【产地与分布】辽宁省各地均有栽培，以辽西、辽南最多，保护区内广布。原产于亚洲西部，我国西藏有野生，现世界各地普遍栽培。
【生长环境】栽植于坡耕地及庭院。
【实用价值】果供鲜食或制成杏脯、杏干等；种仁入药，有润肺滑肠、止咳平喘之效；早春开花，具有观赏价值。

蔷薇科
Rosaceae
李属
Prunus L.

山杏 *Prunus sibirica* L.
【中文异名】西伯利亚杏
【拉丁异名】*Armeniaca sibirica* (L.) Lam.
【生 长 型】落叶灌木或小乔木。
【产地与分布】辽宁省产于锦州、阜新、朝阳、葫芦岛、大连、沈阳等地，保护区内广布。分布于我国内蒙古、河北，蒙古及俄罗斯（西伯利亚）也有分布。
【生长环境】生于阳坡杂木林中及固定沙丘上。
【实用价值】为辽宁省西部干旱区和风沙区绿化树种和固沙树种；种仁味苦，可入药，有祛痰止咳平喘的功效；叶可提取栲胶。

蔷薇科
Rosaceae
李属
Prunus L.

辽梅杏 *Prunus sibirica* 'Liaomei'
【中文异名】
【拉丁异名】
【生 长 型】落叶灌木或小乔木。
【产地与分布】产于辽宁省北票、凌源等地，保护区内有栽培。
【生长环境】栽植于公园及庭院。
【实用价值】早春开花，具有很高的观赏价值。

蔷薇科
Rosaceae
李属
Prunus L.

东北杏 *Prunus mandshurica* (Maxim.) Koehne
【中文异名】辽杏
【拉丁异名】*Armeniaca mandshurica* (Maxim.) Skv.
【生 长 型】落叶乔木。
【产地与分布】辽宁省产于鞍山、营口、丹东、本溪等地，保护区内有栽培。分布于我国吉林省东部、黑龙江省东部，朝鲜及俄罗斯（远东地区）也有分布。
【生长环境】生于山坡疏林中。
【实用价值】早春先于叶开花，花色美丽，栽培观赏。

蔷薇科
Rosaceae
李属
Prunus L.

桃 *Prunus persica* (L.) Batsch.
【中文异名】
【拉丁异名】*Amygdalus persica* L.
【生 长 型】落叶乔木。

【产地与分布】原产于我国，现各地均有栽培。辽宁省南部及西部地区有栽培，保护区内广泛栽培。
【生长环境】栽植于坡耕地及庭院。
【实用价值】本种是著名果树，由于栽培历史悠久，有许多优良品种，如蜜桃、水蜜桃等。

蔷薇科
Rosaceae
李属
Prunus L.

山桃 *Prunus davidiana* (Carr.) Franch.
【中文异名】山毛桃
【拉丁异名】*Amygdalus davidiana* C. de Vos
【生 长 型】落叶乔木。
【产地与分布】产于辽宁省西部地区，见于凌源市，保护区内广布，沈阳、鞍山、大连等地有栽培。分布于我国河北、山西、河南、陕西、甘肃及四川等地。
【生长环境】生于山地阳坡。
【实用价值】本种早春开花，为城乡绿化的优良树种。

蔷薇科
Rosaceae
李属
Prunus L.

榆叶梅 *Prunus triloba* Lindl.
【中文异名】小桃红
【拉丁异名】*Amygdalopsis lindleyi* Carr.
【生 长 型】落叶灌木。
【产地与分布】辽宁省产于朝阳、葫芦岛、阜新等地，保护区内广布，各地庭园有栽培。分布于我国河北、山西、陕西、河南、山东及内蒙古。
【生长环境】生于山地阳坡灌丛及林下。
【实用价值】早春开花，花朵密集，为常见观赏花木。

蔷薇科
Rosaceae
李属
Prunus L.

重瓣榆叶梅 *Prunus triloba* f. *multiplex* (Bunge) Rehder
【中文异名】
【拉丁异名】
【生 长 型】落叶灌木。
【产地与分布】辽宁省各地均有栽培，保护区内有栽培。
【生长环境】栽植于公园、庭院及路边。
【实用价值】早春开花，花朵繁茂，为常见观赏花木。

蔷薇科
Rosaceae

西北栒子 *Cotoneaster zabelii* Schneid.
【中文异名】

梅子属
Cotoneaster B. Ehrhart

【拉丁异名】
【生 长 型】落叶灌木。
【产地与分布】产于辽宁省朝阳、凌源等地，保护区内河坎子乡平顶山有分布。
【生长环境】生于灌木丛中。
【实用价值】果实红色，可供观赏。

蔷薇科
Rosaceae
栒子属
Cotoneaster B. Ehrhart

水栒子 *Cotoneaster multiflorus* Bunge
【中文异名】栒子木
【拉丁异名】
【生 长 型】落叶灌木。
【产地与分布】辽宁省产于朝阳、大连（老铁山）等地，保护区内大河北、刘杖子等乡镇有分布。分布于我国东北、华北、西北、西南，俄罗斯（高加索、西伯利亚）以及亚洲中、西部均有分布。
【生长环境】生于山坡灌丛、沟谷两侧及杂木林中。
【实用价值】果实红色，经久不凋，供观赏。

蔷薇科
Rosaceae
山楂属
Crataegus L.

山楂 *Crataegus pinnatifida* Bunge
【中文异名】
【拉丁异名】*Mespilus pinnatifida* K. Koch
【生 长 型】落叶乔木。
【产地与分布】产于辽宁省各地，保护区内广布。分布于我国黑龙江、吉林以及华北、西北，朝鲜及俄罗斯（西伯利亚）亦有分布。
【生长环境】生于山坡林缘及灌丛中。
【实用价值】本种为大果山楂的砧木，在果树栽培上具有重要意义。果实酸甜可鲜食或加工成果酱、果糕等，干制后可入药，有健胃、助消化、舒气瘀之效。

蔷薇科
Rosaceae
山楂属
Crataegus L.

山里红 *Crataegus pinnatifida* var. *major* N. E. Br.
【中文异名】大果山楂
【拉丁异名】
【生 长 型】落叶小乔木。
【产地与分布】辽宁省各地均有栽培，保护区内有栽培。

为东北、华北的重要栽培果树，有数百年的栽培历史。
【生长环境】栽植于坡地、平川地及庭院。
【实用价值】果实食用，药用；观赏树种。

蔷薇科
Rosaceae
花楸属
Sorbus L.

水榆花楸 *Sorbus alnifolia* (Sieb. et Zucc.) K. Koch.
【中文异名】水榆
【拉丁异名】
【生 长 型】落叶乔木。
【产地与分布】辽宁省产于丹东、本溪、抚顺、大连、营口、鞍山、锦州、朝阳等地，保护区内大河北、刀尔登等乡镇有分布。分布于我国东北、华北、西北、西南、华东、华中，朝鲜、日本也有分布。
【生长环境】生于山地阔叶混交林中或多石山坡灌丛中。
【实用价值】春季开花雪白，秋季叶片变为红色，为优良观赏树种；果实可食。

蔷薇科
Rosaceae
腺肋花楸属
Aronia Medikus

黑果腺肋花楸 *Aronia melanocarpa* Elliot
【中文异名】
【拉丁异名】
【生 长 型】落叶灌木。
【产地与分布】原产于美国东北部。辽宁省大连、沈阳、营口、朝阳等地有栽培，保护区内河坎子、大河北等乡镇有栽培。
【生长环境】喜微酸性土壤。
【实用价值】制酒及医药原材料。

蔷薇科
Rosaceae
梨属
Pyrus L.

河北梨 *Pyrus hopeiensis* Yu
【中文异名】
【拉丁异名】
【生 长 型】落叶乔木。
【产地与分布】产于朝阳、营口等地，保护区内广布。分布于我国河北、山东等地。
【生长环境】生于山坡下部。
【实用价值】食用，药用。

蔷薇科
Rosaceae
梨属
Pyrus L.

秋子梨 *Pyrus ussuriensis* Maxim.
【中文异名】花盖梨
【拉丁异名】
【生 长 型】落叶乔木。
【产地与分布】辽宁省产于丹东、本溪、抚顺、铁岭、沈阳、锦州、阜新、朝阳、鞍山、大连等地。分布于我国东北、华北、西北地区。
【生长环境】适应寒冷、干旱气候和较为瘠薄的土壤条件。
【实用价值】本种栽培历史悠久、品种繁多，常见有安梨、花盖梨、京白梨、南果梨等。

蔷薇科
Rosaceae
梨属
Pyrus L.

白梨 *Pyrus bretschneideri* Rehd.
【中文异名】白挂梨
【拉丁异名】
【生 长 型】落叶乔木。
【产地与分布】原产于华北、西北地区。辽宁省常见栽培，保护区内广泛栽培。
【生长环境】栽植于山坡地、平川地及庭院。
【实用价值】果实食用，药用。

蔷薇科
Rosaceae
梨属
Pyrus L.

杜梨 *Pyrus betulifolia* Bunge
【中文异名】野梨子
【拉丁异名】
【生 长 型】落叶乔木。
【产地与分布】辽宁省产于朝阳、葫芦岛等地，保护区内广布。分布于华北、西北及华中。
【生长环境】生于山坡、山谷杂木林中。
【实用价值】本种耐干旱，抗寒，可作各种栽培梨的砧木。

蔷薇科
Rosaceae
苹果属
Malus Mill.

山荆子 *Malus baccata* (L.) Borkh.
【中文异名】山定子
【拉丁异名】
【生 长 型】落叶乔木。
【产地与分布】产于辽宁省各地，保护区内广布。分布于我国东北、华北、西北，蒙古、朝鲜及俄罗斯（西伯利亚）亦有分布。
【生长环境】生于山坡、山谷杂木林中及溪流旁。
【实用价值】早春开花，花色雪白；秋季果熟，果色红黄，是优良庭园观赏树种。生长茂盛、易繁殖、抗寒力强，是东北、华北地区传统的苹果砧木。

蔷薇科
Rosaceae
苹果属
Malus Mill.

西府海棠 *Malus* × *micromalus* Makino
【中文异名】
【拉丁异名】*Malus spectabilis* var.*kaido* Sieb.
【生 长 型】落叶小乔木。
【产地与分布】辽宁省各地常见栽培，保护区内有栽培。分布于我国华北、西北。
【生长环境】栽植于公园、庭院、路边。
【实用价值】园林绿化。

蔷薇科
Rosaceae
苹果属
Malus Mill.

苹果 *Malus pumila* Mill.
【中文异名】
【拉丁异名】*Pyrus malus* L.
【生 长 型】落叶乔木。
【产地与分布】原产于欧洲及中亚。辽宁省各地均有栽培，尤其辽南、辽西地区大量栽培，保护区内各乡镇均有栽培果园。
【生长环境】栽植于光照充足、水源充分的向阳坡地。
【实用价值】本种为著名果树，栽培历史悠久，品种繁多，全世界有栽培品种千种以上。

蔷薇科
Rosaceae
苹果属
Malus Mill.

花红 *Malus asiatica* Nakai
【中文异名】沙果
【拉丁异名】
【生 长 型】落叶小乔木。
【产地与分布】辽宁省南部、西部地区有栽培，保护区内广布。分布于华北、西北地区。
【生长环境】栽植于光照充足、水源充分的向阳坡地。
【实用价值】栽培历史悠久，品种多。果实不耐贮藏，供鲜食，亦可制果干及酿酒等。

蔷薇科
Rosaceae
苹果属
Malus Mill.

楸子 *Malus prunifolia* (Willd.) Borkh.
【中文异名】海棠果
【拉丁异名】
【生 长 型】落叶小乔木。
【产地与分布】辽宁省各地栽培，保护区内广布。分布于华北、西北。
【生长环境】适应性强，抗寒、抗旱，栽植于村庄四周、庭院。
【实用价值】本种栽培历史悠久，是鲜食性优良果品，又为苹果的优良砧木。

豆科
Fabaceae
合欢属
Albizia Durazz.

合欢 *Albizia julibrissin* Durazz.
【中文异名】绒花树
【拉丁异名】
【生 长 型】落叶乔木。
【产地与分布】辽宁省大连、丹东等地多有栽培，保护区内有栽培。分布于我国华北、西北、华东、华中、华南、西南，日本、缅甸也有分布。
【生长环境】耐沙质土和干热气候。
【实用价值】观赏。

豆科
Fabaceae
皂荚属
Gleditsia L.

皂荚 *Gleditsia sinensis* Lam.
【中文异名】
【拉丁异名】*Gleditsia horrida* Willd.
【生 长 型】落叶乔木。
【产地与分布】辽宁省长海县山地有野生，沈阳、大连等地有栽培，保护区内有栽培。分布于我国华北、西北、华东、华中、华南、西南，日本、缅甸、泰国、越南、印度及非洲东部也有分布。
【生长环境】耐沙质土和干热气候。
【实用价值】盛夏开花，作行道树及公园庭院观赏树。

豆科
Fabaceae
皂荚属

山皂荚 *Gleditsia japonica* Miq.
【中文异名】
【拉丁异名】*Fagara horrida* Thunb.

Gleditsia L.

【生 长 型】落叶乔木。

【产地与分布】辽宁省产于沈阳、鞍山、本溪、丹东、大连、锦州、朝阳等地，保护区内广布。分布于我国华东、华中，朝鲜、日本也有分布。

【生长环境】生于山沟阔叶林丛间，有时生于山坡上。

【实用价值】荚果浸出液具有杀虫效果，园林绿化树种。

豆科

Fabaceae

皂荚属

Gleditsia L.

无刺山皂荚 *Gleditsia japonica* f. *inarmata* Nakai

【中文异名】

【拉丁异名】

【生 长 型】落叶乔木。

【产地与分布】辽宁省产于朝阳、葫芦岛等地，各地有栽培，保护区内前进、刀尔登等乡镇有分布。

【生长环境】栽植于公园、庭院。

【实用价值】园林绿化树种。

豆科

Fabaceae

皂荚属

Gleditsia L.

野皂荚 *Gleditsia microphylla* Gordon ex Y. T. Lee

【中文异名】短荚皂角

【拉丁异名】

【生 长 型】落叶灌木或小乔木。

【产地与分布】辽宁省产于凌源市，为东北地区自然分布新纪录种，保护区内前进乡石门沟有自然分布。分布于我国河北、山东、河南、山西、陕西、江苏和安徽。

【生长环境】生于向阳山坡。

【实用价值】水土保持等生态价值。

豆科

Fabaceae

番泻决明属

Senna Miller

豆茶决明 *Senna nomame* (Makino) T. C. Chen

【中文异名】山扁豆

【拉丁异名】

【生 长 型】一年生草本。

【产地与分布】辽宁省产于沈阳、本溪、丹东、大连、锦州、葫芦岛、朝阳等地，保护区内河坎子、佛爷洞等乡镇有分布。分布于我国吉林省及华北、华东，朝鲜、日本也有分布。

【生长环境】生于向阳草地、山坡、河边、荒地。

【实用价值】全草入药，主治水肿、肾炎、慢性便秘、咳嗽、痰多等症，并可驱虫与健胃，也可代茶用。

豆科
Fabaceae
马鞍树属
Maackia Rupr. et Maxim.

朝鲜槐 *Maackia amurensis* Rupr.
【中文异名】怀槐
【拉丁异名】
【生 长 型】落叶乔木。
【产地与分布】辽宁省产于大连、营口、丹东、朝阳、沈阳、抚顺等地，保护区内有分布。分布于我国黑龙江省、吉林省及华北、西北、华东、华中，朝鲜、日本、俄罗斯（远东地区）也有分布。
【生长环境】生于阔叶林内、林边、溪流、灌木丛间。
【实用价值】作行道树及观赏树。

豆科
Fabaceae
苦参属
Sophora L.

苦参 *Sophora flavescens* Ait.
【中文异名】
【拉丁异名】*Sophora angustifolia* Sieb. et Zucc.
【生 长 型】直立灌木或半灌木。
【产地与分布】产于辽宁省各地（多在西部），保护区内广布，全国各地区均有分布，日本及俄罗斯（远东地区）亦有分布。
【生长环境】生于沙质地、河岸砾石地、山坡、草甸草原等处。
【实用价值】根入药，有利尿、健胃、驱虫及治肠出血等功效；又可作农业杀虫剂。

豆科
Fabaceae
槐属
Styphnolobium Schott

槐 *Styphnolobium japonicum* (L.)Schott
【中文异名】槐树
【拉丁异名】
【生 长 型】落叶乔木。
【产地与分布】辽宁省产于辽西地区，保护区内广布，沈阳、鞍山、海城、岫岩、丹东、庄河、大连等地区有栽培。
【生长环境】生于山坡、村庄、林缘肥沃湿润地。
【实用价值】干燥花蕾入药，对高血压有效；广泛用于行道树。

豆科
Fabaceae
槐属
Styphnolobium Schott

龙爪槐 *Styphnolobium japonicum* f. *pendula* (Hort. apud Loud.) S. M. Zhang
【中文异名】
【拉丁异名】
【生 长 型】落叶小乔木。
【产地与分布】辽宁省各地均有栽培，保护区内有栽培。
【生长环境】栽植于公园、庭院。
【实用价值】供观赏。

豆科
Fabaceae
野决明属
Thermopsis R. Br.

披针叶野决明 *Thermopsis lanceolata* R. Br.
【中文异名】牧马豆
【拉丁异名】
【生 长 型】多年生草本。
【产地与分布】辽宁省产于建平、凌源等地，保护区内前进、大河北等乡镇有分布。分布于我国东北、华北及西北，俄罗斯亦有分布。
【生长环境】生于草原、草甸草原、沙地、山坡及河谷湿地。
【实用价值】全草入药，干后可为牲畜饲料。

豆科
Fabaceae
草木犀属
Melilotus Adans.

白花草木犀 *Melilotus albus* Desr.
【中文异名】
【拉丁异名】
【生 长 型】一或二年生草本。
【产地与分布】原产于亚洲西部，世界各国多栽培作牧草，辽宁省及全国各地亦多有栽培或逸生，保护区内广布。
【生长环境】生于田边、路旁、荒地等处。
【实用价值】为优良牧草，耐寒、旱及盐碱，可作土壤改良及水土保持植物。

豆科
Fabaceae
草木犀属
Melilotus Adans.

草木犀 *Melilotus suaveolens* Ledeb.
【中文异名】
【拉丁异名】*Trifolium officinalis* Linn.
【生 长 型】一年或二年生草本。
【产地与分布】辽宁省产于朝阳、阜新、锦州、沈阳、鞍山等地，保护区内广布。分布于我国吉林省及华北、西北、西南、华东，朝鲜、日本、蒙古、俄罗斯（西伯利亚）也有分布。
【生长环境】生于河岸较湿草地、林缘、路旁、沙质地、田野等处。
【实用价值】茎叶含有芳香油，可用作调和香精，还可作饲料；花多且花期较长，为蜜源植物。

豆科
Fabaceae
草木犀属
Melilotus Adans.

细齿草木犀 *Melilotus dentatus* (Waldst. et Kit.) Pers.
【中文异名】
【拉丁异名】*Trifolium dentatum* Waldst. et Kit.
【生 长 型】二年生草本。
【产地与分布】辽宁省产于沈阳、葫芦岛、朝阳等地，保护区内广布。分布于我国黑龙江省及华北、西北、华东，俄罗斯和其他一些欧洲国家也有分布。
【生长环境】生于河岸湿草地、沙丘、碱地或路旁。
【实用价值】可作牧草。

豆科
Fabaceae
苜蓿属
Medicago L.

紫苜蓿 *Medicago sativa* L.
【中文异名】苜蓿
【拉丁异名】
【生 长 型】多年生草本。
【产地与分布】辽宁省各地栽培，常见自生或半自生，保护区内广布。原产于欧洲，世界各国多栽培为牧草用。
【生长环境】多生于路旁、田边、草地。
【实用价值】为优良牧草，并可与作物轮作或混作以增强地力，改良土壤。春季嫩茎叶可作野菜，并为蜜源植物。

豆科
Fabaceae
苜蓿属
Medicago L.

天蓝苜蓿 *Medicago lupulina* L.
【中文异名】
【拉丁异名】
【生 长 型】一年或二年生草本。
【产地与分布】辽宁省产于凌源、彰武及大连市，保护区内广布。分布于我国东北、华北、西北及西南地区，日本、蒙古、俄罗斯及其他一些欧洲国家亦有分布。
【生长环境】生于湿草地，常见于河流沿岸及路旁。
【实用价值】为优良牧草，全草可治毒蛇咬伤及蜂螫。

豆科
Fabaceae
苜蓿属
Medicago L.

花苜蓿 *Medicago ruthenica* (L.) Trautv.
【中文异名】辽西扁蓿豆
【拉丁异名】*Melissitus ruthenica* (L.) C. W. Chang
【生 长 型】多年生草本。
【产地与分布】辽宁省产于大连、葫芦岛、阜新、朝阳等地，保护区内刘杖子、前进等乡镇有分布。分布于我国东北、华北及甘肃、山东、四川，蒙古、俄罗斯（西伯利亚）也有分布。
【生长环境】生于草原、沙地、河岸及沙砾质土壤的山坡旷野。
【实用价值】其饲用价值高、营养丰富，是各种畜禽及鱼类喜食的饲草。此外，花苜蓿具有清热解毒、止咳、止血的功效。

豆科
Fabaceae
车轴草属
Trifolium L.

白车轴草 *Trifolium repens* L.
【中文异名】白三叶
【拉丁异名】
【生 长 型】多年生草本。
【产地与分布】原产于欧洲，世界各国多有栽培，辽宁省及国内一些地方也有少量栽培，保护区内有栽培。
【生长环境】生于低湿草地、河岸、路旁等处。
【实用价值】为优良牧草，并为蜜源植物。

豆科
Fabaceae
车轴草属
Trifolium L.

红车轴草 *Trifolium pratense* L.
【中文异名】红三叶
【拉丁异名】
【生 长 型】多年生草本。
【产地与分布】我国各地（如辽宁省）多有栽培，世界各国也有栽培，保护区内有栽培。
【生长环境】生于低湿草地、河岸、路旁等处。
【实用价值】为优良牧草。

豆科
Fabaceae
车轴草属
Trifolium L.

野火球 *Trifolium lupinaster* L.
【中文异名】
【拉丁异名】*Lupinaster pentaphyllus* Moench.
【生 长 型】多年生草本。
【产地与分布】辽宁省产于阜新、朝阳等地，保护区内刀尔登、前进等乡镇有分布。分布于我国黑龙江省、吉林省及华北，朝鲜、日本、蒙古、俄罗斯也有分布。
【生长环境】生于低湿草地，林缘灌丛或草地上。
【实用价值】为优良牧草，又为蜜源植物；全草入药，有镇静、止咳、止血作用。

豆科
Fabaceae
菜豆属
Phaseolus L.

菜豆 *Phaseolus vulgaris* L.
【中文异名】四季豆
【拉丁异名】
【生 长 型】一年生草本。
【产地与分布】栽培粮食植物，全国各地（如辽宁省）普遍栽培，保护区内广泛栽培。
【生长环境】生于坡耕地及平原地带。
【实用价值】嫩荚果即为蔬菜，种子食用。

豆科
Fabaceae
豇豆属
Vigna Savi

绿豆 *Vigna radiata* (L.) Wilczek
【中文异名】
【拉丁异名】*Phaseolus radiatus* Linn.
【生 长 型】一年生草本。
【产地与分布】栽培粮食植物，全国各地（如辽宁省）普遍栽培，保护区内广泛栽培。
【生长环境】生于坡耕地及平原地带。
【实用价值】种子食用。

豆科
Fabaceae
豇豆属
Vigna Savi

长豇豆 *Vigna unguiculata* subsp. *sesquipedalis* (L.) Verdc.
【中文异名】
【拉丁异名】*Dolichos sesquipedalis* Linn.
【生 长 型】一年生草本。
【产地与分布】栽培粮食植物，全国各地（如辽宁省）普遍栽培，保护区内广泛栽培。

【生长环境】生于坡耕地及平原地带。
【实用价值】嫩荚果即为蔬菜，种子食用。

豆科
Fabaceae
豇豆属
Vigna Savi

豇豆 *Vigna unguiculata* subsp. *unguiculata* Verdc.
【中文异名】
【拉丁异名】*Dolichos sinensis* Linn.
【生 长 型】一年生草本。
【产地与分布】栽培粮食植物，全国各地（如辽宁省）普遍栽培，保护区内广泛栽培。
【生长环境】生于坡耕地及平原地带。
【实用价值】嫩荚果及种子食用，并为消炎、利尿之药用。

豆科
Fabaceae
豇豆属
Vigna Savi

赤豆 *Vigna angularis* (Willd.) Ohwi et Ohashi
【中文异名】红小豆
【拉丁异名】*Phaseolus angularis* W. F. Wight
【生 长 型】一年生草本。
【产地与分布】栽培粮食植物，全国各地（如辽宁省）普遍栽培，保护区内广泛栽培。
【生长环境】种植于坡耕地及平原地带。
【实用价值】食用，药用。

豆科
Fabaceae
两型豆属
Amphicarpaea Elliot

两型豆 *Amphicarpaea edgeworthii* (Benth.)
【中文异名】三籽两型豆
【拉丁异名】*Shuteria trisperma* Miq.
【生 长 型】一年生缠绕性草本。
【产地与分布】辽宁省产于东部、南部及西部地区，保护区内广布。分布于我国黑龙江省、吉林省及华北、西北、西南、华中、华东，朝鲜、日本、俄罗斯（远东地区）亦有分布。
【生长环境】生于湿草地、林缘、疏林下、灌丛及溪流附近。
【实用价值】为营养丰富的饲料。

豆科
Fabaceae

大豆 *Glycine max* (L.) Merr.
【中文异名】黄豆

大豆属
Glycine L.

【拉丁异名】*Dolichos soja* L.
【生 长 型】一年生草本。
【产地与分布】原产于我国，全国各地（如辽宁省）、世界各国都有栽培。
【生长环境】种植于坡耕地及平原。
【实用价值】大豆含丰富的油和蛋白质，制作豆制品及食用油。

豆科
Fabaceae
大豆属
Glycine L.

宽叶蔓豆 *Glycine gracilis* Skv.
【中文异名】细茎大豆
【拉丁异名】
【生 长 型】一年生草本。
【产地与分布】辽宁省各地多有生长，保护区内广布。黑龙江、吉林两省分布较多，其他地区也时有生长。
【生长环境】生于田边、路旁、沟边及宅旁的草地上或稍湿草地上。
【实用价值】为营养丰富的饲料，并为大豆育种的良好材料。

豆科
Fabaceae
大豆属
Glycine L.

野大豆 *Glycine soja* Sieb. et Zucc.
【中文异名】
【拉丁异名】*Glycine ussuriensis* Regel et Maack
【生 长 型】一年生草本。
【产地与分布】全省各地普遍生长，保护区内广布。分布于我国黑龙江省、吉林省及华北、西北、华东、华中、西南，朝鲜、日本、俄罗斯（远东地区）也有分布。
【生长环境】生于湿草地、河岸、湖边、沼泽附近或灌丛中，稀见于林下。
【实用价值】为家畜喜食饲料，并为水土保持及绿肥植物。

豆科
Fabaceae
大豆属
Glycine L.

狭叶野大豆 *Glycine soja* f. *lanceolata* (Skv.) P. Y. Fu et Y. A. Chen
【中文异名】
【拉丁异名】
【生 长 型】一年生草本。

【产地与分布】辽宁全省普遍生长，保护区内广布。分布于我国黑龙江省、吉林省及华北、西北、华东、华中、西南，朝鲜、日本、俄罗斯（远东地区）也有分布。
【生长环境】生于湿草地、河岸、湖边、沼泽附近或灌丛中，稀见于林下。
【实用价值】为家畜喜食饲料，并为水土保持及绿肥植物。

豆科
Fabaceae
大豆属
Glycine L.

白花野大豆 *Glycine soja* var. *albiflora* P. Y. Fu et Y. A. Chen
【中文异名】
【拉丁异名】
【生 长 型】一年生草本。
【产地与分布】辽宁省产于彰武、盖州、凌源等地，保护区内广布。
【生长环境】生于湿草地、河岸、湖边、沼泽附近或灌丛中。
【实用价值】为家畜喜食饲料，并为水土保持及绿肥植物。

豆科
Fabaceae
锦鸡儿属
Caragana Fabr.

红花锦鸡儿 *Caragana rosea* Turcz.
【中文异名】
【拉丁异名】*Caragana wenhsiensis* C. W. Chang
【生 长 型】落叶灌木。
【产地与分布】辽宁省产于锦州、葫芦岛、朝阳等地，保护区内广布。分布于我国华北、西北、华东、西南，俄罗斯（乌苏里地区）也有分布。
【生长环境】生于山坡、灌丛。
【实用价值】水土保持等生态功能，又为园林观赏植物。

豆科
Fabaceae
锦鸡儿属
Caragana Fabr.

小叶锦鸡儿 *Caragana microphylla* Lam.
【中文异名】
【拉丁异名】
【生 长 型】落叶灌木。
【产地与分布】辽宁省产于沈阳、锦州、朝阳等地，保护区内三道河子镇有分布。分布于我国黑龙江省、吉林省及华北、西北，俄罗斯（东部西伯利亚）、蒙古也有分布。

【生长环境】生于沙质地及干燥山坡。
【实用价值】固沙植物，可作饲料，亦可栽培供观赏。

豆科
Fabaceae
锦鸡儿属
Caragana Fabr.

柠条锦鸡儿 *Caragana korshinskii* Kom.
【中文异名】柠条
【拉丁异名】
【生 长 型】落叶灌木。
【产地与分布】辽宁省各地有栽培，保护区内各乡镇用于荒山造林。分布于我国内蒙古、宁夏、甘肃。
【生长环境】生于半固定和固定沙地。常为优势种。
【实用价值】优良固沙植物和水土保持植物。

豆科
Fabaceae
野豌豆属
Vicia L.

蚕豆 *Vicia faba* L.
【中文异名】
【拉丁异名】*Faba bona* Medik
【生 长 型】一年生草本。
【产地与分布】栽培植物，我国各地及世界各国皆常有栽培，保护区内有栽培。
【生长环境】种植于坡地、园地。
【实用价值】种子供食用和饲料；花为降血压药，治疗吐血。

豆科
Fabaceae
野豌豆属
Vicia L.

黑龙江野豌豆 *Vicia amurensis* Oett.
【中文异名】
【拉丁异名】*Vicia japonica* var.*pratensis* Kom.
【生 长 型】多年生草本。
【产地与分布】辽宁省产于沈阳、抚顺、本溪、营口、大连、朝阳、葫芦岛等地，保护区内三道河子镇有分布。分布于我国黑龙江省、吉林省及华北，朝鲜、日本、俄罗斯（西伯利亚）也有分布。
【生长环境】生于林缘、灌丛、草甸、山坡、路旁等处。
【实用价值】可作饲料，并可代透骨草入药。

豆科
Fabaceae
野豌豆属

大叶野豌豆 *Vicia pseudorobus* Fisch. et C. A. Mey.
【中文异名】
【拉丁异名】*Vicia pseudorobus* var.*albifora* Nakai

Vicia L.

【生　长　型】多年生攀援性草本。
【产地与分布】产于辽宁省各市，保护区内广布。分布于我国黑龙江省、吉林省及华北、西北、华中、西南，朝鲜、日本、蒙古、俄罗斯（远东地区）也有分布。
【生长环境】生于林缘、灌丛、山坡草地及林间草地或疏林下。
【实用价值】牲畜饲料，全草药用，为清热解毒药。

豆科
Fabaceae
野豌豆属
Vicia L.

山野豌豆　*Vicia amoena* Fisch. ex DC.
【中文异名】
【拉丁异名】*Vicia amoena* var.*angusta* Freyn
【生　长　型】多年生草本。
【产地与分布】辽宁省产于阜新、朝阳、锦州、沈阳、抚顺、本溪、丹东、大连等地，保护区内广布。分布于我国东北、华北、西北、华中、西南，朝鲜、日本、蒙古、俄罗斯也有分布。
【生长环境】生于山坡、灌丛、林缘及草地等处。
【实用价值】嫩苗可食用，又为家畜喜食的饲料。

豆科
Fabaceae
野豌豆属
Vicia L.

狭叶山野豌豆　*Vicia amoena* var. *oblongifolia* Regel
【中文异名】
【拉丁异名】
【生　长　型】多年生草本。
【产地与分布】辽宁省产于阜新、朝阳、沈阳、丹东、营口、大连等地，保护区内广布。分布于我国黑龙江省、吉林省及华北、西北，俄罗斯也有分布。
【生长环境】多生于较干燥地的固定沙丘、沙地及向阳干山坡等。
【实用价值】家畜喜食的饲料。

豆科
Fabaceae
野豌豆属
Vicia L.

多茎野豌豆　*Vicia multicaulis* Ledeb.
【中文异名】豆豌豌
【拉丁异名】
【生　长　型】多年生草本。
【产地与分布】辽宁省产于朝阳、大连等地，保护区内广布。分布于我国东北、内蒙古、新疆，蒙古、日本、俄罗斯（西伯利亚）也有分布。
【生长环境】生于石砾、沙地、草甸、丘陵、灌丛等处。
【实用价值】家畜均喜食饲料。

豆科
Fabaceae
野豌豆属
Vicia L.

广布野豌豆 *Vicia cracca* L.
【中文异名】落豆秧
【拉丁异名】
【生 长 型】多年生攀援性草本。
【产地与分布】辽宁省产于沈阳、抚顺、本溪、朝阳、丹东等地，保护区内广布。分布于我国东北、华北、西北、西南、华中、华东，朝鲜、日本、俄罗斯、一些欧洲国家及北非、北美也有分布。
【生长环境】生于草甸、山坡、灌丛、林缘或草地等处。
【实用价值】地上部茎叶柔软，营养较丰富，为家畜喜食饲料。

豆科
Fabaceae
野豌豆属
Vicia L.

大花野豌豆 *Vicia bungei* Ohwi
【中文异名】三齿萼野豌豆
【拉丁异名】
【生 长 型】一年生草本。
【产地与分布】辽宁省产于沈阳、大连、朝阳、锦州、葫芦岛等地，保护区内广布。分布于我国华北、西北、华东、华中、西南，朝鲜也有分布。
【生长环境】生于田边、路旁、沙地、山溪旁、湿地或荒地等处。
【实用价值】为家畜喜食饲料。

豆科
Fabaceae
野豌豆属
Vicia L.

歪头菜 *Vicia unijuga* A. Br.
【中文异名】
【拉丁异名】*Orobus lathyroides* Linn.
【生 长 型】多年生草本。
【产地与分布】辽宁省产于朝阳、锦州、沈阳、本溪、鞍山、大连等地，保护区内广布。分布于我国东北、华北、西北、华东、华中、西南，朝鲜、日本、蒙古、俄罗斯

（远东地区）也有分布。
【生长环境】生于林缘、林间草地、草甸、林下。
【实用价值】牧草及水土保持植物。

豆科
Fabaceae
野豌豆属
Vicia L.

头序歪头菜 *Vicia ohwiana* Hosokawa
【中文异名】短序歪头菜
【拉丁异名】*Vicia unijuga* var. *apoda* Maxim.
【生 长 型】多年生草本。
【产地与分布】辽宁省产于朝阳、沈阳、本溪、丹东、鞍山、营口、大连等地，保护区内广布。分布于我国黑龙江省、吉林省及西北，朝鲜、俄罗斯（西伯利亚）也有分布。
【生长环境】生于向阳山坡、灌丛、草地、林缘、林下。
【实用价值】牧草及水土保持植物。

豆科
Fabaceae
豌豆属
Pisum L.

豌豆 *Pisum sativum* L.
【中文异名】回鹘豆
【拉丁异名】
【生 长 型】一年生攀援草本。
【产地与分布】全国各地（如辽宁省）、世界各国常有栽培，保护区内有栽培。
【生长环境】种植于坡地、园地及庭院。
【实用价值】种子、嫩荚、嫩苗均可食用，为我国普通的蔬菜，并为饲料植物。

豆科
Fabaceae
山黧豆属
Lathyrus L.

大山黧豆 *Lathyrus davidii* Hance
【中文异名】大豌豆
【拉丁异名】
【生 长 型】多年生草本。
【产地与分布】通常生长于辽宁省各地山区，保护区内广布。分布于我国黑龙江省、吉林省及华北、西北、华东、华中，朝鲜、日本、俄罗斯（远东地区）也有分布。
【生长环境】生于林缘、疏林下、灌丛、草坡或林间溪流附近。
【实用价值】为优良饲料及绿肥植物，嫩茎叶可作野菜。

豆科
Fabaceae
山黧豆属
Lathyrus L.

矮山黧豆 *Lathyrus humilis* (Ser.) Spreng.
【中文异名】
【拉丁异名】*Orobus humilis* Ser.
【生 长 型】多年生草本。
【产地与分布】辽宁省产于丹东、沈阳、朝阳等地，保护区内广布。分布于我国黑龙江省、吉林省及华北，朝鲜、蒙古也有分布。
【生长环境】生于针阔混交林及阔叶林的林缘、疏林下、灌丛、草甸等处。
【实用价值】牲畜饲料。

豆科
Fabaceae
山黧豆属
Lathyrus L.

山黧豆 *Lathyrus quinquenervius* (Miq.) Litv. ex Kom.
【中文异名】
【拉丁异名】*Vicia quinquenervia* Miq.
【生 长 型】多年生草本。
【产地与分布】辽宁省各地山区通常生长，保护区内广布。分布于我国黑龙江省及吉林省，朝鲜、日本、俄罗斯及北美各国也有分布。
【生长环境】生于湿草地及林缘草地，常见于河岸及沼泽地，亦见于沟谷砾质地、山坡、湿沙地等处。
【实用价值】为湿草甸子的优良牧草。

豆科
Fabaceae
山黧豆属
Lathyrus L.

毛山黧豆 *Lathyrus palustris* var. *pilosus* (Cham.) Ledeb.
【中文异名】
【拉丁异名】*Lathyrus palustris* subsp. *pilosus* (Cham.) Hulten
【生 长 型】多年生草本。
【产地与分布】产于辽宁省各山区，保护区内广布。分布于我国黑龙江、吉林、内蒙古、山西、甘肃、青海、浙江等地区。
【生长环境】生于湿草地、林缘草地及河岸。
【实用价值】牲畜饲料。

豆科
Fabaceae

河北木蓝 *Indigofera bungeana* Walp.
【中文异名】铁扫帚

木蓝属
Indigofera L.

【拉丁异名】
【生 长 型】落叶灌木。
【产地与分布】辽宁省产于朝阳市，保护区内广布。分布于我国华北、西北、华东、华中和西南。
【生长环境】生于干旱山坡坡面及岩缝间。
【实用价值】全草药用，能清热止血、消肿生肌，外敷治创伤。

豆科
Fabaceae
木蓝属
Indigofera L.

花木蓝 *Indigofera kirilowii* Maxim. ex Palib.
【中文异名】吉氏木蓝
【拉丁异名】*Indigofera macrostachya* Bunge
【生 长 型】落叶灌木。
【产地与分布】辽宁省产于朝阳、阜新、锦州、沈阳、本溪、鞍山、大连、葫芦岛等地，保护区内广布。分布于我国黑龙江省、吉林省及华北、华东、中南，朝鲜也有分布。
【生长环境】生于向阳山坡、山脚或岩隙间，有时生于灌丛或疏林内。
【实用价值】供观赏；作饲料。

豆科
Fabaceae
木蓝属
Indigofera L.

白花花木蓝 *Indigofera kirilowii* var. *alba* Q. Zh. Han
【中文异名】
【拉丁异名】
【生 长 型】落叶灌木。
【产地与分布】产于辽宁省旅顺口、沈阳、凌源等地，保护区内河坎子、杨杖子等乡镇有分布。
【生长环境】生于向阳山坡、山脚。
【实用价值】供观赏；作饲料。

豆科
Fabaceae
紫穗槐属
Amorpha L.

紫穗槐 *Amorpha fruticosa* L.
【中文异名】棉槐
【拉丁异名】
【生 长 型】落叶灌木。
【产地与分布】原产于美国东北至东南部，辽宁省已广泛栽培，保护区内有栽培。有些地方已成为野生或半野生状态。
【生长环境】生于山坡、沟谷、路边。
【实用价值】作护岸、防沙、护路、防风等生态用途，并可改良土壤，又为蜜源植物。

豆科
Fabaceae
刺槐属
Robinia L.

刺槐 *Robinia pseudoacacia* L.
【中文异名】洋槐
【拉丁异名】
【生 长 型】落叶乔木。
【产地与分布】原产于美国，现我国各地常有栽培，保护区内广泛栽培，有的地方已成为半自生状态。欧洲、非洲及日本都有栽培。
【生长环境】生于向阳山地、沟谷，耐寒性较差。
【实用价值】培育木材，花含芳香油可食用，叶为饲料。

豆科
Fabaceae
刺槐属
Robinia L.

红花洋槐 *Robinia pseudoacacia* f. *decaisneana* Vass.
【中文异名】
【拉丁异名】
【生 长 型】落叶小乔木。
【产地与分布】原产于北美洲。辽宁省各地栽培，保护区内多有栽培。
【生长环境】栽植于公园、庭院、路边。
【实用价值】园林绿化。

豆科
Fabaceae
刺槐属
Robinia L.

无刺洋槐 *Robinia pseudoacacia* var. *inermis* DC.
【中文异名】
【拉丁异名】
【生 长 型】落叶乔木。
【产地与分布】原产于北美洲。大连、沈阳、朝阳等市有栽培，保护区内有栽培。
【生长环境】生于向阳山地、沟谷，耐寒性较差。
【实用价值】园林绿化。

豆科
Fabaceae

苦马豆 *Sphaerophysa salsula* (Pall.) DC.
【中文异名】

苦马豆属
Sphaerophysa DC.

【拉丁异名】*Phoca salsula* Pall.
【生 长 型】多年生草本或半灌木。
【产地与分布】辽宁省产于阜新、朝阳等地，保护区内刘杖子乡有分布。分布于我国华北及西北，蒙古和俄罗斯也有分布。
【生长环境】生于草原、沙质地、碱地或溪流附近。
【实用价值】地上部含球豆碱，可用于催产、治疗产后出血等。

豆科
Fabaceae
甘草属
Glycyrrhiza L.

甘草 *Glycyrrhiza uralensis* Fisch.
【中文异名】
【拉丁异名】*Glycyrrhiza glandulifera* var. *grandiflora* Ledeb.
【生 长 型】多年生草本。
【产地与分布】辽宁省产于朝阳、阜新、锦州、沈阳等地，保护区内刘杖子、前进等乡镇有分布。分布于我国黑龙江省、吉林省、华北及西北，蒙古、俄罗斯也有分布。
【生长环境】生于沙地、碱性沙地、沙质土的田间、田边、路旁、荒地等处。
【实用价值】根入药，为镇咳祛痰药。

豆科
Fabaceae
甘草属
Glycyrrhiza L.

刺果甘草 *Glycyrrhiza pallidiflora* Maxim.
【中文异名】
【拉丁异名】
【生 长 型】多年生草本。
【产地与分布】辽宁省产于阜新、抚顺、沈阳、本溪、鞍山、营口、朝阳、大连等地，保护区内三道河子、大河北等乡镇有分布。分布于我国黑龙江省、吉林省及华北、西北、华东，俄罗斯（西伯利亚）也有分布。
【生长环境】生于湿草地、河岸湿地及河谷坡地。
【实用价值】茎皮纤维拉力强，宜作编织品；种子可榨油。

豆科
Fabaceae
棘豆属
Oxytropis DC.

山泡泡 *Oxytropis leptophylla* (Pall.) DC.
【中文异名】薄叶棘豆
【拉丁异名】
【生 长 型】多年生草本。

【产地与分布】辽宁省产于辽西地区，保护区内刘杖子乡有分布。分布于东北、华北等地。
【生长环境】生于森林草原、草原带砾石性和沙性土壤中。
【实用价值】药用，有清热解毒之功效。

豆科
Fabaceae
棘豆属
Oxytropis DC.

硬毛棘豆 *Oxytropis hirta* Bunge
【中文异名】
【拉丁异名】
【生 长 型】多年生草本。
【产地与分布】辽宁省产于朝阳、锦州、阜新、沈阳、大连等地，保护区内刘杖子、前进等乡镇有分布。分布于我国黑龙江、吉林、内蒙古及华东，俄罗斯（西伯利亚）也有分布。
【生长环境】生于干山坡及草地。
【实用价值】水土保持等生态价值。

豆科
Fabaceae
棘豆属
Oxytropis DC.

大花棘豆 *Oxytropis grandiflora* (Pall.) DC.
【中文异名】
【拉丁异名】*Astragalus grandiforus* Pall.
【生 长 型】多年生草本。
【产地与分布】辽宁省产于丹东、朝阳等地，保护区内有分布。分布于我国东北及内蒙古等地区。俄罗斯和蒙古也有分布。
【生长环境】生于山坡、丘顶、山地草原、石质山坡、草甸草原和山地林缘草甸。
【实用价值】观赏及水土保持等生态价值。

豆科
Fabaceae
棘豆属
Oxytropis DC.

多叶棘豆 *Oxytropis myriophylla* (Pall.) DC.
【中文异名】狐尾藻棘豆
【拉丁异名】
【生 长 型】多年生草本。
【产地与分布】辽宁省产于阜新、朝阳等地，保护区内刘杖子乡有分布。分布于我国内蒙古东部，俄罗斯（西伯利亚）也有分布。
【生长环境】生于干燥山坡及沙质地。

【实用价值】水土保持等生态价值。

豆科
Fabaceae
米口袋属
Gueldenstaedtia Fisch.

少花米口袋 *Gueldenstaedtia verna* (Georgi) Boriss
【中文异名】米口袋
【拉丁异名】*Gueldenstaedtia verna* subsp. *multiflora* (Bunge) Tsui
【生 长 型】多年生草本。
【产地与分布】辽宁省产于阜新、朝阳、锦州、沈阳、大连等地，保护区内广布。分布于我国黑龙江省、吉林省及华北、西北、华东、中南，朝鲜、俄罗斯（西伯利亚）也有分布。
【生长环境】生于向阳草地、干山坡、沙质地、草甸草原。
【实用价值】春季采收全草入药。

豆科
Fabaceae
米口袋属
Gueldenstaedtia Fisch.

狭叶米口袋 *Gueldenstaedtia stenophylla* Bunge
【中文异名】
【拉丁异名】
【生 长 型】多年生草本。
【产地与分布】辽宁省产于朝阳、葫芦岛等地，保护区内前进、三道河子等乡镇有分布。分布于我国华北、西北和华东。
【生长环境】生于河边沙质地、向阳草地。
【实用价值】全草入药，主治各种化脓性炎症、痈疽恶疮、疔肿，并能止泻痢。

豆科
Fabaceae
黄耆属
Astragalus L.

糙叶黄耆 *Astragalus scaberrimus* Bunge
【中文异名】糙叶黄芪
【拉丁异名】
【生 长 型】多年生草本。
【产地与分布】辽宁省产于大连、朝阳等地，保护区内广布。分布于我国黑龙江省、吉林省及华北、西北，蒙古及俄罗斯（西伯利亚）也有分布。
【生长环境】生于山坡石砾质草地、沙质地及河岸 沙地。
【实用价值】为牧草及水土保持植物。

豆科
Fabaceae
黄耆属
Astragalus L.

斜茎黄耆 *Astragalus laxmannii* Jacq.
【中文异名】斜茎黄芪
【拉丁异名】
【生 长 型】多年生草本。
【产地与分布】辽宁省产于沈阳、阜新、朝阳等地，保护区内广布。分布于我国黑龙江省、吉林省及华北、西北，蒙古、俄罗斯（西伯利亚）也有分布。
【生长环境】生于向阳草地、山坡、灌丛、林缘及草原轻碱地上。
【实用价值】为品质良好、营养价值较高的饲草植物。

豆科
Fabaceae
黄耆属
Astragalus L.

中国黄耆 *Astragalus chinensis* L.
【中文异名】华黄耆
【拉丁异名】
【生 长 型】多年生草本。
【产地与分布】辽宁省产于铁岭、营口、朝阳等地，保护区内刀尔登、三道河子等乡镇有分布。分布于我国黑龙江省、吉林省及内蒙古东部。
【生长环境】生于向阳山坡、路旁、沙质地、草甸草原及河岸的沙砾地或草地。
【实用价值】水土保持等生态价值。

豆科
Fabaceae
黄耆属
Astragalus L.

草木樨状黄耆 *Astragalus melilotoides* Pall.
【中文异名】草木樨状黄芪
【拉丁异名】
【生 长 型】多年生草本。
【产地与分布】辽宁省产于阜新、朝阳、沈阳、锦州等地，保护区内广布。分布于我国黑龙江省、吉林省及华北、西北，俄罗斯（西伯利亚）、蒙古也有分布。
【生长环境】生于向阳干山坡或路旁草地。
【实用价值】水土保持等生态价值。

豆科
Fabaceae

达乌里黄耆 *Astragalus dahuricus* (Pall.) DC.
【中文异名】兴安黄耆

黄耆属
Astragalus L.

【拉丁异名】
【生 长 型】一年或二年生草本。
【产地与分布】辽宁省产于阜新、朝阳、沈阳、营口、大连等地，保护区内广布。分布于我国黑龙江、吉林及华北，朝鲜、蒙古、俄罗斯（西伯利亚）也有分布。
【生长环境】生于向阳山坡、河岸沙砾地及草地、草甸、路旁等处。
【实用价值】饲草植物。

豆科
Fabaceae
黄耆属
Astragalus L.

背扁黄耆 *Astragalus complanatus* R. Br. ex Bunge
【中文异名】夏黄耆
【拉丁异名】
【生 长 型】多年生草本。
【产地与分布】辽宁省产于朝阳、营口、阜新、沈阳等地，保护区内广布。分布于我国黑龙江省、吉林省及华北、西北。
【生长环境】生于向阳草地、山坡、路边及轻碱性草甸，一般多生于较干燥处。
【实用价值】种子入药，主治腰膝酸痛等症。

豆科
Fabaceae
落花生属
Arachis L.

落花生 *Arachis hypogaea* L.
【中文异名】花生
【拉丁异名】
【生 长 型】一年生草本。
【产地与分布】原产于南美，我国南北各地均有栽培，辽宁省为东北的主要栽培区，保护区内有栽培。
【生长环境】宜生于气候温暖、生长季节较长、雨量适中地区的沙质土地。
【实用价值】花生仁为营养丰富的食品，并能制多种糖果、食用油及糕点。

豆科
Fabaceae
胡枝子属
Lespedeza Michx.

胡枝子 *Lespedeza bicolor* Turcz.
【中文异名】
【拉丁异名】*Lespedeza bicolor* var. *japonica* Nakai
【生 长 型】落叶灌木。

【产地与分布】辽宁省各地普遍生长，保护区内广布。分布于我国黑龙江省、吉林省及华北、西北、华东、华中、华南，俄罗斯、朝鲜、日本也有分布。

【生长环境】生于山坡、林缘、路旁、灌丛及杂木林间。

【实用价值】种子可榨油，叶可代茶，枝条用于编织；为防风、固沙及水土保持植物。

豆科
Fabaceae
胡枝子属
Lespedeza Michx.

短梗胡枝子 *Lespedeza cyrtobotrya* Miq.

【中文异名】短序胡枝子

【拉丁异名】

【生 长 型】落叶灌木。

【产地与分布】辽宁省产于阜新、抚顺、鞍山、丹东、大连、朝阳等地。保护区内广布。分布于我国黑龙江省、吉林省及华北、西北、华东、华中、华南，俄罗斯、朝鲜、日本也有分布。

【生长环境】生于山坡灌丛间或杂木林下。

【实用价值】种子可榨油，叶可代茶，枝条用于编织；为防风、固沙及水土保持植物。

豆科
Fabaceae
胡枝子属
Lespedeza Michx.

多花胡枝子 *Lespedeza floribunda* Bunge

【中文异名】

【拉丁异名】*Lespedeza floribunda* var.*alopecuroides* Franch.

【生 长 型】落叶小灌木。

【产地与分布】辽宁省产于阜新、朝阳、锦州、葫芦岛等地，保护区内广布。分布于我国东北、华北、西北、华东、中南及西南。

【生长环境】生于石质山坡或干山坡。

【实用价值】水土保持等生态价值，园林绿化。

豆科
Fabaceae
胡枝子属
Lespedeza Michx.

绒毛胡枝子 *Lespedeza tomentosa* (Thunb.) Sieb. ex Maxim.

【中文异名】

【拉丁异名】*Hedysarum tcmentosum* Thunb.

【生 长 型】落叶小灌木。

【产地与分布】辽宁省产于阜新、朝阳、锦州、葫芦岛、沈阳、抚顺、本溪、丹东、鞍山、营口、大连等地，保护区内广布。除新疆、西藏外全国各地均有分布，朝鲜、日本、俄罗斯（远东地区）也有分布。
【生长环境】生于海拔 1000 米以下干山坡草地及灌丛间。
【实用价值】可作饲料及水土保持植物。

豆科
Fabaceae
胡枝子属
Lespedeza Michx.

兴安胡枝子 *Lespedeza davurica* (Laxm.) Schindl.
【中文异名】
【拉丁异名】*Trifolium davuricum* Laxm.
【生 长 型】落叶小灌木。
【产地与分布】辽宁省产于阜新、朝阳、沈阳、抚顺、本溪、大连等地，保护区内广布。分布于我国黑龙江省、吉林省及华北、西北、华中、西南，朝鲜、日本、俄罗斯也有分布。
【生长环境】生于干山坡、草地、路旁及沙土地上。
【实用价值】可作饲料及水土保持植物。

豆科
Fabaceae
胡枝子属
Lespedeza Michx.

牛枝子 *Lespedeza potaninii* Vass.
【中文异名】
【拉丁异名】*Lespedeza davurica* var.*prostrata* Wang et Fu
【生 长 型】落叶半灌木。
【产地与分布】产于辽宁省辽西地区，保护区内广布。分布于我国内蒙古、河北、山西、陕西、宁夏、甘肃、青海、山东、江苏、河南、四川、云南、西藏等地区。
【生长环境】生于荒漠草原、草原带的沙质地、砾石地、丘陵地、石质山坡及山麓。
【实用价值】为优质饲用植物；耐干旱，可作水土保持及固沙植物。

豆科
Fabaceae
胡枝子属
Lespedeza Michx.

长叶胡枝子 *Lespedeza caraganae* Bunge
【中文异名】长叶铁扫帚
【拉丁异名】
【生 长 型】落叶小灌木。
【产地与分布】辽宁省产于大连、朝阳等地，保护区内广布。分布于我国河北、陕西、甘肃、山东、河南等地。

【生长环境】生于海拔1400米以下的山坡上。
【实用价值】可作饲料及水土保持植物。

豆科
Fabaceae
胡枝子属
Lespedeza Michx.

尖叶铁扫帚 *Lespedeza juncea* (L. f.) Pers.
【中文异名】尖叶胡枝子
【拉丁异名】*Hedysarum junceum* L.
【生 长 型】落叶小灌木。
【产地与分布】辽宁省产于铁岭、阜新、朝阳、葫芦岛、沈阳、抚顺、鞍山、大连等地，保护区内广布。分布于我国黑龙江、吉林、河北、山东、甘肃等地，朝鲜、日本、蒙古、俄罗斯（西伯利亚）也有分布。
【生长环境】生于山坡灌丛间。
【实用价值】可作饲料及水土保持植物。

豆科
Fabaceae
胡枝子属
Lespedeza Michx.

阴山胡枝子 *Lespedeza inschanica* (Maxim.) Schindl.
【中文异名】
【拉丁异名】*Lespedeza juncea* var.*inschanica* Maxim.
【生 长 型】落叶小灌木。
【产地与分布】辽宁省产于沈阳、朝阳、锦州、葫芦岛、抚顺、鞍山、本溪、丹东、大连等地，保护区内广布。分布于我国黑龙江省、吉林省及华北、西北、华东、华中及西南。
【生长环境】生于干山坡。
【实用价值】可作饲料及水土保持植物。

豆科
Fabaceae
鸡眼草属
Kummerowia Schindl.

鸡眼草 *Kummerowia striata* (Thunb.) Schindl.
【中文异名】掐不齐
【拉丁异名】
【生 长 型】一年生草本。
【产地与分布】产于辽宁省各地，保护区内广布。分布于我国黑龙江省、吉林省及华北、西北、华东、华中、华南、西南，朝鲜、日本、俄罗斯及北美也有分布。
【生长环境】生于路边、田边、溪边、沙质地或山麓缓坡草地等处。
【实用价值】为营养丰富的饲料。嫩茎叶可食用。

豆科
Fabaceae
鸡眼草属
Kummerowia Schindl.

长萼鸡眼草 *Kummerowia stipulacea* (Maxim.) Makino
【中文异名】短萼鸡眼草
【拉丁异名】
【生 长 型】一年生草本。
【产地与分布】产于辽宁省各地，保护区内广布。分布于我国黑龙江省、吉林省及华北、西北、华东、华中，朝鲜、日本、俄罗斯也有分布。
【生长环境】生于路边稍湿草地、沙砾质地、山坡、河岸草地等处。
【实用价值】全草入药，治子宫脱垂、脱肛；又为家畜喜食的牧草及水土保持和绿肥植物。

酢浆草科
Oxalidaceae
酢浆草属
Oxalis L.

酢浆草 *Oxalis corniculata* L.
【中文异名】
【拉丁异名】*Oxalis repens* Thunb.
【生 长 型】多年生草本。
【产地与分布】辽宁省产于沈阳、抚顺、鞍山、本溪、丹东、朝阳、大连等地，保护区内广布。广布于我国南北各地，朝鲜、日本、俄罗斯及其他一些欧洲国家、亚洲热带地区及北美各国也有分布。
【生长环境】生于林下、山坡路旁、河岸、耕地或荒地。
【实用价值】全草药用，主治感冒、尿路感染、黄疸型肝炎等症。

牻牛儿苗科
Geraniaceae
牻牛儿苗属
Erodium L' Her.

牻牛儿苗 *Erodium stephanianum* Willd.
【中文异名】
【拉丁异名】*Geranium stephanianum* Poir.
【生 长 型】一年生或二年生草本。
【产地与分布】辽宁省产于朝阳、锦州、葫芦岛、阜新、沈阳、大连等地，保护区内广布。分布于我国东北、华北、西北、西南及华中，朝鲜、蒙古、俄罗斯、印度也有分布。
【生长环境】生于山坡、河岸沙地或草地。
【实用价值】民间用其全草煮水治疗风湿骨病。

牻牛儿苗科
Geraniaceae
牻牛儿苗属
Erodium L' Her.

紫牻牛儿苗 *Erodium stephanianum* f. *atranthum* (Nakai et Kitag.) Kitag.

【中文异名】

【拉丁异名】

【生 长 型】多年生草本。

【产地与分布】辽宁省产于大连、朝阳、沈阳等地，保护区内广布。分布于我国东北南部。

【生长环境】生于山坡、河岸沙地或草地。

【实用价值】全草入药。

牻牛儿苗科
Geraniaceae
老鹳草属
Geranium L.

朝鲜老鹳草 *Geranium koreanum* Kom.

【中文异名】

【拉丁异名】*Geranium tsingtauense* Yabe.

【生 长 型】多年生草本。

【产地与分布】辽宁省产于本溪、丹东、朝阳等地，保护区内三道河子镇桦皮沟有分布。分布于我国东北南部，朝鲜也有分布。

【生长环境】生于阔叶林中。

【实用价值】水土保持等生态价值。

牻牛儿苗科
Geraniaceae
老鹳草属
Geranium L.

毛蕊老鹳草 *Geranium platyanthum* Duthie

【中文异名】

【拉丁异名】*Geranium eriostemon* Fisch. ex DC.

【生 长 型】多年生草本。

【产地与分布】辽宁省产于本溪、鞍山、朝阳等地，保护区内刘杖子乡有分布。

【生长环境】生于山地林下、灌丛和草甸。

【实用价值】水土保持等生态价值。

牻牛儿苗科
Geraniaceae
老鹳草属
Geranium L.

突节老鹳草 *Geranium krameri* Franch. et Sav.

【中文异名】

【拉丁异名】

【生 长 型】多年生草本。

【产地与分布】辽宁省产于沈阳、朝阳、抚顺、本溪、鞍山、营口、丹东、大连等地，保护区内广布。分布于我国东北、华北，俄罗斯(远东地区)、朝鲜、日本也有分布。
【生长环境】生于草甸、灌丛、山岗、路边。
【实用价值】水土保持等生态价值。

牻牛儿苗科
Geraniaceae
老鹳草属
Geranium L.

粗根老鹳草 *Geranium dahuricum* DC.
【中文异名】长白老鹳草
【拉丁异名】
【生 长 型】多年生草本。
【产地与分布】辽宁省产于丹东、朝阳等地，保护区内佛爷洞、刀尔登等乡镇有分布。分布于我国东北、华北、西北，俄罗斯（远东地区）、蒙古、朝鲜亦有分布。
【生长环境】生于山坡、林缘、灌丛、山顶及草甸。
【实用价值】水土保持等生态价值。

牻牛儿苗科
Geraniaceae
老鹳草属
Geranium L.

鼠掌老鹳草 *Geranium sibiricum* L.
【中文异名】
【拉丁异名】
【生 长 型】多年生草本。
【产地与分布】辽宁省产于朝阳、葫芦岛、锦州、沈阳、抚顺、鞍山、大连等地，保护区内广布。分布于我国黑龙江省和吉林省，朝鲜、日本、俄罗斯及其他一些欧洲国家也有分布。
【生长环境】生于杂草地、住宅附近、河岸、林缘。
【实用价值】水土保持等生态价值。

牻牛儿苗科
Geraniaceae
老鹳草属
Geranium L.

老鹳草 *Geranium wilfordii* Maxim.
【中文异名】
【拉丁异名】*Geranium wilfordii* var. *glandulosum* Z. M. Tan
【生 长 型】多年生草本。
【产地与分布】辽宁省产于沈阳、鞍山、本溪、朝阳等地，保护区内广布。分布于我国黑龙江省、吉林省及华北、华东，俄罗斯（远东地区）、朝鲜也有分布。
【生长环境】生于林缘、灌丛或阔叶林中。
【实用价值】水土保持等生态价值。

蒺藜科
Zygophyllaceae
蒺藜属
Tribulus L.

蒺藜 *Tribulus terrestris* L.
【中文异名】蒺藜狗子
【拉丁异名】
【生 长 型】一年生草本。
【产地与分布】辽宁省各地均产，保护区内广布。分布于我国南北各地区，世界温带地区均有分布。
【生长环境】生于石砾质地、沙质地、路旁、河岸、荒地、田边。
【实用价值】果实入药，具有散风、平肝、明目等药效。

亚麻科
Linaceae
亚麻属
Linum L.

野亚麻 *Linum stelleroides* Planch.
【中文异名】
【拉丁异名】
【生 长 型】一年生草本。
【产地与分布】产于辽宁省各地，保护区内广布。分布于我国东北、华北、西北、华东，俄罗斯、朝鲜、日本也有分布。
【生长环境】生于干燥的山坡、向阳草地、荒地、灌丛。
【实用价值】全草药用，治便秘、皮肤瘙痒、荨麻疹；鲜草外敷可治疗疮肿毒。

亚麻科
Linaceae
亚麻属
Linum L.

宿根亚麻 *Linum perenne* L.
【中文异名】
【拉丁异名】*Linum sibiricum* DC. Prodr.
【生 长 型】多年生草本。
【产地与分布】辽宁省常见栽培，保护区内大河北等乡镇有栽培。分布于我国河北、山西、内蒙古、西北和西南等地。俄罗斯至欧洲和西亚皆有分布。
【生长环境】生于干旱草原、干旱的山地阳坡疏灌丛或草地。
【实用价值】用将要成熟的果枝制作永生花，公园庭院美化。

大戟科
Euphorbiaceae

雀儿舌头 *Leptopus chinensis* (Bunge) Pojark.
【中文异名】

雀舌木属
Leptopus Decne.

【拉丁异名】*Andrachne chinensis* Bunge
【生 长 型】落叶灌木。
【产地与分布】辽宁省产于葫芦岛、朝阳、大连等地，保护区内广布。分布于我国吉林、河北、山西、陕西、甘肃、山东、河南、湖北、四川、云南、广西等地。
【生长环境】生于山坡阴处。
【实用价值】为水土保持林下木，或用于园林绿化；叶可杀虫。

大戟科
Euphorbiaceae
白饭树属
Flueggea Willd.

一叶萩 *Flueggea suffruticosa* (Pall.) Baill.
【中文异名】叶底珠
【拉丁异名】
【生 长 型】落叶灌木。
【产地与分布】辽宁省产于朝阳、葫芦岛、锦州、阜新、沈阳、抚顺、鞍山、丹东、大连等地，保护区内广布。分布于我国东北、华北、华东各地区及河南、陕西、四川等地。
【生长环境】生于干山坡灌丛中及山坡向阳处。
【实用价值】叶、花供药用，能祛风活血、补肾强筋。

大戟科
Euphorbiaceae
大戟属
Euphorbia L.

斑地锦 *Euphorbia maculata* L.
【中文异名】
【拉丁异名】*Chamaesyce maculata* (Linn.) Small
【生 长 型】一年生草本。
【产地与分布】产于辽宁省各地，保护区内广布。原产于北美，归化于欧亚大陆，分布于我国江苏、江西、浙江、湖北、河南、河北和台湾。
【生长环境】生于平原或低山坡的路旁。
【实用价值】水土保持等生态价值。

大戟科
Euphorbiaceae
大戟属
Euphorbia L.

地锦草 *Euphorbia humifusa* Willd. ex Schlecht.
【中文异名】
【拉丁异名】*Ampelopsis tricuspidata* Sieb.
【生 长 型】一年生草本。
【产地与分布】产于辽宁省各地，保护区内广布。除广东、广西以外，几乎遍布全国，朝鲜、日本、蒙古、俄罗斯也有分布。
【生长环境】生于田边路旁、荒地、固定沙丘、海滩、山坡杂草地、石砾质山坡。
【实用价值】全草药用，有清热利湿、凉血止血、解毒消肿作用。

大戟科
Euphorbiaceae
大戟属
Euphorbia L.

毛地锦　*Euphorbia humifusa* f. *pilosa* (Thell.) S. Z. Liou
【中文异名】
【拉丁异名】
【生　长　型】一年生草本。
【产地与分布】辽宁省产于朝阳、葫芦岛、沈阳、抚顺、大连等地，保护区内广布。
【生长环境】生于田间、草地、铁路旁等地。
【实用价值】水土保持等生态价值。

大戟科
Euphorbiaceae
大戟属
Euphorbia L.

通奶草　*Euphorbia hypericifolia* L.
【中文异名】通奶草大戟
【拉丁异名】*Euphorbia indica* Lam.
【生　长　型】一年生草本。
【产地与分布】辽宁省产于营口、朝阳、大连等地，保护区内广布。分布于我国江西、台湾、湖南、广东、广西、海南、四川、贵州和云南，广布于世界热带和亚热带地区。
【生长环境】生于旷野荒地、路旁、灌丛及田间。
【实用价值】全草入药，通奶。

大戟科
Euphorbiaceae
大戟属
Euphorbia L.

齿裂大戟　*Euphorbia dentata* Michx.
【中文异名】
【拉丁异名】*Poinsettia dentate* (Michx.) Klotzsch　&　Garke
【生　长　型】一年生草本。
【产地与分布】原产于北美。分布于辽宁省大连、朝阳等地，保护区内大河北镇有发现。
【生长环境】生于杂草丛、路旁及沟边。
【实用价值】属于外来入侵植物，应科学有效地加以控制。

大戟科
Euphorbiaceae
大戟属
Euphorbia L.

大地锦 *Euphorbia nutans* Lag.
【中文异名】
【拉丁异名】*Euphorbia maculata* L.
【生 长 型】一年生草本。
【产地与分布】原产于北美。分布于辽宁省大连、朝阳等地，保护区内大河北镇有发现。
【生长环境】生于田野、路边、荒地等处。
【实用价值】属于外来入侵植物，应科学有效地加以控制。

大戟科
Euphorbiaceae
大戟属
Euphorbia L.

银边翠 *Euphorbia marginata* Pursh.
【中文异名】高山积雪
【拉丁异名】
【生 长 型】一年生草本。
【产地与分布】辽宁省大连、沈阳、本溪、营口、朝阳等地常见栽培，保护区内有栽培。我国南北各地公园及庭院均有栽培。
【生长环境】栽植于花坛、路边、庭院。
【实用价值】供观赏。

大戟科
Euphorbiaceae
大戟属
Euphorbia L.

狼毒 *Euphorbia fischeriana* Steud.
【中文异名】狼毒大戟
【拉丁异名】
【生 长 型】多年生草本。
【产地与分布】辽宁省产于朝阳、葫芦岛、沈阳等地，保护区内广布。分布于我国东北各地及华北，蒙古、俄罗斯也有分布。
【生长环境】生于草原、干燥丘陵坡地、多石砾干山坡及阳坡稀疏林下。
【实用价值】根药用，味辛，有大毒；茎叶之浸出液可用于农作物及花卉杀虫。

大戟科
Euphorbiaceae
大戟属
Euphorbia L.

林大戟 *Euphorbia lucorum* Rupr.
【中文异名】
【拉丁异名】*Galarhoeus lucorum* (Rupr.) Hatusima
【生 长 型】多年生草本。

【产地与分布】辽宁省产于鞍山、本溪、丹东、朝阳等地，保护区内广布。分布于我国东北各地，朝鲜、俄罗斯也有分布。
【生长环境】生于林下、林缘、灌丛间、草甸子、高山草地、背阴山坡等地。
【实用价值】水土保持等生态价值。

大戟科
Euphorbiaceae
大戟属
Euphorbia L.

乳浆大戟 *Euphorbia esula* L.
【中文异名】
【拉丁异名】*Euphorbia subcordata* Meyer ex Ledeb.
【生 长 型】多年生草本。
【产地与分布】辽宁省产于朝阳、锦州、阜新、沈阳、本溪、丹东、大连等地，保护区内广布。分布于我国东北、华北、西北、华中及西南，朝鲜、日本、蒙古、俄罗斯及欧洲一些国家也有分布。
【生长环境】生于干燥沙质地、海边沙地、草原、干山坡及山沟。
【实用价值】夏秋季采集全株晒干入药，有利尿消肿、拔毒止痒之疗效。

大戟科
Euphorbiaceae
大戟属
Euphorbia L.

大戟 *Euphorbia pekinensis* Rupr.
【中文异名】京大戟
【拉丁异名】
【生 长 型】多年生草本。
【产地与分布】辽宁省产于朝阳、葫芦岛、沈阳、本溪、大连等地，保护区内广布。除新疆、西藏外，国内各地皆有分布，朝鲜、日本也有分布。
【生长环境】生于山沟石砾地、干山坡、丘陵坡地、田边。
【实用价值】根药用，能逐水通便，消肿散结。

大戟科
Euphorbiaceae
大戟属
Euphorbia L.

猫眼大戟 *Euphorbia lunulata* Bunge
【中文异名】耳叶大戟
【拉丁异名】
【生 长 型】多年生草本。
【产地与分布】辽宁省产于沈阳、铁岭、朝阳、本溪、大连等地，保护区内广布。分布于我国东北、华北及山东省，朝鲜也有分布。
【生长环境】生于山坡草地、山沟河岸向阳地。
【实用价值】全草入药，能利尿消肿、拔毒止痒。

大戟科
Euphorbiaceae
蓖麻属
Ricinus L.

蓖麻 *Ricinus communis* L.
【中文异名】大麻子
【拉丁异名】
【生 长 型】一年生草本。
【产地与分布】原产于非洲北部，广布于热带及温带。辽宁省各地及我国南北各地均有栽培，保护区内有栽培。
【生长环境】种植于山坡地、村庄周围、路边。
【实用价值】种仁含油达70%，是重要的工业用油原料；蓖麻子含蓖麻毒素，牲畜误食可中毒。

大戟科
Euphorbiaceae
铁苋菜属
Acalypha L.

铁苋菜 *Acalypha australis* L.
【中文异名】鬼见愁
【拉丁异名】*Acalypha pauciflora* Hornem.
【生 长 型】一年生草本。
【产地与分布】产于辽宁省各地，保护区内广布。几乎遍布全国，朝鲜、日本、俄罗斯、菲律宾及北美洲和拉丁美洲各国也有分布。
【生长环境】生于田间路旁、荒地、河岸沙砾地、山沟山坡林下，为常见的田间杂草。
【实用价值】全草药用，开花前采收，可清热解毒、消积、止血、止痢。

大戟科
Euphorbiaceae
地构叶属
Speranskia Baill.

地构叶 *Speranskia tuberculata* Baill.
【中文异名】
【拉丁异名】*Croton tuberculatus* Bunge
【生 长 型】多年生草本。
【产地与分布】辽宁省产于阜新、朝阳等地，保护区内刀尔登、三道河子等乡镇有分布。分布于我国东北、华北、西北、华东。
【生长环境】生于草原沙质地及山坡、路旁等干燥沙质地。

【实用价值】全草药用，开花时采收，主治风湿、筋骨痛、肢体瘫痪、疮疡肿毒等症。

芸香科
Rutaceae
白鲜属（白蘚属）
Dictamnus L.

白鲜 *Dictamnus dasycarpus* Turcz.
【中文异名】白藓皮
【拉丁异名】*Dictamnus albus* subsp. *dasycarpus* Wint.
【生 长 型】多年生草本。
【产地与分布】辽宁省产于朝阳、锦州、沈阳、鞍山、丹东、本溪、营口、大连等地，保护区内广布。分布于我国东北、华北、西北、华东，朝鲜、蒙古、俄罗斯也有分布。
【生长环境】生于山坡、林下、林缘或草甸。
【实用价值】根皮入药（白藓皮），清热燥湿，祛风止痒。

芸香科
Rutaceae
吴茱萸属
Tetradium Loureiro

臭檀吴萸 *Tetradium daniellii* (Benn.) T. G. Hartley
【中文异名】臭檀
【拉丁异名】
【生 长 型】落叶乔木。
【产地与分布】辽宁省产于大连、朝阳等地，保护区内佛爷洞、刀尔登等乡镇有分布。分布于我国河北、山西、陕西、甘肃、山东、河南、湖北，朝鲜、日本也有分布。
【生长环境】阳性树种，深根性，喜生于山崖或山坡上。
【实用价值】果实药用及榨油，树木可作庭园观赏树种。

芸香科
Rutaceae
黄檗属
Phellodendron Rupr.

黄檗 *Phellodendron amurense* Rupr.
【中文异名】黄波罗
【拉丁异名】
【生 长 型】落叶乔木。
【产地与分布】产于辽宁省各地，保护区内广布。分布于我国东北及河北、内蒙古等地区，俄罗斯、朝鲜、日本也有分布。
【生长环境】生于山坡杂木林中或山间谷地。
【实用价值】国家二级重点保护野生植物，亟待强化保护力度。

芸香科
Rutaceae
花椒属
Zanthoxylum L.

野花椒 *Zanthoxylum simulans* Hance.
【中文异名】
【拉丁异名】*Zanthoxylum podocarpum* Hemsl.
【生 长 型】落叶灌木。
【产地与分布】辽宁省产于大连市，保护区内大河北镇有栽培。分布于我国河北、河南及长江以南各地。
【生长环境】生于矮丛林中、灌木林中及向阳山坡。
【实用价值】果实及叶片供药用，可散寒健胃、止吐泻、利尿；并能提取芳香油及脂肪油，叶和果实可作调味料。

芸香科
Rutaceae
花椒属
Zanthoxylum L.

花椒 *Zanthoxylum bungeanum* Maxim.
【中文异名】
【拉丁异名】*Zanthoxylum bungei* Pl. et Linden ex Hance
【生 长 型】落叶灌木或小乔木。
【产地与分布】辽宁省营口、大连、朝阳等地有栽培，保护区内各乡镇多有栽培。分布于我国河北、山东等省，野生或栽培。
【生长环境】喜生于阳光充足、温暖肥沃的地方。
【实用价值】果实为调味香料，又作防腐剂，并可提取芳香油，亦可入药，有散寒燥湿、杀虫之效；种子可榨油，嫩叶可食用，叶可制农药。

楝科
Meliaceae
香椿属
Toona Roem.

香椿 *Toona sinensis* (A. Juss.) Roem.
【中文异名】
【拉丁异名】*Cedrela sinensis* A. Juss.
【生 长 型】落叶乔木。
【产地与分布】原产于我国，分布于我国长江以南各地区。鞍山（千山）、大连、锦州、朝阳等地有栽培，保护区内有栽培。朝鲜、日本也有栽培。
【生长环境】栽植于村庄、庭院。
【实用价值】嫩芽称香椿芽，可作鲜菜食用或腌渍后食用；根皮及果入药，有收敛止血、去湿止痛之效。

苦木科
Simaroubaceae

臭椿 *Ailanthus altissima* (Mill.) Swingle
【中文异名】樗

臭椿属
Ailanthus Desf.

【拉丁异名】*Toxicodendron altissimum* Mill.
【生 长 型】落叶乔木。
【产地与分布】辽宁省产于鞍山、大连、朝阳、葫芦岛等地，保护区内广布。分布于我国内蒙古南部至华南、西南各地，西至新疆南部，朝鲜、日本也有分布。
【生长环境】生于山间路旁或村边，常栽培。
【实用价值】为城区优良绿化树种；果实（凤眼草）可入药，有清热利湿、收敛止痢等效。

苦木科
Simaroubaceae
苦木属
Picrasma Bl.

苦树 *Picrasma quassioides* (D. Don) Benn.
【中文异名】苦木
【拉丁异名】*Simaba quassioides* D. Don
【生 长 型】落叶灌木或小乔木。
【产地与分布】辽宁省产于本溪、丹东、朝阳等地，保护区内大河北、刀尔登等乡镇有分布。分布于我国河北、山西、河南、山东等省以及华中、西南，尼泊尔、不丹、朝鲜也有分布。
【生长环境】生于湿润肥沃的山坡、山谷及村边。
【实用价值】干燥枝及叶入药，具抗菌消炎、祛湿解毒之效。

远志科
Polygalaceae
远志属
Polygala L.

瓜子金 *Polygala japonica* Houtt.
【中文异名】日本远志
【拉丁异名】
【生 长 型】多年生草本。
【产地与分布】辽宁省产于丹东、本溪、沈阳、鞍山、朝阳、大连等地，保护区内三道河子镇有分布。分布于我国黑龙江、吉林及华北、西北、华东、华南、西南，朝鲜、日本、俄罗斯（远东地区）也有分布。
【生长环境】生于多石质山坡草地、荒地、灌丛及杂木林下。
【实用价值】全草药用，具有活血散瘀、镇咳祛痰之效。

远志科
Polygalaceae

西伯利亚远志 *Polygala sibirica* L.
【中文异名】卵叶远志

远志属
Polygala L.

【拉丁异名】
【生 长 型】多年生草本。
【产地与分布】辽宁省产于朝阳、葫芦岛、锦州、大连等地，保护区内广布。分布于我国黑龙江、吉林及华北、西北、华中、华南、西南，朝鲜、日本、蒙古、俄罗斯及印度也有分布。
【生长环境】生于干山坡、草地及灌丛中。
【实用价值】根供药用，有安神镇惊、清热化痰、补心肾之功效。

远志科
Polygalaceae
远志属
Polygala L.

远志 *Polygala tenuifolia* Willd.
【中文异名】
【拉丁异名】*Polygala sibirica* var. *angustifolia* Ledeb.
【生 长 型】多年生草本。
【产地与分布】辽宁省产于朝阳、锦州、阜新、葫芦岛、本溪、沈阳、营口、大连等地，保护区内广布。分布于我国东北、华北、西北，朝鲜、蒙古、俄罗斯（远东地区）也有分布。
【生长环境】生于草原、多石砾山坡草地和路旁、灌丛及杂木林中。
【实用价值】根供药用，有安神镇惊、清热化痰、补心肾之功效。

远志科
Polygalaceae
远志属
Polygala L.

小扁豆 *Polygala tatarinowii* Regel
【中文异名】小远志
【拉丁异名】
【生 长 型】一年生小草本。
【产地与分布】辽宁省产于抚顺、本溪、鞍山、朝阳等地，保护区内广布。分布于我国华北、华中、西南，朝鲜、日本、俄罗斯（远东地区）也有分布。
【生长环境】生于山坡林下及杂木林内。
【实用价值】水土保持等生态价值。

漆树科
Anacardiaceae

盐肤木 *Rhus chinensis* Mill.
【中文异名】五倍子树

盐肤木属
Rhus L.

【拉丁异名】*Schinus indicus*. Burm.
【生 长 型】落叶小乔木。
【产地与分布】辽宁省产于葫芦岛、沈阳、大连、本溪、丹东等地，保护区内有栽培。我国除黑龙江、吉林、内蒙古、新疆外，其余地区均有分布，朝鲜、日本、印度也有分布。
【生长环境】生于山坡、沟谷、杂木林中。
【实用价值】本种枝叶为一种蚜虫寄生后形成的虫瘿，称五倍子。

漆树科
Anacardiaceae
盐肤木属
Rhus L.

火炬树 *Rhus typhina* L.
【中文异名】鹿角漆
【拉丁异名】
【生 长 型】落叶灌木或小乔木。
【产地与分布】原产北美，我国引入栽培后，为华北、西北优良水土保持树种。沈阳、大连、营口、朝阳等地有栽培，保护区内各乡镇均有栽培。
【生长环境】栽植于荒山、公园及公路两侧。
【实用价值】荒山造林及园林绿化。

漆树科
Anacardiaceae
漆属
Toxicodendron (Tourn.) Mill.

漆 *Toxicodendron vernicifluum* (Stokes) F. A. Barkl.
【中文异名】山膝
【拉丁异名】*Rhus verniciflua* Stokes
【生 长 型】落叶乔木。
【产地与分布】辽宁省产于大连、鞍山、本溪、朝阳等地，保护区内大河北镇有分布。我国除黑龙江、吉林、内蒙古和新疆外，其余各地区均有分布，印度、朝鲜、日本也有分布。
【生长环境】生于缓坡土质疏松、肥沃、土层深、排水良好的背风向阳处。
【实用价值】漆树是我国最重要的特用经济树种之一，生漆为优良涂料。

漆树科
Anacardiaceae

毛黄栌 *Cotinus coggygria* var. *pubescens* Engl.
【中文异名】柔毛黄栌

黄栌属
Cotinus (Tourn.) Mill.

【拉丁异名】
【生 长 型】落叶灌木或小乔木。
【产地与分布】辽宁省产于朝阳、沈阳、大连、营口等地，生长良好，保护区内有栽培。分布于我国河北、山西、河南等地及华中、西南、西北等地区。
【生长环境】生于向阳干山坡林中。
【实用价值】园林绿化，叶秋季变红，观赏。

槭树科
Aceraceae
槭属
Acer L.

色木槭 *Acer mono* Maxim.
【中文异名】五角枫
【拉丁异名】
【生 长 型】落叶乔木。
【产地与分布】辽宁省产于辽东、辽南地区，保护区内有栽培。分布于我国黑龙江、吉林及华北，朝鲜、日本、俄罗斯和蒙古也有分布。
【生长环境】生于湿润肥沃土壤的杂木林中、林缘及河岸两旁。
【实用价值】种子可榨油，供工业用或食用。

槭树科
Aceraceae
槭属
Acer L.

元宝槭 *Acer truncatum* Bunge
【中文异名】元宝枫
【拉丁异名】
【生 长 型】落叶乔木。
【产地与分布】辽宁省产于沈阳、大连、朝阳、锦州、阜新等地，保护区内广布。分布于我国黑龙江、吉林及华北，朝鲜、日本也有分布。
【生长环境】生于杂木林中或林缘。
【实用价值】本种是良好的园林绿化树种，种子可食用或榨油。

槭树科
Aceraceae
槭属
Acer L.

复叶枫 *Acer negundo* L.
【中文异名】梣叶槭
【拉丁异名】
【生 长 型】落叶乔木。
【产地与分布】原产于北美洲。辽宁省各地均有栽培，生长发育良好，保护区内多有栽培。
【生长环境】栽植于公园、庭院、道路两侧。
【实用价值】本种早春开花，花蜜丰富，是较好的蜜源植物。树冠展阔，是良好的行道树。

无患子科
Sapindaceae
栾树属
Koelreuteria Laxm.

栾树 *Koelreuteria paniculata* Laxm.
【中文异名】
【拉丁异名】*Sapindus chinensis* Murray
【生 长 型】落叶乔木。
【产地与分布】辽宁省产于大连、营口、朝阳等地，保护区内广布。分布于我国东北、华北、西南、西北，朝鲜、日本也有分布。
【生长环境】生于山坡下腹杂木林中。
【实用价值】嫩叶可食，种子油可做润滑油及肥皂；亦为庭园观赏树种。

无患子科
Sapindaceae
文冠果属
Xanthoceras Bunge

文冠果 *Xanthoceras sorbifolium* Bunge
【中文异名】文冠树
【拉丁异名】
【生 长 型】落叶乔木。
【产地与分布】辽宁省西部有野生，其他地方有栽培，保护区内多有栽培。分布于我国吉林省及华北、西北，许多地方有栽培。
【生长环境】生于山坡及沟谷间。
【实用价值】种子含油率高，榨出的油除供医药和食用外，还可作高级润滑油、燃油。

凤仙花科
Balsaminaceae
凤仙花属
Impatiens L.

凤仙花 *Impatiens balsamina* L.
【中文异名】
【拉丁异名】*Balsamina hortensis* Desk.
【生 长 型】一年生草本。
【产地与分布】原产于亚洲热带。辽宁省各地均有栽培，保护区内广布。我国南北各地及世界各国亦常有栽培。
【生长环境】栽植于公园、庭院及村庄周围。
【实用价值】观赏，种子入药，有消积、噎嗝等药效。

凤仙花科
Balsaminaceae
凤仙花属
Impatiens L.

水金凤 *Impatiens noli-tangere* L.
【中文异名】辉菜花
【拉丁异名】
【生 长 型】一年生草本。
【产地与分布】辽宁省产于抚顺、本溪、鞍山、营口、葫芦岛、朝阳等地，保护区内广布。分布于我国东北、华北、西北、华中等，日本、朝鲜、俄罗斯及其他一些欧洲国家、北美洲也有分布。
【生长环境】生于山沟溪流旁、林中及林缘湿地。
【实用价值】全草药用，有理气和血、舒筋活络之效。

卫矛科
Celastraceae
南蛇藤属
Celastrus L.

刺苞南蛇藤 *Celastrus flagellaris* Rupr.
【中文异名】
【拉丁异名】*Celastrus ciliidens* Miq.
【生 长 型】落叶灌木或藤本。
【产地与分布】辽宁省产于抚顺、本溪、丹东、大连、朝阳等地，保护区内刀尔登、三道河子等乡镇有分布。分布于我国吉林省及华北、华东，俄罗斯（远东地区）、朝鲜、日本也有分布。
【生长环境】生于林边、溪流旁或山沟。
【实用价值】种子含油约 50%，可供制润滑油等。

卫矛科
Celastraceae
南蛇藤属
Celastrus L.

南蛇藤 *Celastrus orbiculatus* Thunb.
【中文异名】
【拉丁异名】
【生 长 型】落叶灌木或藤本。
【产地与分布】产于辽宁省各地，保护区内广布。分布于我国东北、华北、西北、华东、华中、华南、西南，俄罗斯、朝鲜、日本也有分布。
【生长环境】生于山坡、沟谷溪旁、阔叶林边或山沟。
【实用价值】根、藤、叶及果均入药，能祛风活血、消肿止痛。

卫矛科
Celastraceae

热河南蛇藤 *Celastrus orbiculatus* var. *jeholensis* (Nakai) Kitag.

南蛇藤属
Celastrus L.

【中文异名】
【拉丁异名】
【生 长 型】落叶灌木或藤本。
【产地与分布】产于辽宁省西部地区，保护区内大河北、三道河子等乡镇有分布。
【生长环境】生于丘陵、山沟或多石灰质山坡的灌丛中。
【实用价值】根、藤、叶及果均入药。能祛风活血、消肿止痛、解毒。

卫矛科
Celastraceae
卫矛属
Euonymus L.

卫矛 *Euonymus alatus* (Thunb.) Sieb.
【中文异名】鬼箭羽
【拉丁异名】*Celastrus alatus* Thunb.
【生 长 型】落叶灌木。
【产地与分布】辽宁省产于鞍山、大连、丹东、朝阳等地，保护区内广布。分布于我国东北南部及华北，朝鲜、日本也有分布。
【生长环境】生于山坡阔叶林中或林缘。
【实用价值】嫩叶可食用。

卫矛科
Celastraceae
卫矛属
Euonymus L.

毛脉卫矛 *Euonymus alatus* var. *pubescens* Maxim.
【中文异名】
【拉丁异名】
【生 长 型】落叶灌木。
【产地与分布】辽宁省产于铁岭、沈阳、抚顺、本溪、鞍山、锦州、朝阳等地，保护区内刀尔登、三道河子等乡镇有分布。分布于我国东北、华北及长江中下游，俄罗斯、朝鲜、日本也有分布。
【生长环境】生于山坡灌丛、阔叶林中。
【实用价值】水土保持等生态价值。

卫矛科
Celastraceae
卫矛属
Euonymus L.

白杜 *Euonymus maackii* Rupr.
【中文异名】华北卫矛
【拉丁异名】
【生 长 型】落叶灌木或小乔木。
【产地与分布】辽宁省产于阜新、锦州、葫芦岛、沈阳、抚顺、鞍山、营口、大连、朝阳、丹东、本溪等地，保护区内刀尔登、三道河子等乡镇有分布。分布于我国东北、华北，朝鲜、日本也有分布。
【生长环境】生于河边、阔叶林内、沙地。
【实用价值】根皮含硬质橡胶；可作园林绿化树种。

卫矛科
Celastraceae
卫矛属
Euonymus L.

白杜卫矛 *Euonymus bungeanus* Maxim.
【中文异名】桃叶卫矛
【拉丁异名】
【生 长 型】落叶乔木。
【产地与分布】辽宁省产于沈阳、鞍山、大连、阜新、朝阳、葫芦岛等地，保护区内广布。分布于我国东北、华北、西北、华东、华中、西南，朝鲜、日本也有分布。
【生长环境】生于阔叶林缘或山地沟谷的肥沃湿润土壤上。
【实用价值】叶可代茶，种子可提炼工业用油，花、果与根均可入药。

卫矛科
Celastraceae
卫矛属
Euonymus L.

蒙古卫矛 *Euonymus bungeanus* var. *mongolicus* (Nakai) Kitag.
【中文异名】
【拉丁异名】
【生 长 型】落叶乔木。
【产地与分布】辽宁省产于锦州、朝阳等地，保护区内大河北、刘杖子等乡镇有分布。分布于我国东北、华北、西北。
【生长环境】生于山坡阔叶林中或林缘。
【实用价值】叶可代茶，种子可提炼工业用油，花、果及根均可入药。

黄杨科
Buxaceae
黄杨属
Buxus L.

小叶黄杨 *Buxus microphylla* S. et Z.
【中文异名】朝鲜黄杨
【拉丁异名】*Buxus sinica* var. *koreana* (Nakai ex Rehd.) Q. L. Wang
【生 长 型】常绿灌木。

【产地与分布】原产于我国，辽宁省各地有栽培，保护区内佛爷洞、大河北等乡镇有栽培。
【生长环境】通常生于山谷、溪流旁、林下。
【实用价值】叶片革质，有光泽且常绿，为良好观赏植物。

鼠李科
Rhamnaceae
枣属
Ziziphus Mill.

枣 *Ziziphus jujuba* Mill.
【中文异名】红枣
【拉丁异名】
【生 长 型】落叶乔木。
【产地与分布】原产于中国。辽宁省产于辽西地区，保护区内广布。广泛分布于我国河北、河南、山东、山西、陕西、甘肃、江苏、浙江、江西、湖南、湖北、安徽、广东、广西、云南、贵州、四川、新疆等地区。欧、美各国及亚洲其他国家有栽植。
【生长环境】生于山坡、庭院、村庄四周。
【实用价值】果实富含维生素，除供鲜食外，可制蜜饯、果脯及醉枣等。

鼠李科
Rhamnaceae
枣属
Ziziphus Mill.

无刺枣 *Ziziphus jujuba* var. *Inermis* (Bunge) Rehd.
【中文异名】
【拉丁异名】
【生 长 型】落叶乔木。
【产地与分布】辽宁省产于辽西地区，保护区内有分布。广泛分布于我国河北、河南、山东、山西、陕西、甘肃、江苏、浙江、江西、湖南、湖北、安徽、广东、广西、云南、贵州、四川、新疆等地区。
【生长环境】生于山坡、庭院、村庄四周。
【实用价值】果实除供鲜食外，可制蜜饯、果脯、醉枣等。

鼠李科
Rhamnaceae
枣属
Ziziphus Mill.

酸枣 *Ziziphus jujuba* var. *spinosa* (Bunge) Hu ex H. F. Chow.
【中文异名】山枣
【拉丁异名】*Ziziphus vulgaris* var. *spinosa* Bunge
【生 长 型】落叶灌木或小乔木。
【产地与分布】辽宁省产于辽西及辽南地区，保护区内广布。分布于我国内蒙古、河北、河南、山东、山西、陕西、甘肃、宁夏、新疆、江苏、安徽等地区。
【生长环境】生于干燥向阳坡地、岗峦或沟谷。
【实用价值】果实可生食或做果酒、果汁、汽水；种仁药用，治失眠、神经衰弱等症。

鼠李科
Rhamnaceae
鼠李属
Rhamnus L.

鼠李 *Rhamnus davurica* Pall.
【中文异名】大叶鼠李
【拉丁异名】
【生 长 型】落叶灌木或小乔木。
【产地与分布】辽宁省产于丹东、本溪、大连、朝阳等地，保护区内广布。分布于我国黑龙江、吉林、河北、山西、陕西、湖北等地，蒙古、朝鲜、俄罗斯（远东地区）亦有分布。
【生长环境】性较喜阴湿，常生于低山地杂木林内阴湿处或河溪两岸的灌丛中。
【实用价值】水土保持等生态价值。

鼠李科
Rhamnaceae
鼠李属
Rhamnus L.

锐齿鼠李 *Rhamnus arguta* Maxim.
【中文异名】老乌眼
【拉丁异名】*Rhamnus arguta* var. *betulifolia* Liou et Li
【生 长 型】落叶灌木。
【产地与分布】辽宁省产于铁岭、沈阳、抚顺、锦州、朝阳、葫芦岛等地，保护区内广布。分布于我国黑龙江、河北、河南、山东、山西、陕西等地。
【生长环境】性喜光，耐干旱，多生于气候干燥的山坡灌丛中。
【实用价值】水土保持等生态价值。

鼠李科
Rhamnaceae
鼠李属
Rhamnus L.

东北鼠李 *Rhamnus yoshinoi* Makino
【中文异名】
【拉丁异名】
【生 长 型】落叶灌木。
【产地与分布】辽宁省产于本溪、朝阳、丹东等地，保护区内广布。分布于我国东北及华北，朝鲜也有分布。
【生长环境】生于较高山地的杂木林内及灌丛中。

【实用价值】水土保持等生态价值。

鼠李科
Rhamnaceae
鼠李属
Rhamnus L.

乌苏里鼠李 *Rhamnus ussuriensis* J. Vass.
【中文异名】老鸹眼
【拉丁异名】
【生 长 型】落叶灌木。
【产地与分布】辽宁省产于铁岭、沈阳、锦州、抚顺、鞍山、本溪、丹东、朝阳等地，保护区内广布。分布于我国黑龙江、吉林、内蒙古、河北、山东等地区，朝鲜、日本亦有分布。
【生长环境】常生于河边、山地林中或山坡灌丛。
【实用价值】水土保持等生态价值。

鼠李科
Rhamnaceae
鼠李属
Rhamnus L.

金刚鼠李 *Rhamnus diamantiaca* Nakai
【中文异名】
【拉丁异名】*Rhamnus virgata* var. *sylvestris* Maxim.
【生 长 型】落叶灌木。
【产地与分布】辽宁省产于抚顺、本溪、丹东、鞍山、朝阳等地，保护区内广布。分布于我国东北各地，朝鲜、日本、俄罗斯（远东地区）也有分布。
【生长环境】生于低山杂木林、灌丛中及林缘湿润处。
【实用价值】水土保持等生态价值。

鼠李科
Rhamnaceae
鼠李属
Rhamnus L.

圆叶鼠李 *Rhamnus globosa* Bunge
【中文异名】
【拉丁异名】*Rhamnus tinctoria* Hemsl.
【生 长 型】落叶灌木。
【产地与分布】辽宁省产于大连、朝阳等地，保护区内广布。分布于我国河北、河南、山东、山西、陕西、甘肃及长江中下游各地。
【生长环境】生于荒山坡地。
【实用价值】水土保持等生态价值。

鼠李科
Rhamnaceae

小叶鼠李 *Rhamnus parvifolia* Bunge
【中文异名】

鼠李属
Rhamnus L.

【拉丁异名】*Rhamnus poiymorphus* Turcz.
【生 长 型】落叶灌木。
【产地与分布】辽宁省产于辽西地区及沈阳等地，保护区内广布。分布于我国黑龙江、吉林、内蒙古、河北、山东、山西、河南、陕西等地区，蒙古、朝鲜、俄罗斯（西伯利亚）也有分布。
【生长环境】性喜光耐旱，常生于石质山地的阳坡或山脊。
【实用价值】水土保持等生态价值。

鼠李科
Rhamnaceae
鼠李属
Rhamnus L.

朝鲜鼠李 *Rhamnus koraiensis* Schneid.
【中文异名】
【拉丁异名】
【生 长 型】落叶灌木。
【产地与分布】辽宁省产于本溪、丹东、朝阳等地，保护区内大河北、三道河子等乡镇有分布。分布于我国吉林、山东，朝鲜也有分布。
【生长环境】较耐阴喜湿，常生于低山地的杂木林及灌丛中。
【实用价值】水土保持等生态价值。

鼠李科
Rhamnaceae
鼠李属
Rhamnus L.

长梗鼠李 *Rhamnus schneideri* Levl. et Vant.
【中文异名】
【拉丁异名】
【生 长 型】落叶灌木。
【产地与分布】辽宁省产于丹东、本溪、朝阳等地，保护区内广布。分布于我国东北及华北，朝鲜也有分布。
【生长环境】生于较高山地的杂木林内及灌丛中。
【实用价值】水土保持等生态价值。

葡萄科
Vitaceae
葡萄属
Vitis L.

山葡萄 *Vitis amurensis* Rupr.
【中文异名】
【拉丁异名】*Vitis vinifera* var. *amurensis* Regel
【生 长 型】木质藤本。
【产地与分布】产于辽宁省各地，保护区内广布。分布于我国黑龙江、吉林及华北、华东等地区，俄罗斯（西伯利亚）及朝鲜（北部）也有分布。
【生长环境】生于山坡、沟谷林中或灌丛。
【实用价值】酿酒或食用；植株还可做葡萄的砧木。

葡萄科
Vitaceae
葡萄属
Vitis L.

葡萄 *Vitis vinifera* L.
【中文异名】
【拉丁异名】
【生 长 型】木质藤本。
【产地与分布】原产于亚洲西部。全国（如辽宁省）广为栽培，保护区内多有栽培。
【生长环境】栽植于坡地、园地。
【实用价值】果为著名鲜果，鲜食、酿酒或制葡萄干。

葡萄科
Vitaceae
地锦属
Parthenocissus Planch.

地锦 *Parthenocissus tricuspidata* (Sieb. et Zucc.) Planch.
【中文异名】爬山虎
【拉丁异名】
【生 长 型】木质藤本。
【产地与分布】辽宁省产于丹东、营口、大连等地，保护区内有栽培。
【生长环境】栽植于公园、庭院、公路两侧山坡。
【实用价值】园林绿化及荒山裸岩地带造林。

葡萄科
Vitaceae
地锦属
Parthenocissus Planch.

五叶地锦 *Parthenocissus quinquefolia* (L.) Planch.
【中文异名】
【拉丁异名】
【生 长 型】木质藤本。
【产地与分布】原产于北美。辽宁省各地均有栽培，保护区内多有栽培。
【生长环境】栽植于公园、庭院、公路两侧山坡。
【实用价值】一般园林绿化及荒山裸岩地带造林。

葡萄科
Vitaceae
蛇葡萄属
Ampelopsis Michaux

白蔹 *Ampelopsis japonica* (Thunb.) Makino
【中文异名】
【拉丁异名】*Paullinia japonica* Thunb.
【生 长 型】木质藤本。

【产地与分布】辽宁省产于沈阳、大连、抚顺、朝阳、营口等地，保护区内广布。分布于我国东北及华北、华中、华南，朝鲜、日本也有分布。
【生长环境】生于干山坡及林下。
【实用价值】全草及块根供药用，有清热解毒、消肿止痛之功效；亦可做农药用。

葡萄科
Vitaceae
蛇葡萄属
Ampelopsis Michaux

东北蛇葡萄 *Ampelopsis glandulosa* var. *brevipedunculata* (Maxim.) Momiy.
【中文异名】蛇葡萄
【拉丁异名】
【生 长 型】木质藤本。
【产地与分布】辽宁省产于抚顺、沈阳、葫芦岛、朝阳、大连、丹东、鞍山等地，保护区内广布。分布于我国吉林省及华北、华东，朝鲜、日本、俄罗斯(远东地区)也有分布。
【生长环境】生于山坡及林下。
【实用价值】根和茎可入药，有清热解毒、消肿祛湿之功效；果实可酿酒。

葡萄科
Vitaceae
蛇葡萄属
Ampelopsis Michaux

光叶蛇葡萄 *Ampelopsis glandulosa* var. *hancei* (Planch.) Momiy.
【中文异名】
【拉丁异名】*Ampelopsis sinica* var. *hancei* (Planch.) W. T. Wang
【生 长 型】木质藤本。
【产地与分布】辽宁省产于大连、营口、铁岭、朝阳等地，保护区内广布。
【生长环境】生于干山坡、针阔叶林林内及林缘。
【实用价值】根和茎可入药，有清热解毒、消肿祛湿之功效；果实可酿酒。

葡萄科
Vitaceae
蛇葡萄属

葎叶蛇葡萄 *Ampelopsis humulifolia* Bunge
【中文异名】七角白蔹
【拉丁异名】*Cissus humulifolia* Regel

Ampelopsis Michaux

【生 长 型】木质藤本。
【产地与分布】辽宁省产于鞍山、本溪、阜新、朝阳、营口、大连等地，保护区内广布。分布于我国黑龙江省及华北。
【生长环境】生于干山坡上。
【实用价值】水土保持等生态价值。

椴树科
Tiliaceae
椴树属
Tilia L.

辽椴 *Tilia mandshurica* Rupr. et Maxim.
【中文异名】糠椴
【拉丁异名】
【生 长 型】落叶乔木。
【产地与分布】产于辽宁省各地，保护区内广布。分布于我国黑龙江、吉林、内蒙古、河北、山西等地区，朝鲜和俄罗斯也有分布。
【生长环境】阳性树种，喜生于水分条件较好的林缘或疏林中，常与槭、桦、核桃楸等树种混生。
【实用价值】优良的蜜源植物。

椴树科
Tiliaceae
椴树属
Tilia L.

蒙椴 *Tilia mongolica* Maxim.
【中文异名】白皮椴
【拉丁异名】
【生 长 型】落叶乔木。
【产地与分布】辽宁省产于辽西地区及营口等地，保护区内广布。分布于我国华北，蒙古也有分布。
【生长环境】阳性树种，多生于向阳山坡或岩石间，常与其他阔叶树混生。
【实用价值】优良的蜜源植物。

椴树科
Tiliaceae
椴树属
Tilia L.

紫椴 *Tilia amurensis* Rupr.
【中文异名】籽椴
【拉丁异名】
【生 长 型】落叶乔木。
【产地与分布】辽宁省产于大连、朝阳及辽东地区，保护区内广布。分布于我国黑龙江、吉林、山东、河北、山西，朝鲜、俄罗斯（远东地区）也有分布。

【生长环境】喜生于水分充足、排水良好、土层深厚的山坡，常与其他阔叶树混生。

【实用价值】此树种为国家二级重点保护野生植物，应加强保护。

椴树科
Tiliaceae
椴树属
Tilia L.

裂叶紫椴 *Tilia amurensis* var. *tricuspidata* Lion et Li

【中文异名】

【拉丁异名】

【生 长 型】落叶乔木。

【产地与分布】辽宁省产于大连、朝阳等地，保护区内大河北、河坎子等乡镇均有分布。

【生长环境】喜生于水分充足、排水良好、土层深厚的山坡，常与其他阔叶树混生。

【实用价值】为优良的蜜源植物。

椴树科
Tiliaceae
椴树属
Tilia L.

小叶紫椴 *Tilia amurensis* var. *taquetii* (Schneid.) Liou et Li

【中文异名】

【拉丁异名】

【生 长 型】落叶乔木。

【产地与分布】辽宁省产于辽东及辽西山区。保护区内大河北、河坎子等乡镇有分布。分布于我国东北小兴安岭及长白山林区，朝鲜和俄罗斯（远东地区）也有分布。

【生长环境】喜生于水分充足、土层深厚的杂木林中。

【实用价值】蜜源植物。

椴树科
Tiliaceae
扁担杆属
Grewia L.

扁担杆 *Grewia biloba* G. Don.

【中文异名】孩儿拳头

【拉丁异名】

【生 长 型】落叶灌木。

【产地与分布】辽宁省产于大连、朝阳等地，保护区内广布。分布于我国华北、华东、西南及广东、湖北、陕西等地，朝鲜也有分布。

【生长环境】生于山地林下或灌丛中。

【实用价值】果实可食，又为优良的观花、观果树种。

椴树科
Tiliaceae
扁担杆属
Grewia L.

小花扁担杆 *Grewia biloba* var. *parviflora* (Bunge) Hand.-Mazz.
【中文异名】
【拉丁异名】*Grewia parviflora* Bunge
【生 长 型】落叶灌木。
【产地与分布】辽宁省产于大连、朝阳等地，保护区内广布。
【生长环境】生于山地灌丛中。
【实用价值】鲜艳的橙红色果实，可宿存枝头数月之久，为优良的观花、观果树种，适于庭园、风景区丛植。

椴树科
Tiliaceae
田麻属
Corchoropsis Sieb. et Zucc.

光果田麻 *Corchoropsis tomentosa* var. *psilocarpa* (Harms & Loes.) C. Y. Wu & Y. Tang
【中文异名】
【拉丁异名】*Corchoropsis psilocarpa* Harms. et Loes.
【生 长 型】一年生草本。
【产地与分布】辽宁省产于鞍山、大连及朝阳等地，保护区内广布。分布于我国西北、华中和华东，朝鲜也有分布。
【生长环境】生于山坡、林下、田野。
【实用价值】水土保持等生态价值。

锦葵科
Malvaceae
苘麻属
Abutilon Miller

苘麻 *Abutilon theophrasti* Medic
【中文异名】
【拉丁异名】*Sida abutilon* L.
【生 长 型】一年生草本。
【产地与分布】遍布全国各地（如辽宁省），保护区内广布。分布于世界各地。
【生长环境】常见于路边、田野、河岸等地，也栽培于农田。
【实用价值】为重要的纤维植物；种子幼嫩时可生食，成熟后可榨油供制肥皂和油漆用。

锦葵科
Malvaceae

锦葵 *Malva cathayensis* M.G. Gilbert
【中文异名】大花葵

锦葵属
Malva L.

【拉丁异名】
【生 长 型】一年生草本。
【产地与分布】辽宁省产于沈阳、营口、朝阳等地，保护区内广布。是我国各地常见的栽培植物，有逸生，蒙古、俄罗斯及其他一些欧洲国家也有分布。
【生长环境】生于路旁、田间、地边和住宅附近，常有栽培。
【实用价值】花供园林观赏，其白色的花常入药用。

锦葵科
Malvaceae
锦葵属
Malva L.

野葵 *Malva verticillata* L.
【中文异名】北锦葵
【拉丁异名】*Malva mohileviensis* Downar
【生 长 型】一年生草本。
【产地与分布】辽宁省产于大连、朝阳、阜新等地。保护区内广布。分布于我国东北、华北、西北，俄罗斯及其他一些欧洲国家也有分布。
【生长环境】生于杂草地、山坡、庭院和住宅附近。
【实用价值】种子、根和叶药用，能利水滑窍、润便利尿。

锦葵科
Malvaceae
蜀葵属
Alcea L.

蜀葵 *Alcea rosea* L.
【中文异名】
【拉丁异名】*Althaea rosea* (L.) Cavan.
【生 长 型】二年生直立草本。
【产地与分布】原产于我国，现栽培于各地，辽宁省栽培较普遍，保护区内广布。
【生长环境】栽培于公园、庭院、道路两侧。
【实用价值】全国及世界各国均广泛栽培，供园林观赏用。

锦葵科
Malvaceae
棉属
Gossypium L.

陆地棉 *Gossypium hirsutum* L.
【中文异名】棉花
【拉丁异名】*Gossypium herbaceum* L.
【生 长 型】一年生草本。
【产地与分布】辽宁省南部和西部地区有栽培，保护区内有栽培。我国及其他一些国家广泛栽培。
【生长环境】栽培于坡耕地、园地。

【实用价值】经济作物，棉纤维为重要的战略物资，棉纤维用于纺织业，根入药，种子供榨油。

锦葵科
Malvaceae
秋葵属
Abelmoschus Medicus

咖啡黄葵 *Abelmoschus esculentus* (L.) Moench
【中文异名】黄秋葵
【拉丁异名】
【生 长 型】一年生草本。
【产地与分布】原产于印度。辽宁省大连、沈阳、鞍山等地有栽培，保护区内有栽培。
【生长环境】栽培于农田、庭院。
【实用价值】作蔬菜食用。

锦葵科
Malvaceae
木槿属
Hibiscus L.

木槿 *Hibiscus syriacus* L.
【中文异名】
【拉丁异名】*Althaea furtex* Hort. ex Miller
【生 长 型】落叶灌木或小乔木。
【产地与分布】原产于我国中部各地，辽宁省多地栽培，保护区内有栽培。山东、河北、河南、陕西等地区均有栽培。
【生长环境】栽植于公园、庭院。
【实用价值】供园林观赏用。

锦葵科
Malvaceae
木槿属
Hibiscus L.

野西瓜苗 *Hibiscus trionum* L.
【中文异名】
【拉丁异名】*Hibiscus africanus* Miller
【生 长 型】一年生草本。
【产地与分布】产于辽宁省各地，保护区内广布。广布于我国各地，蒙古、朝鲜、日本、俄罗斯及其他一些欧洲国家、非洲、北美洲也有分布。
【生长环境】生于草地、山坡、河边、路旁等处。
【实用价值】全草和果实、种子作药用，治烫伤、烧伤、急性关节炎等。

瑞香科
Thymelaeaceae

芫花 *Daphne genkwa* Sieb. et Zucc.
【中文异名】

瑞香属
Daphne L.

【拉丁异名】*Daphne fortunei* Lindl.
【生 长 型】落叶灌木。
【产地与分布】辽宁省产于大连，保护区内有栽培。分布于我国山东、河南、陕西等地以及长江流域，朝鲜、日本也有分布。
【生长环境】生于山坡。
【实用价值】观赏植物；花蕾药用，为治水肿和祛痰药。

瑞香科
Thymelaeaceae
草瑞香属
Diarthron Turcz.

草瑞香 *Diarthron linifolium* Turcz.
【中文异名】
【拉丁异名】*Thesium chanetii* H. Léveillé
【生 长 型】一年生草本。
【产地与分布】辽宁省产于大连、本溪、鞍山、阜新、朝阳等地，保护区内广布。分布于我国黑龙江、吉林以及华北、西北各地区，朝鲜、蒙古、俄罗斯（远东地区）也有分布。
【生长环境】生于固定沙丘及山谷间石砾滩地和山坡草地、灌丛间、林缘或柞林内。
【实用价值】水土保持等生态价值。

瑞香科
Thymelaeaceae
狼毒属
Stellera L.

狼毒 *Stellera chamaejasme* L.
【中文异名】瑞香狼毒
【拉丁异名】*Chamaejasme stelleriana* Kuntze
【生 长 型】多年生草本。
【产地与分布】辽宁省产于朝阳、阜新等地，保护区内刘杖子、大河北等乡镇有分布。分布于我国黑龙江、吉林及华北、西北、西南等地区，朝鲜、蒙古、俄罗斯（东西伯利亚）、印度也有分布。
【生长环境】生于草原及多石干山坡。
【实用价值】水土保持等生态价值。

胡颓子科
Elaeagnaceae
胡颓子属
Elaeagnus L.

沙枣 *Elaeagnus angustifolia* L.
【中文异名】银柳
【拉丁异名】
【生 长 型】落叶灌木或小乔木。

【产地与分布】辽宁省大连、沈阳、丹东、朝阳有栽培，保护区内有栽培。分布于我国华北及西北，俄罗斯、日本、印度及地中海沿岸也有分布。
【生长环境】生于沙地、山地。
【实用价值】果实食用，亦可药用。

胡颓子科
Elaeagnaceae
沙棘属
Hippophae L.

中国沙棘 *Hippophae rhamnoides* subsp. *sinensis* Rousi
【中文异名】沙棘
【拉丁异名】*Hippophae rhamnoides* L.
【生 长 型】落叶灌木或小乔木。
【产地与分布】辽宁省产于辽西地区，保护区内广布。分布于我国华北、西北、西南，蒙古、俄罗斯及其他欧洲国家也有分布。
【生长环境】生于干山坡及沟谷地。
【实用价值】果实含有酸及丰富的维生素，可酿酒及做其他饮料。

堇菜科
Violaceae
堇菜属
Viola L.

三色堇 *Viola tricolor* L.
【中文异名】
【拉丁异名】*Viola tricolor* var. *hortensis* DC.
【生 长 型】多年生草本。
【产地与分布】原产于欧洲，辽宁省及我国其他地区和世界各国均常有栽培，保护区内有栽培。
【生长环境】栽培于公园、庭院。
【实用价值】为常见观赏花卉。

堇菜科
Violaceae
堇菜属
Viola L.

东方堇菜 *Viola orientalis* (Maxim.) W. Beck.
【中文异名】黄花堇菜
【拉丁异名】
【生 长 型】多年生草本。
【产地与分布】辽宁省产于本溪、大连、丹东、朝阳等地，保护区内刀尔登镇有分布。分布于我国东北地区，朝鲜和日本也有分布。
【生长环境】多生于山坡草地、灌丛、林缘、阔叶林下及腐岭土层较厚处，有时亦见于石砾质地。

【实用价值】观赏，水土保持等生态价值。

堇菜科
Violaceae
堇菜属
Viola L.

奇异堇菜 *Viola mirabilis* L.
【中文异名】
【拉丁异名】*Viola brachysepala* Maxim.
【生 长 型】多年生草本。
【产地与分布】辽宁省产于沈阳、朝阳、本溪等地，保护区内广布。分布于我国黑龙江省、吉林省及内蒙古东部，日本、朝鲜、俄罗斯及其他一些欧洲国家也有分布。
【生长环境】多生于阔叶林内、林缘及山坡草地等处。
【实用价值】观赏，水土保持等生态价值。

堇菜科
Violaceae
堇菜属
Viola L.

鸡腿堇菜 *Viola acuminata* Ledeb.
【中文异名】
【拉丁异名】*Viola micrantha* Turcz.
【生 长 型】多年生草本。
【产地与分布】辽宁省产于本溪、丹东、大连、锦州、朝阳等地，保护区内广布。分布于我国黑龙江省、吉林省及华北、华中，朝鲜、日本、俄罗斯也有分布。
【生长环境】生于阔叶林下、林缘、灌丛、山坡草地及河谷较湿草地等处。
【实用价值】全草供药用，主治风热咳嗽、跌打损伤、疮疖肿毒等症。

堇菜科
Violaceae
堇菜属
Viola L.

裂叶堇菜 *Viola dissecta* Ledeb.
【中文异名】
【拉丁异名】*Viola pinnata* L.
【生 长 型】多年生草本。
【产地与分布】辽宁省产于抚顺、营口、朝阳、大连等地，保护区内广布。分布于我国黑龙江省及吉林省，朝鲜、蒙古、俄罗斯（西伯利亚及中亚地区）也有分布。
【生长环境】生于干山坡、山阴坡、林缘、林下或灌丛、河岸附近。
【实用价值】全草为清热解毒药，主治无名肿毒、疮疖、麻疹热毒。

堇菜科
Violaceae
堇菜属
Viola L.

短毛裂叶堇菜 *Viola dissecta* f. *pubescens* (Regel) Kitag.
【中文异名】
【拉丁异名】
【生 长 型】多年生草本。
【产地与分布】辽宁省产于抚顺、朝阳等地，保护区内刀尔登、佛爷洞等乡镇有分布。分布于我国黑龙江省及吉林省，朝鲜、蒙古、俄罗斯（西伯利亚及中亚地区）也有分布。
【生长环境】生于山坡及侵蚀沟内。
【实用价值】水土保持等生态价值。

堇菜科
Violaceae
堇菜属
Viola L.

白花裂叶堇菜 *Viola dissecta* var. *albiflorum* Z. S. M.
【中文异名】
【拉丁异名】
【生 长 型】多年生草本。
【产地与分布】辽宁省产于朝阳、葫芦岛等地，保护区内广布。
【生长环境】生于干山坡、山阴坡、林缘、林下或灌丛、河岸附近。
【实用价值】水土保持等生态价值。

堇菜科
Violaceae
堇菜属
Viola L.

总裂叶堇菜 *Viola dissecta* var. *incisa* (Turcz.) Y. S. Chen
【中文异名】
【拉丁异名】*Viola jettmari* Hand. -Mazz.
【生 长 型】多年生草本。
【产地与分布】辽宁省产于大连、朝阳等地，保护区内广布。分布于我国黑龙江省和吉林省。
【生长环境】生于向阳山坡、草地。
【实用价值】水土保持等生态价值。

堇菜科
Violaceae
堇菜属
Viola L.

南山堇菜 *Viola chaerophylloides* (Regel) W. Bckr.
【中文异名】
【拉丁异名】*Viola pinnata* var. *chaerophylloides* Regel
【生 长 型】多年生草本。
【产地与分布】辽宁省产于本溪、鞍山、大连、朝阳等地，保护区内刀尔登、三道河子等乡镇有分布。分布于我国黑龙江省、吉林省及华东、华北，朝鲜、日本、俄罗斯(远东地区)也有分布。
【生长环境】生于山地阔叶林下或溪谷的阴湿地，亦见于山坡向阳地或灌丛间。
【实用价值】水土保持等生态价值。

堇菜科
Violaceae
堇菜属
Viola L.

球果堇菜 *Viola collina* Bess.
【中文异名】
【拉丁异名】*Viola hirta* var. *collina* (Bess.) Bagel
【生 长 型】多年生草本。
【产地与分布】辽宁省产于本溪、丹东、营口、鞍山、朝阳、沈阳等地，保护区内广布。分布于我国东北、华北、华东、华中、华南、西南及台湾，朝鲜、日本、俄罗斯及其他一些欧洲国家也有分布。
【生长环境】生于阔叶林、针阔混交林、林缘、灌丛、山坡、溪谷等处腐殖土层厚或较阴湿的草地上。
【实用价值】全草药用，主治刀伤、跌打损伤、疮毒等。

堇菜科
Violaceae
堇菜属
Viola L.

辽宁堇菜 *Viola rossii* Hemsl. ex Forb. et Hemsl.
【中文异名】
【拉丁异名】*Viola franchetii* H. de Boiss.
【生 长 型】多年生草本。
【产地与分布】辽宁省产于本溪、鞍山、丹东、朝阳等地，保护区内广布。分布于我国黑龙江、吉林、陕西、江西、湖北、湖南等地区，朝鲜、日本也有分布。
【生长环境】生于阔叶林与针阔混交林内、林缘、灌丛、山坡、溪谷、草地上。
【实用价值】可作观赏植物。

堇菜科
Violaceae
堇菜属
Viola L.

东北堇菜 *Viola mandshurica* W. Becker
【中文异名】
【拉丁异名】
【生 长 型】多年生草本。
【产地与分布】辽宁省产于本溪、沈阳、鞍山、大连、丹东、朝阳等地，保护区内刘杖子、前进等乡镇有分布。分布于我国东北、华北、西北、华东、华中、华南及台湾，朝鲜、日本、俄罗斯也有分布。
【生长环境】生于向阳草地、灌丛、林缘、疏林下、河边沙质地及田边、荒地等处。
【实用价值】水土保持等生态价值。

堇菜科
Violaceae
堇菜属
Viola L.

紫花地丁 *Viola philippica* Cav.
【中文异名】
【拉丁异名】*Viola coufusa* Champ. ex Benth.
【生 长 型】多年生草本。
【产地与分布】辽宁省各地均产，保护区内广布。分布于我国黑龙江省、吉林省及华北、西北、华东、华中、华南，朝鲜、日本、俄罗斯(远东地区)也有分布。
【生长环境】生于向阳草地、山坡、荒地、路旁、沟边等处，亦见于林缘或疏林下。
【实用价值】全草为清热解毒药，主治乳腺炎、慢性阑尾炎、疮疖等症。

堇菜科
Violaceae
堇菜属
Viola L.

深山堇菜 *Viola selkirkii* Pursh ex Gold
【中文异名】
【拉丁异名】*Viola umbrosa* Fries
【生 长 型】多年生草本。
【产地与分布】辽宁省产于铁岭、本溪、丹东、鞍山、大连、朝阳等地，保护区内广布。分布于我国黑龙江、吉林、河北、内蒙古、四川、湖北等地区，朝鲜、日本、蒙古、俄罗斯及其他一些欧洲国家以及北美洲也有分布。
【生长环境】多生于针阔叶混交林或阔叶林下及林缘，山坡及山沟草地也有生长。
【实用价值】水土保持等生态价值。

堇菜科
Violaceae
堇菜属
Viola L.

北京堇菜 *Viola pekinensis* (Regel) W. Beck.
【中文异名】辽西堇菜
【拉丁异名】
【生 长 型】多年生草本。

【产地与分布】辽宁省产于朝阳、葫芦岛等地，保护区内广布。分布于我国河北、陕西等地。
【生长环境】生于山麓及山坡草地。
【实用价值】水土保持等生态价值。

堇菜科
Violaceae
堇菜属
Viola L.

茜堇菜 *Viola phalacrocarpa* Maxim.
【中文异名】
【拉丁异名】*Viola hirta* var.*glabella* Regel
【生 长 型】多年生草本。
【产地与分布】辽宁省产于本溪、朝阳、锦州、沈阳、丹东、大连等地，保护区内广布。分布于我国黑龙江省、吉林省及华北、西北以及河南等地区，日本、俄罗斯（远东地区）也有分布。
【生长环境】生于向阳山坡、草地、灌丛及林间、林缘、采伐迹地。
【实用价值】水土保持等生态价值。

堇菜科
Violaceae
堇菜属
Viola L.

斑叶堇菜 *Viola variegata* Fisch. ex Link.
【中文异名】
【拉丁异名】*Viola variegata* var.*typical* Regel
【生 长 型】多年生草本。
【产地与分布】辽宁省产于铁岭、本溪、鞍山、朝阳、抚顺、丹东等地，保护区内广布。分布于我国黑龙江省、吉林省及华北，朝鲜、日本、俄罗斯（远东地区）也有分布。
【生长环境】生于草地、撂荒地、草坡及山坡的石质地、疏林地或灌丛间。
【实用价值】叶片美丽，用于观赏。

堇菜科
Violaceae
堇菜属
Viola L.

绿斑叶堇菜 *Viola variegata* f. *viridis* (Kitag.) P. Y. Fu et Y. C. Teng
【中文异名】
【拉丁异名】
【生 长 型】多年生草本。
【产地与分布】辽宁省产于铁岭、本溪、鞍山、朝阳、抚顺、丹东等地，保护区内广布。分布于我国黑龙江省、吉林省及华北，朝鲜、日本、俄罗斯（远东地区）也有分布。

【生长环境】生于草地、撂荒地、草坡及山坡的石质地、疏林地或灌丛间。

【实用价值】观赏。

堇菜科
Violaceae
堇菜属
Viola L.

早开堇菜 *Viola prionantha* Bunge

【中文异名】

【拉丁异名】*Viola prionantha* var. *sylvatica* Kitag.

【生 长 型】多年生草本。

【产地与分布】辽宁省各地均产，保护区内广布。分布于我国黑龙江省、吉林省、云南省及华北、西北、华东、华中、华南，朝鲜、日本、俄罗斯（远东地区）也有分布。

【生长环境】生于草地、撂荒地、草坡及山坡的石质地、疏林地或灌丛间。

【实用价值】水土保持等生态价值。

堇菜科
Violaceae
堇菜属
Viola L.

细距堇菜 *Viola tenuicornis* W. Becker

【中文异名】

【拉丁异名】*Viola variegata* var. *chinensis* Bunge

【生 长 型】多年生草本。

【产地与分布】辽宁省产于本溪、葫芦岛、朝阳、大连、鞍山、沈阳、阜新等地，保护区内广布。分布于我国黑龙江省、吉林省及华北，俄罗斯（远东地区）也有分布。

【生长环境】生于稍湿润的草地、山坡、灌丛、林缘及杂木林间。

【实用价值】水土保持等生态价值。

堇菜科
Violaceae
堇菜属
Viola L.

毛萼堇菜 *Viola tenuicornis* subsp. *trichosepala* W. Beck

【中文异名】

【拉丁异名】

【生 长 型】多年生草本。

【产地与分布】产于辽宁省丹东、朝阳等地，保护区内刀尔登、三道河子等乡镇有分布。

【生长环境】生于山地阳坡或旷野较干旱的环境。
【实用价值】水土保持等生态价值。

堇菜科
Violaceae
堇菜属
Viola L.

白花堇菜 *Viola lactiflora* Nakai
【中文异名】
【拉丁异名】*Viola limprichtiana* W. Becker
【生 长 型】多年生草本。
【产地与分布】辽宁省产于丹东、大连、沈阳、朝阳等地，保护区内刀尔登、大河北等乡镇有分布。分布于我国黑龙江省、吉林省及华北、西北，朝鲜、日本、俄罗斯（远东地区）也有分布。
【生长环境】生于湿草地（含沼泽性湿草地）、灌丛及林缘，稀见于林下。
【实用价值】水土保持等生态价值。

堇菜科
Violaceae
堇菜属
Viola L.

阴地堇菜 *Viola yezoensis* Maxim.
【中文异名】
【拉丁异名】*Viola pycnophylla* Fr. et Sav.
【生 长 型】多年生草本。
【产地与分布】辽宁省产于本溪、鞍山、朝阳、大连等地，保护区内广布。分布于我国内蒙古赤峰市，朝鲜、日本也有分布。
【生长环境】生于阔叶林疏林下、林边、山坡灌丛间及草地上。
【实用价值】水土保持等生态价值。

堇菜科
Violaceae
堇菜属
Viola L.

蒙古堇菜 *Viola mongolica* Franch.
【中文异名】
【拉丁异名】*Viola hebeiensis* J. W. Wang et T. G. Ma
【生 长 型】多年生草本。
【产地与分布】辽宁省产于本溪、丹东、大连、葫芦岛、朝阳、鞍山等地，保护区内广布。分布于我国黑龙江省、吉林省及华北。
【生长环境】生于林下、林缘以及山坡、向阳草地、石砾地等处。

【实用价值】水土保持等生态价值。

柽柳科
Tamaricaceae
柽柳属
Tamarix L.

柽柳 *Tamarix chinensis* Lour.
【中文异名】三春柳
【拉丁异名】*Tamarix gallica* var. *chinensis* (Lour.) Ehrenb.
【生 长 型】落叶灌木或小乔木。
【产地与分布】辽宁省产于盘锦、大连等地，保护区内多有栽培。分布于我国华北至长江中下游各地，南至广东、广西，云南等地。
【生长环境】生于内陆、滨海盐碱地或河岸。
【实用价值】本种耐盐碱，为护岸、固沙和改良盐碱地的优良树种；花淡红色，枝纤细而下垂，为观赏植物。

秋海棠科
Begoniaceae
秋海棠属
Begonia L.

中华秋海棠 *Begonia grandis* subsp. *sinensis* (A. DC.) Irmsch.
【中文异名】
【拉丁异名】*Begonia sinensis* A. DC.
【生 长 型】多年生草本。
【产地与分布】辽宁省产于朝阳、葫芦岛等地，保护区内各乡镇均有分布。分布于河北、山西、山东、安徽、浙江、江西、湖北、四川、贵州、云南及陕西等地。
【生长环境】生于山谷阴湿岩石上、滴水的岩石边、疏林阴湿处。
【实用价值】花、叶美丽可供观赏。

葫芦科
Cucurbitaceae
盒子草属
Actinostemma Griff.

盒子草 *Actinostemma tenerum* Griff.
【中文异名】
【拉丁异名】*Mitrosicyos lobatus* Maxim.
【生 长 型】一年生缠绕性草本。
【产地与分布】辽宁省产于沈阳、铁岭、辽阳、营口、朝阳等地，保护区内前进乡有分布。分布于我国东北及华北，朝鲜、日本、俄罗斯也有分布。
【生长环境】生于水边草丛中，借茎卷须攀援于其他物上。
【实用价值】种子及全草药用，有利尿消肿、清热解毒、去湿之效。种子含油。

葫芦科
Cucurbitaceae
赤瓟属
Thladiantha Bunge

赤瓟 *Thladiantha dubia* Bunge
【中文异名】
【拉丁异名】
【生 长 型】多年生攀援草本。
【产地与分布】辽宁省产于沈阳、大连、鞍山、丹东、阜新、朝阳等地，保护区内广布。分布于我国东北、华北及宁夏、陕西、山东、江苏、江西、广东等地，朝鲜、日本、俄罗斯也有分布。
【生长环境】常栽培或半野生于村舍附近、沟谷、山地、草丛中。
【实用价值】块根及果实入药，能理气活血、祛痰利湿。

葫芦科
Cucurbitaceae
葫芦属
Lagenaria Ser.

葫芦 *Lagenaria siceraria* (Molina) Standl.
【中文异名】
【拉丁异名】*Cucurbita siceraria* Molina
【生 长 型】一年生攀援草本。
【产地与分布】原产于印度。全国各地（如辽宁省）都有栽培，保护区内广泛栽培。
【生长环境】种植于菜园、庭院。
【实用价值】成熟果实的果皮可作容器。果皮、种子入药，具利尿、消肿、散结之药效。

葫芦科
Cucurbitaceae
丝瓜属
Luffa Mill.

丝瓜 *Luffa aegyptiaca* Mill.
【中文异名】
【拉丁异名】*Momordica cylindrica* Linn.
【生 长 型】一年生攀援草本。
【产地与分布】原产于印度尼西亚。辽宁省各地多有栽培，保护区内有栽培，国内普遍栽培。
【生长环境】性喜高温潮湿，常栽培于田间和住宅旁及大树下等处。
【实用价值】果嫩时可作蔬菜，成熟后除去果肉及种子，剩下的网状纤维即丝瓜络，入药。

葫芦科
Cucurbitaceae

冬瓜 *Benincasa hispida* (Thunb.) Cogn.
【中文异名】

冬瓜属
Benincasa Savi

【拉丁异名】*Cucurbita hispda* Thunb.
【生 长 型】一年生草本。
【产地与分布】原产于我国南部及印度，辽宁省有栽培，保护区内有栽培，全国普遍栽培。
【生长环境】种植于菜园、庭院。
【实用价值】果实除作蔬菜外，亦可浸渍作各种糖果。果皮和种子药用。

葫芦科
Cucurbitaceae
西瓜属
Citrullus Schrad.

西瓜 *Citrullus lanatus* (Thunb.) Matsum. et Nakai
【中文异名】
【拉丁异名】*Momordica lanata* Thunb.
【生 长 型】一年生蔓生草本。
【产地与分布】原产于非洲，广布于世界热带至温带地区，我国除少数寒冷地区外，南北各地区都有栽种，华北、西北及东北各地区栽培甚普遍，多为大面积田园栽培，保护区内多有栽培。
【生长环境】种植于农田。
【实用价值】果实为盛夏优良水果，中医学上以瓜汁和瓜皮（称翠衣）入药，可清暑解热，主治暑热烦渴，有消热利尿之效。

葫芦科
Cucurbitaceae
黄瓜属（甜瓜属）
Cucumis L.

黄瓜 *Cucumis sativus* L.
【中文异名】旱黄瓜
【拉丁异名】
【生 长 型】一年生蔓生或攀援草本。
【产地与分布】原产于印度。我国各地普遍栽培，保护区内广泛栽培。
【生长环境】种植于菜园、庭院。
【实用价值】果实作蔬菜。果和藤叶入药，果实能清热利尿。

葫芦科
Cucurbitaceae
黄瓜属（甜瓜属）
Cucumis L.

甜瓜 *Cucumis melo* L.
【中文异名】香瓜
【拉丁异名】
【生 长 型】一年生蔓性草本。

【产地与分布】原产于亚洲热带，世界温带和热带地区及我国各地普遍栽培，保护区内多有栽培。
【生长环境】性喜较高温度、干燥和阳光充足。
【实用价值】鲜瓜食用。

葫芦科
Cucurbitaceae
黄瓜属（甜瓜属）
Cucumis L.

菜瓜 *Cucumis melo* var. *conomon* (Thunb.) Makino
【中文异名】梢瓜
【拉丁异名】
【生 长 型】一年生蔓性草本。
【产地与分布】原产于亚洲热带，世界温带和热带地区及我国各地普遍栽培，保护区内多有栽培。
【生长环境】种植于菜园、庭院。
【实用价值】可生食或作蔬菜。

葫芦科
Cucurbitaceae
南瓜属
Cucurbita L.

南瓜 *Cucurbita moschata* (Duch. ex Lam.) Duch. ex Poiret
【中文异名】倭瓜
【拉丁异名】
【生 长 型】一年生蔓生草本。
【产地与分布】原产于亚洲南部，我国各地均有栽培，保护区内广泛栽培。
【生长环境】种植于地头、梯田坡面、庭院。
【实用价值】果实作蔬菜及饲料；种子可食用或榨油，入药能驱虫、健脾、下乳。

葫芦科
Cucurbitaceae
南瓜属
Cucurbita L.

西葫芦 *Cucurbita pepo* L.
【中文异名】
【拉丁异名】
【生 长 型】一年生蔓生草本。
【产地与分布】原产于南美洲，现世界各国普遍栽培，我国各地均有栽培，保护区内广泛栽培。
【生长环境】种植于菜园、庭院。
【实用价值】果实作蔬菜及饲料，种子油可食。

葫芦科
Cucurbitaceae

苦瓜 *Momordica charantia* L.
【中文异名】

苦瓜属
Momordica L.

【拉丁异名】*Momordica indica* Linn.
【生 长 型】一年生攀援草本。
【产地与分布】辽宁省现已广泛栽培，保护区内有栽培。原产热带与亚热带，我国华中、华北有栽培。
【生长环境】种植于菜园、庭院。
【实用价值】果实作蔬菜，果肉味苦，能清热解毒。

葫芦科
Cucurbitaceae
栝楼属
Trichosanthes L.

栝楼 *Trichosanthes kirilowii* Maxim.
【中文异名】药瓜
【拉丁异名】
【生 长 型】多年生攀援草本。
【产地与分布】辽宁省产于大连、金州、长海等地，各地有栽培，保护区内有栽培。分布于我国东北南部及华北、西北、华东、华中各地区，朝鲜、日本、俄罗斯也有分布。
【生长环境】生于山谷疏林中。
【实用价值】果实入药，宽胸散结、清热化痰、润流、滑肠，用于痰热咳嗽、心胸闷痛、乳腺炎、便秘。

千屈菜科
Lythraceae
千屈菜属
Lythrum L.

千屈菜 *Lythrum salicaria* L.
【中文异名】
【拉丁异名】*Lythrum argyi* Levl.
【生 长 型】多年生草本。
【产地与分布】辽宁省产于朝阳、葫芦岛、阜新、铁岭、鞍山、大连等地，保护区内广布。分布于我国黑龙江省、吉林省及华北、西北、西南、华中等地区，蒙古、朝鲜、俄罗斯也有分布。
【生长环境】生于河边、沼泽地及水边湿地。
【实用价值】观赏，全草入药，有收敛止泻之功效。

千屈菜科
Lythraceae
千屈菜属
Lythrum L.

无毛千屈菜 *Lythrum salicaria* var. *glabrum* Ledeb.
【中文异名】
【拉丁异名】
【生 长 型】多年生草本。
【产地与分布】辽宁省产于葫芦岛、朝阳、阜新、铁岭、鞍山、大连等地，保护区内广布。分布于我国黑龙江、吉林、内蒙古等地区，蒙古、朝鲜、俄罗斯及其他欧洲国家也有分布。
【生长环境】生于河边、沼泽地及湿地。
【实用价值】观赏，全草入药，有收敛止泻之功效。

菱科
Trapaceae
菱属
Trapa L.

欧菱 *Trapa natans* L.
【中文异名】格菱
【拉丁异名】
【生 长 型】一年生水草。
【产地与分布】辽宁省产于铁岭、丹东、营口、朝阳等地，保护区内佛爷洞、前进等乡镇有分布。分布于我国黑龙江、吉林及华北，朝鲜、俄罗斯（远东地区）也有分布。
【生长环境】生于湖泊、水库中。
【实用价值】秋季捞出成熟果实，洗净、晒干药用。

柳叶菜科
Oenotheraceae
柳叶菜属
Epilobium L.

柳兰 *Epilobium angustifolium* L.
【中文异名】
【拉丁异名】*Chamaenerion angustifolium* (L.) Scop.
【生 长 型】多年生草本。
【产地与分布】辽宁省产于朝阳、葫芦岛等地，保护区内刀尔登、三道河子等乡镇有分布。分布于我国东北、华北、西北及西南，蒙古、朝鲜、日本、俄罗斯亦有分布，为北半球温带、寒带广布种。
【生长环境】生于林区火烧迹地、开阔地、林缘、山坡或河岸及山谷的沼泽地。
【实用价值】观赏，又为良好的蜜源植物。

柳叶菜科
Oenotheraceae
柳叶菜属
Epilobium L.

柳叶菜 *Epilobium hirsutum* L.
【中文异名】
【拉丁异名】*Chamaenerion hirsutum* (L.) Scop.
【生 长 型】多年生草本。
【产地与分布】辽宁省产于本溪、阜新、朝阳、大连等地，保护区内刀尔登、河坎子等乡镇有分布。分布于我国各地，亚洲其他国家、非洲、欧洲亦有分布。

【生长环境】生于山沟溪流旁、沟边、沼泽地及湿地。
【实用价值】水土保持等生态价值。

柳叶菜科
Oenotheraceae
柳叶菜属
Epilobium L.

沼生柳叶菜 *Epilobium palustre* L.
【中文异名】水湿柳叶菜
【拉丁异名】
【生 长 型】多年生草本。
【产地与分布】辽宁省产于葫芦岛、本溪、朝阳、大连等地，保护区内河坎子、佛爷洞等乡镇有分布。分布于我国东北、华北、西北、亚洲、欧洲及北美洲一些国家亦有分布。
【生长环境】生于河岸、湖边湿地、沼泽地及阴湿山坡。
【实用价值】水土保持等生态价值。

柳叶菜科
Oenotheraceae
柳叶菜属
Epilobium L.

多枝柳叶菜 *Epilobium fastigiatoramosum* Nakai
【中文异名】
【拉丁异名】
【生 长 型】多年生草本。
【产地与分布】辽宁省产于鞍山、丹东、宽甸、本溪、朝阳、阜新、抚顺等地，保护区内河坎子、三道河子等乡镇有分布。分布于我国黑龙江、吉林及华北，朝鲜、日本亦有分布。
【生长环境】生于沼泽旁草地、河边及湿草地。
【实用价值】水土保持等生态价值。

柳叶菜科
Oenotheraceae
柳叶菜属
Epilobium L.

细籽柳叶菜 *Epilobium minutiflorum* Hausskn.
【中文异名】异叶柳叶菜
【拉丁异名】
【生 长 型】多年生草本。
【产地与分布】辽宁省产于朝阳、本溪等地，保护区内广布。分布于我国河北省。
【生长环境】生于山谷湿地、河岸旁湿地及溪流旁。
【实用价值】水土保持等生态价值。

柳叶菜科
Oenotheraceae

月见草 *Oenothera biennis* L.
【中文异名】

月见草属
Oenothera L.

【拉丁异名】*Oenothera muricata* L.
【生 长 型】二年生草本。
【产地与分布】原产于北美洲。产于辽宁省各地，保护区内广布。分布于我国东北、华北，北美洲也有分布。
【生长环境】生于向阳山坡、沙质地、荒地、河岸沙砾地。
【实用价值】观赏；根药用，有强筋骨、祛风湿之效。

柳叶菜科
Oenotheraceae
露珠草属
Circaea L.

高山露珠草 *Circaea alpina* L.
【中文异名】
【拉丁异名】*Circaea lutetiana* subsp. *alpina* (L.) H. Lév.
【生 长 型】多年生草本。
【产地与分布】辽宁省产于大连、鞍山、本溪、朝阳等地，保护区内大河北镇南大山有分布。分布于我国东北、华北、西北、西南、华中及华东等地，北半球温带及寒带地区均有分布。
【生长环境】生于针叶林、针阔叶混交林、阔叶林下阴湿地、苔藓上及林缘。
【实用价值】水土保持等生态价值。

柳叶菜科
Oenotheraceae
露珠草属
Circaea L.

水珠草 *Circaea canadensis* subsp. *quadrisulcata* (Maxim.) Boufford
【中文异名】
【拉丁异名】*Circaea quadrisulcata* (Maxim.) Franch. et Sav.
【生 长 型】多年生草本。
【产地与分布】辽宁省产于营口、本溪、鞍山、铁岭、朝阳等地，保护区内广布。分布于我国东北、华北、西北、华东、西南，朝鲜、日本亦有分布。
【生长环境】生于林下、灌丛间、河岸或林下阴湿地、山坡地。
【实用价值】水土保持等生态价值。

柳叶菜科
Oenotheraceae
露珠草属
Circaea L.

露珠草 *Circaea cordata* Royle
【中文异名】牛泷草
【拉丁异名】
【生 长 型】多年生草本。

【产地与分布】辽宁省产于大连、丹东、本溪、朝阳等地，保护区内广布。分布于我国东北、华北、华东、西南和台湾，印度（北部）、俄罗斯（远东地区）、朝鲜、日本亦有分布。
【生长环境】生于林缘、灌丛间、山坡疏林中及沟边湿地。
【实用价值】水土保持等生态价值。

小二仙草科
Haloragidaceae
狐尾藻属
Myriophyllum L.

狐尾藻 *Myriophyllum verticillatum* L.
【中文异名】轮叶狐尾藻
【拉丁异名】
【生 长 型】多年生水生草本。
【产地与分布】辽宁省产于沈阳、阜新、朝阳等地，保护区内广布。分布于我国黑龙江及内蒙古等地区，印度、朝鲜、日本、俄罗斯也有分布。
【生长环境】生于池沼或静水中。
【实用价值】可观赏，全草为草鱼和猪的饲料。

小二仙草科
Haloragidaceae
狐尾藻属
Myriophyllum L.

穗状狐尾藻 *Myriophyllum spicatum* L.
【中文异名】泥茜
【拉丁异名】
【生 长 型】多年生水生草本。
【产地与分布】辽宁省产于沈阳、锦州、阜新、朝阳等地，保护区内佛爷洞、河坎子等乡镇有分布。分布于我国黑龙江及内蒙古等地区，印度、朝鲜、日本、俄罗斯也有分布。
【生长环境】生于池塘或河流较缓的水中。
【实用价值】全草为鱼和猪的饲料，也可供观赏。

山茱萸科
Cornaceae
山茱萸属（梾木属）
Cornus L.

红瑞木 *Cornus alba* L.
【中文异名】红瑞山茱萸
【拉丁异名】
【生 长 型】落叶灌木。
【产地与分布】辽宁省产于本溪、丹东等地，其他地区有栽培，保护区内多有栽培。分布于我国黑龙江、吉林、内蒙古、甘肃、青海、河北、山东、陕西、江苏、江西，朝鲜、俄罗斯也有分布。
【生长环境】生于河岸、溪流旁及杂木林中较湿的地方。
【实用价值】园林绿化，供观赏。

山茱萸科
Cornaceae
山茱萸属（梾木属）
Cornus L.

毛梾 *Cornus walteri* Wanger.
【中文异名】车梁木
【拉丁异名】
【生 长 型】落叶乔木。
【产地与分布】辽宁省产于大连等地，保护区内刀尔登柏杖子西沟有分布。分布于我国河北、山东、山西、河南、陕西、甘肃、江苏、江西、湖北、贵州、四川、云南等地区。
【生长环境】生于向阳山坡及岩石缝间。
【实用价值】树冠美丽，可供观赏。

五加科
Araliaceae
人参属
Panax L.

人参 *Panax ginseng* C. A. Mey.
【中文异名】棒槌
【拉丁异名】*Panaxx quinquefolia* Linn.
【生 长 型】多年生草本。
【产地与分布】辽宁省产于铁岭、抚顺、本溪、丹东、鞍山、营口等地，保护区内大河北、河坎子等乡镇有分布。分布于黑龙江省及吉林省，俄罗斯、朝鲜也有分布。
【生长环境】生于茂密的山地针阔混交林或杂木林内湿润地，多见于阴坡。
【实用价值】人参的肉质根为著名的强壮滋补药与兴奋剂。

五加科
Araliaceae
刺楸属
Kalopanax Miq.

刺楸 *Kalopanax septemlobus* (Thunb.) Koidz.
【中文异名】
【拉丁异名】*Acer septemlobum* Thunb.
【生 长 型】落叶乔木。
【产地与分布】辽宁省产于本溪、丹东、营口、大连等地，保护区内有栽培。分布于我国华北、华东、华中、华南和西南，俄罗斯、朝鲜、日本也有分布。
【生长环境】生于阔叶林中及林缘，常见于山坡。

【实用价值】生产木材，嫩叶可食，种子可榨油，供工业用。

五加科
Araliaceae
五加属
Eleutherococcus Maximowicz

刺五加 *Eleutherococcus senticosus* (Rupr. & Maxim.) Maxim.
【中文异名】
【拉丁异名】*Acanthopanax senticosus* (Rupr. et Maxim.) Harms
【生 长 型】落叶灌木。
【产地与分布】辽宁省产于丹东、抚顺、本溪、鞍山、朝阳等地，保护区内广布。分布于黑龙江、吉林、河北、山西等省，朝鲜、俄罗斯、日本也有分布。
【生长环境】生于阔叶混交林与针阔叶混交林林下及林缘，山坡灌丛中及山沟溪流附近也时见有生长。
【实用价值】根皮及树皮可入药，嫩叶可食用。

五加科
Araliaceae
五加属
Eleutherococcus Maximowicz

无梗五加 *Eleutherococcus sessiliflorus* (Rupr. & Maxim.) S.Y.Hu
【中文异名】短梗五加
【拉丁异名】
【生 长 型】落叶灌木或小乔木。
【产地与分布】辽宁省产于丹东、本溪、沈阳、鞍山、朝阳、大连等地，保护区内广布。分布于吉林、黑龙江、河北、山西等地，朝鲜、俄罗斯也有分布。
【生长环境】生于阔叶林内、林缘、林下以及山坡灌丛、山沟溪流附近等处。
【实用价值】根皮及树皮作“五加皮”入药，嫩叶可食用。

五加科
Araliaceae
楤木属
Aralia L.

辽东楤木 *Aralia elata* (Miq.) Seem.
【中文异名】刺龙牙
【拉丁异名】
【生 长 型】落叶小乔木。
【产地与分布】辽宁省产于抚顺、鞍山、本溪、营口等地，其他地区有栽培，保护区内有栽培。分布于黑龙江省和吉林省，朝鲜、俄罗斯、日本也有分布。

【生长环境】生于阔叶林及针阔叶混交林内、林缘、林下以及山阴坡、沟边等处。
【实用价值】幼嫩叶芽为上等食用野菜。

伞形科
Apiaceae
柴胡属
Bupleurum L.

红柴胡 *Bupleurum scorzonerifolium* Willd.
【中文异名】细叶柴胡
【生 长 型】多年生草本。
【产地与分布】辽宁省产于朝阳、葫芦岛、锦州、沈阳、营口、大连等地，保护区内广布。分布我国东北、华北、西北、华东、华中，朝鲜、日本、俄罗斯（西伯利亚）也有分布。
【生长环境】生于干燥草原、草甸子、向阳山坡、林缘及阳坡疏林下。
【实用价值】根药用，中药称南柴胡，含柴胡皂苷及挥发油，有升阳散热、解郁舒肝功能。

伞形科
Apiaceae
柴胡属
Bupleurum L.

线叶柴胡 *Bupleurum angustissimum* (Franch.) Kitag.
【中文异名】窄柴胡
【拉丁异名】
【生 长 型】多年生草本。
【产地与分布】辽宁省产于朝阳、葫芦岛、锦州、沈阳、大连等地，保护区内广布。分布于我国黑龙江省、吉林省及西北、华北，朝鲜也有分布。
【生长环境】生于干草原、干燥山坡及多石质干旱坡地。
【实用价值】根药用，有升阳散热、解郁之药效。

伞形科
Apiaceae
柴胡属
Bupleurum L.

北柴胡 *Bupleurum chinense* DC.
【中文异名】柴胡
【拉丁异名】
【生 长 型】多年生草本。
【产地与分布】产于辽宁省各地，保护区内广布。分布于我国黑龙江省、吉林省及华北、西北、华中、华东，朝鲜、日本、俄罗斯（远东地区）也有分布。
【生长环境】生于向阳山坡、路旁、草丛、林缘。
【实用价值】根药用，有升阳散热、解郁舒肝功能。

伞形科
Apiaceae
柴胡属
Bupleurum L.

大叶柴胡 *Bupleurum longiradiatum* Turcz.

【中文异名】

【拉丁异名】*Bupleurum longiradiatum* var. *genuinum* Wolff

【生 长 型】多年生草本。

【产地与分布】辽宁省产于丹东、本溪、营口、大连等地，保护区内刘杖子、前进等乡镇有分布。分布于我国黑龙江省、吉林省及华北、华中，朝鲜、日本、俄罗斯（远东地区）也有分布。

【生长环境】生于林下、林缘、灌丛中、山坡草地、草甸子中。

【实用价值】根药用，所含皂苷有明显的镇痛作用。

伞形科
Apiaceae
山茴香属
Carlesia Dunn

山茴香 *Carlesia sinensis* Dunn

【中文异名】山胡萝卜

【拉丁异名】

【生 长 型】多年生草本。

【产地与分布】辽宁省产于朝阳、丹东、鞍山、大连等地，保护区内广布。分布于我国山东省，朝鲜也有分布。

【生长环境】生于山顶岩石缝中或干燥的山坡。

【实用价值】可做香料，也可食用和药用。

伞形科
Apiaceae
芫荽属
Coriandrum L.

芫荽 *Coriandrum sativum* L.

【中文异名】香菜

【拉丁异名】

【生 长 型】一年生草本。

【产地与分布】原产于欧洲地中海地区，世界各地均有栽培，我国各地栽培极为普遍，保护区内多有栽培。

【生长环境】种植于菜园、庭院。

【实用价值】茎叶为蔬菜，主要作调味料，并有健胃、消食作用。

伞形科
Apiaceae
泽芹属
Sium L.

泽芹 *Sium suave* Walt.

【中文异名】

【拉丁异名】*Sium cicutifolium* Schrenk

【生 长 型】多年生草本。

【产地与分布】辽宁省产于阜新、铁岭、葫芦岛、朝阳、沈阳等地，保护区内刀尔登、河坎子等乡镇有分布。分布于我国黑龙江省、吉林省及华北、华东，朝鲜、日本、俄罗斯（远东地区）及北美各国也有分布。
【生长环境】生于沼泽、水边、湿草甸子、旧河床两岸水湿地。
【实用价值】全草药用，有散风寒、止头痛、降血压功能。

伞形科
Apiaceae
蛇床属
Cnidium Cuss.

蛇床 *Cnidium monnieri* (L.) Cuss.
【中文异名】
【拉丁异名】
【生 长 型】一年生草本。
【产地与分布】辽宁省产于沈阳、鞍山、辽阳、营口、本溪、丹东、朝阳、大连等地，保护区内广布。分布于全国各地，朝鲜、俄罗斯（远东地区）及其他一些欧洲国家也有分布。
【生长环境】生于田野、路旁、河边、草地。
【实用价值】果实中药称蛇床子，药用，有温肾助阳、祛风、燥湿、杀虫功能。

伞形科
Apiaceae
防风属
Saposhnikovia Schischk.

防风 *Saposhnikovia divaricata* (Turcz.) Schischk.
【中文异名】
【拉丁异名】*Stenocoelium divaricatum* Turcz.
【生 长 型】多年生草本。
【产地与分布】辽宁省各地均产，保护区内广布。分布于我国黑龙江省、吉林省及华北、西北，朝鲜、蒙古、俄罗斯（远东地区）也有分布。
【生长环境】生于山坡、草原、丘陵、干草甸子、多石质山坡。
【实用价值】根含挥发油、甘露醇、苦味甙等，药用有发汗、祛痰、祛风、镇痛之效。

伞形科
Apiaceae
石防风属

石防风 *Peucedanum terebinthaceum* (Fisch.) Fisch. ex Turcz.
【中文异名】

（前胡属）
Peucedanum L.

【拉丁异名】*Peucedanum terebinthaceum* var. *paishanense* (Nakai) Huang
【生 长 型】多年生草本。
【产地与分布】辽宁省各地均产，保护区内广布。分布于黑龙江省、吉林省及华北，朝鲜（北部）、日本、俄罗斯（西伯利亚）也有分布。
【生长环境】生于干山坡、山坡草地、林缘、林下、林间路旁。
【实用价值】根药用，有止咳、祛痰功能。

伞形科
Apiaceae
石防风属
（前胡属）
Peucedanum L.

宽叶石防风 *Peucedanum terebinthaceum* var. *deltoideum* (Makino ex Yabe) Makino
【中文异名】
【拉丁异名】
【生 长 型】多年生草本。
【产地与分布】辽宁省产于朝阳、锦州、葫芦岛、抚顺、本溪、鞍山、营口、大连等地，保护区内广布。分布于我国黑龙江省、吉林省及华北，朝鲜、日本（中部以西）、俄罗斯（远东地区）也有分布。
【生长环境】生于山坡草地、干燥石质坡地、林缘草地、林下灌丛间。
【实用价值】根药用。

伞形科
Apiaceae
石防风属
（前胡属）
Peucedanum L.

白山石防风 *Peucedanum terebinthaceum* var. *paishanense* (Nakai) Huang
【中文异名】
【拉丁异名】
【生 长 型】多年生草本。
【产地与分布】辽宁省产于大连、锦州、鞍山、朝阳、本溪、丹东等地，保护区内刀尔登、三道河子等乡镇有分布。
【生长环境】生于林下、林缘、灌丛间及草地。
【实用价值】根药用。

伞形科
Apiaceae

刺尖前胡 *Peucedanum elegans* Kom.
【中文异名】刺尖石防风

石防风属
（前胡属）
Peucedanum L.

【拉丁异名】
【生 长 型】多年生草本。
【产地与分布】辽宁省产于本溪、朝阳等地，保护区内三道河子、大河北、刘杖子等乡镇有分布。分布于我国黑龙江省、吉林省，朝鲜、俄罗斯也有分布。
【生长环境】生于高山山顶石砬子间、石砬子坡、针叶疏林内、山坡上。
【实用价值】根药用。

伞形科
Apiaceae
独活属
（牛防风属）
Heracleum L.

短毛独活 *Heracleum moellendorffii* Hance
【中文异名】东北牛防风
【拉丁异名】*Heracleum microcarpum* Franch.
【生 长 型】多年生草本。
【产地与分布】辽宁省各地均产，保护区内广布。分布于我国黑龙江省、吉林省及华北、西北，朝鲜也有分布。
【生长环境】生于山坡林下、林缘、山坡灌丛、山溪旁、草甸子及草丛间。
【实用价值】幼苗为春季山菜，根药用，治风湿、腰膝酸痛及头痛等。

伞形科
Apiaceae
独活属
（牛防风属）
Heracleum L.

狭叶短毛独活 *Heracleum moellendorffii* var. *subbipinnatum* (Franch.) Kitag.
【中文异名】
【拉丁异名】
【生 长 型】多年生草本。
【产地与分布】辽宁省产于本溪、朝阳、抚顺等地，保护区内三道河子镇有分布。分布于黑龙江省、吉林省及华北，朝鲜也有分布。
【生长环境】生于高山草地及林缘。
【实用价值】幼苗为春季山菜，根药用，治风湿、腰膝酸痛及头痛等。

伞形科
Apiaceae
当归属

柳叶芹 *Angelica czernaevia* (Fisch. & C.A.Mey.) Kitag.
【中文异名】
【拉丁异名】*Czernaevia laevigata* Turcz.

Angelica L.

【生 长 型】二年生草本。
【产地与分布】辽宁省产于抚顺、本溪、朝阳、葫芦岛、沈阳、鞍山、辽阳、大连等地，保护区内广布。分布于黑龙江省、吉林省及华北，朝鲜、俄罗斯（远东地区）也有分布。
【生长环境】生于阔叶林下、林缘、灌丛、林区草甸子及湿草甸子处。
【实用价值】幼苗为春季山菜，4～6月间采食。

伞形科
Apiaceae
当归属
Angelica L.

拐芹当归 *Angelica polymorpha* Maxim.
【中文异名】拐芹
【拉丁异名】
【生 长 型】多年生草本。
【产地与分布】辽宁省产于丹东、营口、葫芦岛、朝阳、本溪、鞍山等地，保护区内广布。分布于我国东北、西北、华北、华中、西南，朝鲜、日本也有分布。
【生长环境】生于杂木林下、阴湿草丛、山沟溪流旁和灌丛中。
【实用价值】幼苗为春季山菜。

伞形科
Apiaceae
当归属
Angelica L.

鸭巴前胡 *Angelica decursiva* f. *albiflora* (Maxim.) Nakai
【中文异名】
【拉丁异名】*Peucedanum decursivum* var.*albiflorum* Maxim.
【生 长 型】多年生草本。
【产地与分布】辽宁省产于沈阳、阜新、丹东、朝阳、大连等地，保护区内广布。分布于我国黑龙江省和吉林省，俄罗斯（远东地区）、日本也有分布。
【生长环境】生于阔叶林下、林缘、灌丛、林区草甸子及湿草甸子处。
【实用价值】根药用，有化痰止咳、散风热功能。

伞形科
Apiaceae
当归属

长鞘当归 *Angelica cartilaginomarginata* (Makino) Nakai
【中文异名】东北长鞘当归
【拉丁异名】

Angelica L.

【生 长 型】二年生草本。
【产地与分布】辽宁省产于铁岭、本溪、朝阳、丹东、沈阳、鞍山等地，保护区内广布。分布于我国黑龙江省和吉林省，朝鲜、日本也有分布。
【生长环境】生于山坡、林缘草地、林下、灌丛、沟旁。
【实用价值】根药用。

伞形科
Apiaceae
当归属
Angelica L.

白芷 *Angelica dahurica* (Fisch. ex Hoffm.) Benth. et Hook.
【中文异名】大活
【拉丁异名】
【生 长 型】多年生草本。
【产地与分布】辽宁省产于本溪、丹东、葫芦岛、北锦州、沈阳、辽阳、营口、朝阳等地，保护区内广布。分布于我国东北及华北，朝鲜、日本、俄罗斯（远东地区）也有分布。
【生长环境】生于湿草地、山坡草地、沿河草甸子、林缘，喜生于沙质土或石砾质土壤。
【实用价值】根药用，有祛风、除湿、散寒、止痛等功能。

伞形科
Apiaceae
山芹属
Ostericum Hoffm.

大齿山芹 *Ostericum grosseserratum* (Maxim.) Kitag.
【中文异名】碎叶山芹
【拉丁异名】
【生 长 型】多年生草本。
【产地与分布】辽宁省产于朝阳、葫芦岛、锦州、丹东、本溪、辽阳、鞍山、营口、大连等地，保护区内广布。分布于我国吉林省及华北、华东、西南，朝鲜、俄罗斯（远东地区）也有分布。
【生长环境】生于林下、林缘、山坡草地、山沟河流旁或灌丛间。
【实用价值】幼苗为春季山菜；根药用，治脾胃虚寒、泄泻、虚寒咳嗽等症。

伞形科
Apiaceae

山芹 *Ostericum sieboldii* (Miq.) Nakai
【中文异名】山芹菜

山芹属
Ostericum Hoffm.

【拉丁异名】
【生 长 型】多年生草本。
【产地与分布】辽宁省产于朝阳、锦州、抚顺、本溪、鞍山、大连等地，保护区内广布。分布于我国东北（南部）、华北及安徽、江苏等地，朝鲜、日本、俄罗斯（远东地区）也有分布。
【生长环境】生于山坡林下、林缘、山沟旁、河谷旁、草甸子、湿草甸子。
【实用价值】幼苗为春季山野菜。

伞形科
Apiaceae
水芹属
Oenanthe L.

水芹 *Oenanthe javanica* (Blume) DC.
【中文异名】水芹菜
【拉丁异名】*Phellandricm stoloniferum* Roxb.
【生 长 型】多年生草本。
【产地与分布】辽宁省产于铁岭、沈阳、丹东、本溪、朝阳、营口、大连等地，保护区内广布。分布于我国各地，朝鲜、日本、俄罗斯（远东地区）、印度、马来西亚、印度尼西亚，菲律宾及大洋洲也有分布。
【生长环境】生于低洼湿地、水田及池沼边、水沟旁。
【实用价值】嫩茎叶可食，为春季野菜；全草药用，可退热解毒、利尿、止血和降血压。

伞形科
Apiaceae
毒芹属
Cicuta L.

毒芹 *Cicuta virosa* L.
【中文异名】
【拉丁异名】*Cicuta virosa* f. *longiinvolucellata* Y. C. Chu
【生 长 型】多年生草本。
【产地与分布】辽宁省产于铁岭、本溪、阜新、朝阳、沈阳等地，保护区内广布。分布于我国黑龙江省、吉林省及华北、西北，朝鲜、日本、俄罗斯及其他一些欧洲国家以及北美洲各国也有分布。
【生长环境】生于沼泽地、水边、沟旁、湿草甸子、林下水湿地。
【实用价值】全草有剧毒，以防误食。

伞形科
Apiaceae

茴香 *Foeniculum vulgare* Mill.
【中文异名】

茴香属
Foeniculum Mill.

【拉丁异名】
【生 长 型】二年生草本。
【产地与分布】原产于地中海地区，广泛栽培于世界各地，辽宁省及我国各地亦有栽培，保护区内多有栽培。
【生长环境】种植于土壤较为肥沃的园田地。
【实用价值】幼嫩茎、叶作蔬菜食用。果实作调味料、香料及药用，有理气、止痛、温中健胃功能。

伞形科
Apiaceae
藁本属
Ligusticum L.

辽藁本 *Ligusticum jeholense* (Nakai et Kitag.) Nakai et Kitag.
【中文异名】藁本
【拉丁异名】
【生 长 型】多年生草本。
【产地与分布】辽宁省各地均产，保护区内广布。分布于我国吉林、内蒙古、河北、山西、山东等。
【生长环境】生于山地、林缘、林下及阴湿多石质山坡。
【实用价值】根药用，治头痛、肠疝痛及周身疼痛。

伞形科
Apiaceae
藁本属
Ligusticum L.

细裂辽藁本 *Ligusticum jeholense* var. *tenuisectum* Chu
【中文异名】
【拉丁异名】
【生 长 型】多年生草本。
【产地与分布】辽宁省产于朝阳、本溪、大连等地，保护区内广布。分布于我国东北南部。
【生长环境】生于山顶疏林下或山顶草地。
【实用价值】根药用，治头痛、肠疝痛及周身疼痛。

伞形科
Apiaceae
藁本属
Ligusticum L.

细叶藁本 *Ligusticum tenuissimum* (Nakai) Kitag.
【中文异名】
【拉丁异名】*Angelica tenuissima* Nakai
【生 长 型】多年生草本。
【产地与分布】辽宁省产于本溪、丹东、鞍山、朝阳、营口等地，保护区内广布。分布于我国东北东南部，朝鲜也有分布。
【生长环境】生于多石质山坡、柞树林或杂木林下。

【实用价值】根药用，治头痛、肠疝痛及周身疼痛。

伞形科
Apiaceae
芹属
Apium L.

旱芹 *Apium graveolens* L.
【中文异名】芹菜
【拉丁异名】
【生 长 型】一年生草本。
【产地与分布】原产于欧洲。辽宁省各地普遍栽培，保护区内广泛栽培。
【生长环境】种植于水肥条件较好的菜园、庭院。
【实用价值】栽培蔬菜，食用、药用。

伞形科
Apiaceae
窃衣属
Torilis Adans.

小窃衣 *Torilis japonica* (Houtt) DC.
【中文异名】
【拉丁异名】*Caucalis japonica* Houtt.
【生 长 型】一年生草本。
【产地与分布】辽宁省产于沈阳、本溪、丹东、辽阳、鞍山、朝阳、大连等地，保护区内广布。除黑龙江、内蒙古、新疆等外，分布于全国各地。欧洲、非洲北部及亚洲的温带地区也有分布。
【生长环境】生于山坡、路旁、林缘草地、草丛荒地、杂木林下。
【实用价值】幼苗为春季山菜；果实药用，有活血消肿、收敛、杀虫功能。

伞形科
Apiaceae
胡萝卜属
Daucus L.

胡萝卜 *Daucus carota* var. *sativa* Hoffm.
【中文异名】
【拉丁异名】*Daucus carota* subsp. *Sativa* (Hoffmann) Archangeli
【生 长 型】二年生草本。
【产地与分布】原产于欧洲及亚洲南部，世界各地广泛栽培。辽宁省各地亦普遍栽培，保护区内广泛栽培。
【生长环境】种植于水肥充分的菜园、庭院。
【实用价值】北方主要蔬菜，根含多种胡萝卜素及维生素，有健脾、化滞功能。

伞形科
Apiaceae

绒果芹 *Eriocycla albescens* (Franch.) Wolff
【中文异名】滇羌活

绒果芹属
（滇羌活属）
Eriocycla Lindl.

【拉丁异名】
【生 长 型】多年生草本。
【产地与分布】辽宁省产于朝阳、葫芦岛等地，保护区内广布。分布于我国河北及内蒙古。
【生长环境】生于石灰岩干燥山坡上。
【实用价值】水土保持等生态价值。

杜鹃花科
Ericaceae
水晶兰属
Monotropa L.

松下兰 *Monotropa hypopitys* L.
【中文异名】
【拉丁异名】*Hypo pitys multiflora* Scop.
【生 长 型】多年生腐生草本。
【产地与分布】辽宁省产于鞍山、丹东、朝阳等地，保护区内广布。分布于我国东北和新疆、青海、甘肃、陕西、山西、内蒙古、西藏、湖北、福建等地区，朝鲜、俄罗斯、日本、欧洲、北美洲也有分布。
【生长环境】生于山地阔叶林或针阔混交林下。
【实用价值】全草入药，用于治疗咳嗽、气管炎等症。

杜鹃花科
Ericaceae
杜鹃属
（杜鹃花属）
Rhododendron L.

照山白 *Rhododendron micranthum* Turcz.
【中文异名】照白杜鹃
【拉丁异名】
【生 长 型】常绿灌木。
【产地与分布】辽宁省产于朝阳、葫芦岛、锦州、本溪、丹东、鞍山、营口、大连等地，保护区内广布。分布于我国内蒙古（东部），河北、山东、河南、山西、陕西、甘肃、四川、湖北等地，朝鲜也有分布。
【生长环境】生于干山坡及山脊上。
【实用价值】供观赏，花、叶可提取芳香油，叶有杀虫功效，可制土农药。本种剧毒，牲畜误食易中毒死亡。

杜鹃花科
Ericaceae
杜鹃属
（杜鹃花属）
Rhododendron L.

迎红杜鹃 *Rhododendron mucronulatum* Turcz.
【中文异名】迎山红
【拉丁异名】
【生 长 型】半常绿灌木。
【产地与分布】辽宁省产于葫芦岛、朝阳、锦州、沈阳、本溪、鞍山、抚顺、丹东、营口、大连等地，保护区内广布。分布于我国吉林（南部）、河北、山东及江苏等地，朝鲜、俄罗斯（远东地区）也有分布。
【生长环境】生于山坡灌丛中或石砬子上。
【实用价值】观赏植物；枝、叶、花和果均可提制芳香油。

杜鹃花科
Ericaceae
越橘属
Vaccinium L.

笃斯越橘 *Vaccinium uliginosum* L.
【中文异名】蓝莓
【拉丁异名】
【生 长 型】落叶灌木。
【产地与分布】辽宁省产于桓仁等地，保护区内有栽培。分布于我国吉林、黑龙江及内蒙古，俄罗斯、朝鲜、日本及北美洲国家也有分布。
【生长环境】生于山坡。
【实用价值】果实可食，也可酿酒。

报春花科
Primulaceae
报春花属
Primula L.

岩生报春 *Primula saxatilis* Kom.
【中文异名】岩报春
【拉丁异名】
【生 长 型】多年生草本。
【产地与分布】辽宁省产于丹东、葫芦岛、朝阳、阜新等地，保护区内河坎子、刘杖子等乡镇有分布。分布于我国黑龙江、河北、山西，朝鲜亦有分布。
【生长环境】生于林下及岩石缝中。
【实用价值】本种在国外已有栽培，用于观赏。

报春花科
Primulaceae
点地梅属
Androsace L.

点地梅 *Androsace umbellata* (Lour.) Merr.
【中文异名】喉咙草
【拉丁异名】
【生 长 型】一年生或二年生草本。
【产地与分布】辽宁省产于丹东、沈阳、本溪、大连、朝阳等地，保护区内广布。我国各地均有分布，俄罗斯、朝鲜、日本、菲律宾、印度、越南、柬埔寨、老挝也有分布。
【生长环境】生于向阳地、疏林下、林缘、草地等处。

【实用价值】全草入药，能清热解毒、消肿止痛。

报春花科
Primulaceae
珍珠菜属
Lysimachia L.

黄连花 *Lysimachia davurica* Ledeb.
【中文异名】黄花珍珠菜
【拉丁异名】
【生 长 型】多年生草本。
【产地与分布】辽宁省产于鞍山、本溪、丹东、大连、阜新、朝阳等地，保护区内广布。分布于我国东北、华北、华中及西南地区，朝鲜、日本、蒙古及俄罗斯也有分布。
【生长环境】生于草甸、灌丛及林缘。
【实用价值】全草入药，能镇静、降压，主治高血压、失眠等症。

报春花科
Primulaceae
珍珠菜属
Lysimachia L.

虎尾草 *Lysimachia barystachys* Bunge
【中文异名】狼尾花
【拉丁异名】
【生 长 型】多年生草本。
【产地与分布】辽宁省产于沈阳、抚顺、鞍山、丹东、大连、锦州、葫芦岛、朝阳等地，保护区内广布。分布于我国东北、华北、西北、华东及西南地区，朝鲜、日本、俄罗斯也有分布。
【生长环境】生于草甸、沙地、路旁或灌丛间。
【实用价值】全草入药，能活血调经、散瘀消肿、解毒生肌、利水、降血压。

报春花科
Primulaceae
珍珠菜属
Lysimachia L.

狭叶珍珠菜 *Lysimachia pentapetala* Bunge
【中文异名】
【拉丁异名】*Apochoris pentapetala* Duby
【生 长 型】一年生草本。
【产地与分布】辽宁省产于大连、营口、葫芦岛、朝阳等地，保护区内广布。分布于我国吉林、河北、河南、山东、江苏、湖北、四川等地。
【生长环境】生于山坡路旁或湿地。
【实用价值】珍珠菜营养丰富，可食用。

柿树科
Ebenaceae
柿属
Diospyros L.

君迁子 *Diospyros lotus* L.
【中文异名】黑枣
【拉丁异名】
【生 长 型】落叶乔木。
【产地与分布】辽宁省西部和南部地区有栽培，保护区内有栽培。分布于我国华北、华东、西北、中南及西南各地，中亚其他地区、伊朗、印度、朝鲜和日本也有分布。
【生长环境】生于山地、山坡、山谷的灌丛中，或林缘。
【实用价值】果实可食用，为嫁接柿树的砧木。

木犀科
Oleaceae
雪柳属
Fontanesia Labill.

雪柳 *Fontanesia phillyreoides* subsp. *fortunei* (Carriere) Yaltirik
【中文异名】
【拉丁异名】*Fontanesia fortunei* Carr.
【生 长 型】落叶灌木或乔木。
【产地与分布】辽宁省产于本溪、丹东、鞍山、大连、朝阳等地，保护区内河坎子等乡镇有分布。分布于华北、西北及华中各地区。
【生长环境】生于山坡。
【实用价值】观赏，嫩叶晒干可代茶。

木犀科
Oleaceae
梣属
Fraxinus L.

水曲柳 *Fraxinus mandshurica* Rupr.
【中文异名】
【拉丁异名】*Fontanesia nigra* var.*mandschurica* (Rupr.) Lingelsh.
【生 长 型】落叶乔木。
【产地与分布】辽宁省产于东部山区，保护区内有栽培。分布于我国大兴安岭东部、小兴安岭和长白山区及华北地区，朝鲜、日本也有分布。
【生长环境】生于土壤湿润、肥沃的缓坡和山谷。
【实用价值】国家重点保护野生植物，应加强保护。

木犀科
Oleaceae
梣属

小叶梣 *Fraxinus bungeana* DC.
【中文异名】小叶白蜡树
【拉丁异名】

Fraxinus L.

【生 长 型】落叶灌木或小乔木。
【产地与分布】辽宁省产于辽西地区，保护区内广布。分布于我国华北、西北、华中等地区。
【生长环境】生于山坡向阳处。
【实用价值】树皮入药，可清热燥湿、止痢、明目。

木犀科
Oleaceae
梣属
Fraxinus L.

白蜡树 *Fraxinus chinensis* Roxb.
【中文异名】梣
【拉丁异名】
【生 长 型】落叶乔木。
【产地与分布】辽宁省产于营口、朝阳，各地有栽培，保护区内广布。分布于我国黄河、长江流域及福建、广东，越南、朝鲜也有分布。
【生长环境】生于沟谷溪流旁、山坡、丘陵或平原地区。
【实用价值】枝叶可放养白蜡虫；树皮药用，可清热燥湿、止痢、明目。

木犀科
Oleaceae
梣属
Fraxinus L.

花曲柳 *Fraxinus chinensis* subsp. *rhynchophylla* (Hance) E. Murray
【中文异名】大叶梣
【拉丁异名】*Fraxinus rhynchophylla* Hance
【生 长 型】落叶乔木。
【产地与分布】辽宁省产于葫芦岛、朝阳、锦州、沈阳、鞍山、丹东、营口、大连等地，保护区内广布。分布于我国黑龙江、吉林以及黄河、长江流域和福建、广东等地，朝鲜也有分布。
【生长环境】生于阔叶混交林中。

木犀科
Oleaceae
梣属
Fraxinus L.

美国红梣 *Fraxinus pennsylvanica* Marsh.
【中文异名】洋白蜡
【拉丁异名】
【生 长 型】落叶乔木。
【产地与分布】原产于美国，树姿美丽。我国引种栽培已久，分布遍及全国各地，保护区内有栽培。

【生长环境】栽植于公园、庭园或用于行道树。
【实用价值】园林绿化。

木犀科
Oleaceae
连翘属
Forsythia Vahl

金钟花 *Forsythia viridissima* Lindl.
【中文异名】金钟连翘
【拉丁异名】
【生 长 型】落叶灌木。
【产地与分布】原产于我国长江流域，辽宁省各地有栽培，保护区内有栽培。分布于我国华东、华中、西南及陕西各地区，朝鲜亦有分布，日本等国有栽培。
【生长环境】栽植于公园、庭院。
【实用价值】早春开鲜黄色花，为优良的观赏植物，果可入药。

木犀科
Oleaceae
连翘属
Forsythia Vahl

东北连翘 *Forsythia mandschurica* Uyeki
【中文异名】
【拉丁异名】*Rangium mandshuricum* (Uyeki) Uyeki & Kitagawa
【生 长 型】落叶灌木。
【产地与分布】辽宁省产于丹沈线沿线山地，沈阳、盖州市、大连等地有栽培，保护区内有栽培。
【生长环境】多生于山坡。
【实用价值】供观赏。

木犀科
Oleaceae
连翘属
Forsythia Vahl

连翘 *Forsythia suspensa* (Thunb.) Vahl.
【中文异名】
【拉丁异名】*Ligustrum suspensum* Thunb.
【生 长 型】落叶灌木。
【产地与分布】原产于我国华北、西北、西南、华中、华东各地区。辽宁省各地有栽培，保护区内有栽培，日本也有栽培。
【生长环境】栽植于公园、庭院。
【实用价值】本种果实入药即“连翘”，可清热解毒，消痈散结，亦是优良的早春观赏植物。

木犀科 Oleaceae **丁香属** *Syringa* L.	**暴马丁香** *Syringa reticulata* subsp. *amurensis* (Rupr.) P. S. Green & M. C. Chang 【中文异名】 【拉丁异名】*Syringa reticulata* var. *mandschurica* (Maxim.) Hara 【生 长 型】落叶灌木或小乔木。 【产地与分布】辽宁省产于东部山地，保护区内有栽培。分布于我国东北、西北、华北及华中各地区，朝鲜和日本也有分布。 【生长环境】生于谷地湿润的冲积土上。 【实用价值】花序大，芳香，为优良的观赏植物。
木犀科 Oleaceae **丁香属** *Syringa* L.	**北京丁香** *Syringa reticulata* subsp. *pekinensis* (Rupr.) P. S. Green & M. C. Chang 【中文异名】 【拉丁异名】*Syringa pekinensis* Rupr. 【生 长 型】落叶灌木或小乔木。 【产地与分布】辽宁省产于朝阳、葫芦岛等地，省内各地有栽培，保护区内广布。分布于我国华北及西北地区。 【生长环境】生于山坡灌丛。 【实用价值】花序大，芳香，为优良的观赏树种；花可制取芳香油，嫩叶可代茶用。
木犀科 Oleaceae **丁香属** *Syringa* L.	**红丁香** *Syringa villosa* Vahl 【中文异名】 【拉丁异名】*Syringa emodi* var. *rosea* Cornu 【生 长 型】落叶灌木。 【产地与分布】辽宁省产于西部和南部各地，保护区内有分布。分布于我国北部各地区。朝鲜（北部）也有分布。 【生长环境】生于河边或山坡砾石地。 【实用价值】花序大而密，花芳香，是优良的观赏植物。
木犀科 Oleaceae **丁香属**	**巧玲花** *Syringa pubescens* Turcz. 【中文异名】小叶丁香 【拉丁异名】

Syringa L.

【生 长 型】落叶灌木。

【产地与分布】辽宁省产于鞍山（千山），保护区内大河北镇有分布。分布于我国华北、西北、华中各地区。

【生长环境】生于山坡灌丛中。

【实用价值】花香且十分美丽，为庭院观赏植物；花可制香料，茎入药。

木犀科
Oleaceae
丁香属
Syringa L.

紫丁香 *Syringa oblata* Lindl.

【中文异名】

【拉丁异名】*Syringa vulgaris* var. *oblata* Franch.

【生 长 型】落叶灌木或小乔木。

【产地与分布】辽宁省产于朝阳、阜新、锦州、营口、本溪、丹东等地，保护区内有分布。分布于我国华北、西北、西南各地区，朝鲜也有分布。

【生长环境】生于山坡灌丛。

【实用价值】花序大，花色美丽而芳香，且开花早，为优良的观赏植物；花可提取芳香油。

木犀科
Oleaceae
丁香属
Syringa L.

白丁香 *Syringa oblata* var. *alba* Hort. ex Rehd.

【中文异名】

【拉丁异名】

【生 长 型】落叶灌木。

【产地与分布】原产于中国华北地区，长江以北地区均有栽培，尤以华北、东北为多。辽宁省葫芦岛有野生，保护区内有栽培。

【生长环境】该种喜光，稍耐阴、耐寒、耐旱，喜排水良好的肥沃土壤。

【实用价值】花色洁白而芳香，且开花早，为优良的观赏植物。

木犀科
Oleaceae
丁香属
Syringa L.

朝阳丁香 *Syringa oblata* subsp. *dilatata* (Nakai) P. S. Green & M. C. Chang

【中文异名】朝鲜丁香

【拉丁异名】*Syringa dilatata* Nakai

【生 长 型】落叶灌木。

【产地与分布】辽宁省产于朝阳、葫芦岛、锦州、鞍山（千山）、营口、丹东等地，保护区内大河北等乡镇有分布。
【生长环境】生于山坡灌丛。
【实用价值】花大而美丽，花期早，为优良的观赏植物。

木犀科
Oleaceae
丁香属
Syringa L.

什锦丁香 *Syringa*×*chinensis* Schmidt
【中文异名】
【拉丁异名】
【生 长 型】落叶灌木。
【产地与分布】原产于欧洲。辽宁省大连、沈阳有栽培，保护区内多有栽培。
【生长环境】栽植于公园、庭院、路边。
【实用价值】为观赏植物。

木犀科
Oleaceae
丁香属
Syringa L.

小叶蓝丁香 *Syringa meyeri* var. *spontanea* M. C. Chang
【中文异名】四季丁香
【拉丁异名】
【生 长 型】落叶灌木。
【产地与分布】辽宁省产于大连，各地多有栽培，保护区内有栽培。分布于我国华北、西北、华中各地区。
【生长环境】生于山坡灌丛中。
【实用价值】花美丽且可开花两次，为优良的观赏植物。

木犀科
Oleaceae
流苏树属
Chionanthus L.

流苏树 *Chionanthus retusus* Lindl. et Paxt.
【中文异名】
【拉丁异名】*Linociera chinensis* Fisch. ex Maxim.
【生 长 型】落叶灌木或乔木。
【产地与分布】辽宁省产于凌源、金州、旅顺口（蛇岛）、盖州等地，保护区内各乡镇均有分布。分布于我国华北、西北、西南、华南、东南及台湾，朝鲜和日本也有分布。
【生长环境】生于山坡或河谷，喜生于向阳处。
【实用价值】花白色而美丽，常被引种为观赏树；嫩叶、鲜花可代茶。

木犀科
Oleaceae
女贞属
Ligustrum L.

辽东水蜡树 *Ligustrum obtusifolium* Sieb. et Zucc.
【中文异名】
【拉丁异名】*Ligustrum ibota* var. *suave* Kitag.
【生 长 型】落叶灌木。
【产地与分布】辽宁省产于丹东、大连、沈阳等地，保护区内有栽培。分布于我国山东、安徽、湖南、江苏、台湾等地，朝鲜、日本也有分布。
【生长环境】生于山坡。
【实用价值】常用于制作树球或绿篱。

龙胆科
Gentianaceae
龙胆属
Gentiana L.

秦艽 *Gentiana macrophylla* Pall.
【中文异名】大叶龙胆
【拉丁异名】
【生 长 型】多年生草本。
【产地与分布】辽宁省产于建平、凌源等地，保护区内大河北镇南大山有分布。分布于我国东北、华北、西北、西南各地区，俄罗斯也有分布。
【生长环境】生于林下、林缘草地、草甸子、低湿地。
【实用价值】根入药，主治风湿关节痛、结核病潮热、黄疸。

龙胆科
Gentianaceae
龙胆属
Gentiana L.

笔龙胆 *Gentiana zollingeri* Fawcett
【中文异名】
【拉丁异名】
【生 长 型】二年生草本。
【产地与分布】辽宁省产于沈阳、鞍山、大连、丹东、本溪、朝阳等地，保护区内广布。分布于我国东北、华北、西北及华东各地区，朝鲜、日本、俄罗斯（远东地区）也有分布。
【生长环境】生于山坡、林下、灌丛或林缘草地。
【实用价值】开花呈一片片一簇簇，具素静之美，因而成为著名的花卉。

龙胆科
Gentianaceae

鳞叶龙胆 *Gentiana squarrosa* Ledeb.
【中文异名】

龙胆属
Gentiana L.

【拉丁异名】*Ericala squarrosa* G. Don
【生 长 型】一年生草本。
【产地与分布】辽宁省产于沈阳、大连、鞍山、营口、本溪、丹东、锦州、朝阳等地，保护区内广布。分布于我国东北、华北、华东、西南各地区，俄罗斯也有分布。
【生长环境】生于河岸湿草地、山坡、草甸、林下或路旁。
【实用价值】开花呈一片片一簇簇，袖珍花卉，具极高的观赏价值。

龙胆科
Gentianaceae
龙胆属
Gentiana L.

假水生龙胆 *Gentiana pseudoaquatica* Kusnez.
【中文异名】
【拉丁异名】*Gentiana burkillii* H. Smith
【生 长 型】一年生草本。
【产地与分布】辽宁省产于沈阳、大连、丹东、朝阳等地，保护区内广布。分布于我国东北、华北、西北各地区，俄罗斯也有分布。
【生长环境】生于草地、干山坡。
【实用价值】花朵成簇开放，观赏价值极高。

龙胆科
Gentianaceae
獐牙菜属
Swertia L.

北方獐牙菜 *Swertia diluta* (Turcz.) Benth. & Hook.
【中文异名】淡花獐牙菜
【拉丁异名】
【生 长 型】一年生草本。
【产地与分布】辽宁省产于沈阳、本溪、抚顺、朝阳、阜新等地，保护区内广布。分布于我国东北、华北、西北、华东、西南各地区，日本、朝鲜、蒙古、俄罗斯(西伯利亚)也有分布。
【生长环境】生于草原、干山坡、荒地。
【实用价值】全草入药，治疗黄疸型肝炎、肝胆等疾病。

龙胆科
Gentianaceae
獐牙菜属
Swertia L.

瘤毛獐牙菜 *Swertia pseudochinensis* Hara
【中文异名】
【拉丁异名】
【生 长 型】一年生草本。
【产地与分布】辽宁省产于抚顺、本溪、鞍山、营口、锦州、朝阳、大连、丹东等地，保护区内广布。分布于我国东北、华北、华东，朝鲜、日本也有分布。
【生长环境】生于山坡灌丛、杂木林下、路边、荒地。
【实用价值】全草入药，主治黄疸型肝炎、急性细菌性痢疾、消化不良等症。

夹竹桃科
Apocynaceae
罗布麻属
Apocynum L.

罗布麻 *Apocynum venetum* L.
【中文异名】
【拉丁异名】*Trachomitum venetum* (L.) Woodson
【生 长 型】多年生宿根草本。
【产地与分布】辽宁省产于沈阳、阜新、营口、大连、凌源等地，保护区内河坎子乡煤窑沟等地分布有野生群落。分布于我国东北、华北、西北、华东，欧洲一些国家以及亚洲温带地区也有分布。
【生长环境】生于盐碱荒地、湿草甸子、沙质地、河滩。
【实用价值】嫩叶蒸炒揉制后可代茶叶饮用，有清凉去火、降血压、防止头晕和强心作用。

萝藦科
Asclepiadaceae
杠柳属
Periploca L.

杠柳 *Periploca sepium* Bunge
【中文异名】北五加皮
【拉丁异名】
【生 长 型】木质藤本。
【产地与分布】辽宁省产于阜新、葫芦岛、沈阳、本溪、朝阳、大连等地，保护区内广布。分布于我国东北、华北、西北、华东、华中及西南。
【生长环境】生于林缘、山坡、山沟、河边沙质地。
【实用价值】根皮、茎皮药用，能祛风湿、壮筋骨、强腰膝。

萝藦科
Asclepiadaceae
萝藦属
Metaplexis R. Br.

萝藦 *Metaplexis japonica* (Thunb.) Makino
【中文异名】
【拉丁异名】*Pergularia japonica* Thunb.
【生 长 型】缠绕草质藤本。
【产地与分布】辽宁省产于沈阳、本溪、丹东、营口、大连、锦州、朝阳等地，保护区内广布。分布于我国东北、华北、西北、华中及西南，日本、朝鲜也有分布。
【生长环境】生于山坡、灌丛、林中草地及村舍附近。
【实用价值】果实药用，治疗劳伤、虚弱、腰腿痛、咳嗽等症。

萝藦科
Asclepiadaceae
鹅绒藤属（白前属）
Cynanchum L.

白薇　*Cynanchum atratum* Bunge
【中文异名】
【拉丁异名】*Vincetoxicum atratum* Morr. et Decne.
【生 长 型】多年生草本。
【产地与分布】辽宁省产于锦州、葫芦岛、朝阳、抚顺、沈阳、本溪、丹东、大连等地，保护区内广布。分布于我国黑龙江省、吉林省，朝鲜、日本、俄罗斯（远东地区）也有分布。
【生长环境】生于山坡草地、林缘路旁、林下及灌丛间。
【实用价值】根药用，为解热利尿药，用其治虚热、肺热咳嗽、肾炎等症。

萝藦科
Asclepiadaceae
鹅绒藤属（白前属）
Cynanchum L.

潮风草　*Cynanchum acuminatifolium* Hemsley
【中文异名】尖叶白前
【拉丁异名】*Cynanchum ascyrifolium* (Franch. et Sav.) Matsum.
【生 长 型】多年生草本。
【产地与分布】辽宁省产于沈阳、抚顺、鞍山、本溪、丹东、朝阳等地，保护区内广布。分布于我国黑龙江、吉林、河北、山东等地，朝鲜、日本也有分布。
【生长环境】生于山坡、林缘、杂木林下及稍湿草地。
【实用价值】根入药，具利尿通淋、解毒疗疮药效。

萝藦科
Asclepiadaceae
鹅绒藤属（白前属）
Cynanchum L.

竹灵消　*Cynanchum inamoenum* (Maxim.) Loes.
【中文异名】
【拉丁异名】*Vincetoxicum inamoenum* Maxim.
【生 长 型】多年生草本。
【产地与分布】辽宁省产于朝阳、葫芦岛等地，保护区内广布。分布于我国华北、西北、华东、华中和西南，朝鲜、日本、俄罗斯（远东地区）也有分布。
【生长环境】生于山间多石质地、疏林下、灌木丛中或山坡草地。
【实用价值】根可药用，有除烦清热、散毒、通疝气等效能。

萝藦科
Asclepiadaceae
鹅绒藤属（白前属）
Cynanchum L.

华北白前 *Cynanchum mongolicum* (Maxim.) Hemsl.
【中文异名】
【拉丁异名】
【生 长 型】多年生草本。
【产地与分布】辽宁省产于朝阳、葫芦岛、大连等地，保护区内广布。分布于我国四川、甘肃、陕西、河北、山西、内蒙古。
【生长环境】多生于山岭旷野、山坡、草甸、沟谷及林缘处。
【实用价值】全草入药，可治疗关节痛、牙痛、痈疽肿毒、毒蛇咬伤等。

萝藦科
Asclepiadaceae
鹅绒藤属（白前属）
Cynanchum L.

徐长卿 *Cynanchum paniculatum* (Bunge) Kitag.
【中文异名】
【拉丁异名】*Asclepias paniculata* Bunge
【生 长 型】多年生草本。
【产地与分布】产于辽宁省各地，保护区内广布。分布于我国东北、华北、西北、华东、华中、华南及西南，朝鲜、日本、俄罗斯（远东地区）也有分布。
【生长环境】生于向阳山坡及草丛中。
【实用价值】全草入药，可祛风止痛、解热消肿，治疗毒蛇咬伤、肠胃炎、腹水等。

萝藦科
Asclepiadaceae
鹅绒藤属（白前属）
Cynanchum L.

地梢瓜 *Cynanchum thesioides* (Freyn) K. Schum.
【中文异名】
【拉丁异名】
【生 长 型】多年生直立草本。
【产地与分布】辽宁省各地均产，分布于我国黑龙江、吉林及华北、西北、华东、华中等地区，蒙古、朝鲜也有分布。
【生长环境】生于河岸及海滨沙地、沙丘、林间草地、山坡、路旁。
【实用价值】全株含橡胶、树脂；幼果可食。

萝藦科
Asclepiadaceae
鹅绒藤属（白前属）
Cynanchum L.

雀瓢 *Cynanchum thesioides* var. *australe* (Maxim.) Tsiang et P. T. Li
【中文异名】老刮瓢
【拉丁异名】
【生 长 型】多年生草本。
【产地与分布】辽宁省产于阜新、朝阳、铁岭、营口、大连等地，保护区内广布。分布于我国河北、内蒙古、陕西、山东、江苏、河南等地。
【生长环境】生于河边、山坡杂草地及路旁。
【实用价值】全株含橡胶、树脂；幼果可食。

萝藦科
Asclepiadaceae
鹅绒藤属（白前属）
Cynanchum L.

蔓白前 *Cynanchum volubile* (Maxim.) Hemsl.
【中文异名】
【拉丁异名】*Antitoxicum volubile* Pobed.
【生 长 型】多年生缠绕草本。
【产地与分布】辽宁省产于丹东、朝阳等地，保护区内广布。分布于我国黑龙江省，朝鲜及俄罗斯（远东地区）也有分布。
【生长环境】生于湿草甸子或草地。
【实用价值】水土保持等实用价值。

萝藦科
Asclepiadaceae
鹅绒藤属（白前属）
Cynanchum L.

隔山消 *Cynanchum wilfordii* (Maxim.) Forb. et Hemsl.
【中文异名】
【拉丁异名】*Vincetoxicum wilfordii* Franch. et Sav.
【生 长 型】多年生缠绕草本。
【产地与分布】辽宁省产于丹东、鞍山、朝阳、大连等地，保护区内广布。分布于我国华北、西北、华东、华中及西南，朝鲜、日本、俄罗斯（远东地区）也有分布。
【生长环境】生于山坡、山谷、灌丛中或路旁。
【实用价值】地下块根供药用，用以健胃、消饱胀、治噎食；外用治鱼口疮毒。

萝藦科
Asclepiadaceae
鹅绒藤属（白前属）
Cynanchum L.

白首乌 *Cynanchum bungei* Decne.
【中文异名】
【拉丁异名】*Asclepias hastata* Bunge
【生 长 型】多年生缠绕草本。
【产地与分布】辽宁省产于凌源、建平等地，保护区内广布。分布于我国河北、内蒙古、河南、山东、山西、甘肃等地区，朝鲜也有分布。
【生长环境】生于山坡、榛丛间或柞林下。
【实用价值】块根肉质多浆，味苦甘涩，为滋补珍品。

萝藦科
Asclepiadaceae
鹅绒藤属（白前属）
Cynanchum L.

鹅绒藤 *Cynanchum chinense* R. Br.
【中文异名】
【拉丁异名】*Cynanchum pubescens* Bunge
【生 长 型】多年生缠绕草本。
【产地与分布】辽宁省产于沈阳、阜新、朝阳、葫芦岛、鞍山、营口、大连等地，保护区内广布。分布于我国吉林省及华北、西北、华东、华中地区。
【生长环境】生于固定沙丘、山坡草地、路旁及海滨石砬子上。
【实用价值】全株入药，可作祛风剂。

萝藦科
Asclepiadaceae
鹅绒藤属（白前属）
Cynanchum L.

变色白前 *Cynanchum versicolor* Bunge
【中文异名】
【拉丁异名】*Vincetoxicum versicolor* Decne.
【生 长 型】多年生草本。
【产地与分布】辽宁省产于盘锦、葫芦岛、鞍山、营口、朝阳、大连等地，保护区内广布。分布于我国华北、华东、华中及西南。
【生长环境】生于山坡、路旁或林间。
【实用价值】根和根茎可药用，能解热利尿，可治肺结核的虚痨热、浮肿、淋痛等。

茜草科
Rubiaceae
野丁香属

薄皮木 *Leptodermis oblonga* Bunge
【中文异名】薄皮野丁香
【拉丁异名】

Leptodermis Wall.

【生 长 型】落叶灌木。
【产地与分布】辽宁省产于葫芦岛、朝阳等地，保护区内前进乡有分布。分布于我国华北、西北、华中、西南，越南也有分布。
【生长环境】生于山坡或阴坡灌丛中。
【实用价值】夏秋开花，可于草坪、路边、假山旁及林缘丛植观赏。

茜草科
Rubiaceae
拉拉藤属
Galium L.

异叶轮草 *Galium maximoviczii* (Kom.) Pobed.
【中文异名】异叶车叶草
【拉丁异名】
【生 长 型】多年生草本。
【产地与分布】辽宁省产于鞍山、本溪、丹东、营口、大连、锦州、朝阳等地，保护区内广布。分布于我国东北、华北，俄罗斯（远东地区）及朝鲜也有分布。
【生长环境】生于山地、旷野、沟边的林下、灌丛或草地。
【实用价值】水土保持等生态价值。

茜草科
Rubiaceae
拉拉藤属
Galium L.

线叶拉拉藤 *Galium linearifolium* Turcz.
【中文异名】线叶猪殃殃
【拉丁异名】
【生 长 型】多年生草本。
【产地与分布】辽宁省产于本溪、朝阳等地，保护区内广布。分布于我国东北、华北，朝鲜（北部）也有分布。
【生长环境】生于山坡草地或林中。
【实用价值】水土保持等生态价值。

茜草科
Rubiaceae
拉拉藤属
Galium L.

四叶葎 *Galium bungei* Steud.
【中文异名】四叶葎拉拉藤
【拉丁异名】
【生 长 型】多年生草本。
【产地与分布】辽宁省产于大连、朝阳等地，保护区内广布。分布于我国东北、华北、华东，朝鲜、日本也有分布。
【生长环境】生于林下。

【实用价值】水土保持等生态价值。

茜草科
Rubiaceae
拉拉藤属
Galium L.

猪殃殃 *Galium spurium* L.
【中文异名】细拉拉藤
【拉丁异名】*Galium aparine* var. *tenerum* (Gren. et Godr.) Rchb.
【生 长 型】一年生草本。
【产地与分布】辽宁省产于朝阳、丹东等地，保护区内广布。分布于我国东北、华北、华南、西南，欧洲、亚洲、北非洲及美洲广泛分布。
【生长环境】生于耕地、路旁或草地。
【实用价值】全草药用，有清热解毒、消肿止痛效用。本种为世界性杂草，常危害农作物。

茜草科
Rubiaceae
拉拉藤属
Galium L.

拉拉藤 *Galium aparine* var. *echinospermum* (Wallr.) Cuf
【中文异名】毛果欧拉拉藤
【拉丁异名】*Galium spurium* var. *echinospermum* (Wallr.) Hayek
【生 长 型】一年或二年生草本。
【产地与分布】辽宁省产于沈阳、鞍山、本溪、朝阳等地，保护区内广布。分布于我国东北，日本、朝鲜、俄罗斯及欧洲、北非其他一些国家也有分布
【生长环境】生于路旁草地或沙地。
【实用价值】水土保持等生态价值。

茜草科
Rubiaceae
拉拉藤属
Galium L.

蓬子菜 *Galium verum* L.
【中文异名】蓬子菜拉拉藤
【拉丁异名】
【生 长 型】多年生草本。
【产地与分布】辽宁省产于沈阳、抚顺、阜新、锦州、朝阳、辽阳、鞍山、大连、丹东、本溪等地，保护区内广布。分布于我国东北、华北、西北、华东，其他亚洲、欧洲和北美洲各国也有分布。
【生长环境】生于山麓草甸子、路旁、山坡或草地。
【实用价值】可做农药，根及根状茎可提取绛红染料。

茜草科
Rubiaceae
茜草属
Rubia L.

林生茜草 *Rubia sylvatica* (Maxim.) Nakai
【中文异名】林茜草
【拉丁异名】
【生 长 型】多年生草本。
【产地与分布】辽宁省产于沈阳、铁岭、锦州、朝阳、鞍山、本溪、丹东、大连等地，保护区内广布。分布于我国东北各地，朝鲜也有分布。
【生长环境】生于阔叶林下或灌丛中。
【实用价值】根入药，有凉血止血、活血祛瘀药效。

茜草科
Rubiaceae
茜草属
Rubia L.

茜草 *Rubia cordifolia* L.
【中文异名】
【拉丁异名】*Rubia cordifolia* var. *pratensis* Maxim.
【生 长 型】多年生草本。
【产地与分布】辽宁省产于铁岭、朝阳、葫芦岛等地，保护区内广布。分布于我国东北、华北、西北、华东、华南、西南，俄罗斯、朝鲜、日本以及澳大利亚等国也有分布。
【生长环境】生于阔叶林下、林缘或灌丛。
【实用价值】根入药，用于吐血、衄血、崩漏、经闭、跌打损伤等。

茜草科
Rubiaceae
茜草属
Rubia L.

黑果茜草 *Rubia cordifolia* var. *pratensis* Maxim.
【中文异名】
【拉丁异名】
【生 长 型】多年生草本。
【产地与分布】辽宁省产于沈阳、鞍山、大连、丹东、本溪、葫芦岛、朝阳等地，保护区内广布。分布于我国东北、华北，俄罗斯（远东地区）、朝鲜、日本也有分布。
【生长环境】生于灌丛、草丛、林缘或沙地。
【实用价值】根入药，有凉血止血、活血祛瘀药效。

花荵科
Polemoniaceae
花荵属

花荵 *Polemonium caeruleum* L.
【中文异名】
【拉丁异名】*Polemonium coeruleum* L.

Polemonium L.

【生 长 型】多年生草本。
【产地与分布】辽宁省产于阜新、抚顺、朝阳等地，保护区内前进、大河北等乡镇有分布。分布于我国黑龙江和内蒙古（东部），俄罗斯（西伯利亚）、蒙古和朝鲜也有分布。
【生长环境】生于湿草甸子。
【实用价值】根与根茎入药，主治咳嗽痰多、癫痫、失眠等症。

旋花科
Convolvulaceae
菟丝子属
Cuscuta L.

金灯藤 *Cuscuta japonica* Choisy
【中文异名】日本菟丝子
【拉丁异名】
【生 长 型】一年生寄生草本。
【产地与分布】产于辽宁省各地，保护区内广布。分布于我国南北各地，越南、朝鲜、日本、俄罗斯也有分布。
【生长环境】寄生于草本植物上。
【实用价值】种子药用，有补肝肾、益精壮阳、止泻功能；对寄主有害。

旋花科
Convolvulaceae
菟丝子属
Cuscuta L.

菟丝子 *Cuscuta chinensis* Lam.
【中文异名】黄丝
【拉丁异名】
【生 长 型】一年生寄生草本。
【产地与分布】产于辽宁省各地，保护区内广布。分布于我国南北各地，越南、朝鲜、日本、俄罗斯也有分布。
【生长环境】寄生于豆科、菊科、藜科等多种植物上。
【实用价值】种子药用，有补肝肾、益精壮阳、止泻的功能；对寄主有害。

旋花科
Convolvulaceae
菟丝子属
Cuscuta L.

南方菟丝子 *Cuscuta australis* R. Br
【中文异名】
【拉丁异名】*Cuscuta obtusiflora* var. *australis* Engelm.
【生 长 型】一年生寄生草本。
【产地与分布】辽宁省产于大连、朝阳、葫芦岛等地，保护区内广布。

【生长环境】寄生于豆科、菊科蒿属、马鞭草科牡荆属植物上。
【实用价值】种子药用，有补肝肾、益精壮阳、止泻功能；对寄主有害。

旋花科
Convolvulaceae
番薯属
Ipomoea L.

圆叶牵牛 *Ipomoea purpurea* (L.) Rothin
【中文异名】
【拉丁异名】*Pharbitis purpurea* (L.) Voigt
【生 长 型】一年生缠绕草本。
【产地与分布】原产于热带美洲。辽宁省及全国各地有栽培，现已普遍野生，保护区内广布。
【生长环境】生于田边、路旁、平地及山谷、林内。
【实用价值】种子入药，有泻下、利尿功能；观赏。

旋花科
Convolvulaceae
番薯属
Ipomoea L.

牵牛 *Ipomoea nil* (L.) Roth
【中文异名】
【拉丁异名】*Pharbitis nil* (L.) Choisy
【生 长 型】一年生缠绕草本。
【产地与分布】常为栽培植物，亦野生于辽宁省及东北各地，保护区内广布。分布于我国南北各地及世界各地。
【生长环境】生于田边、路旁、平地及山谷、林内。
【实用价值】种子入药，有泻下、利尿功能；观赏。

旋花科
Convolvulaceae
番薯属
Ipomoea L.

番薯 *Ipomoea batatas* (L.) Lam.
【中文异名】地瓜
【拉丁异名】
【生 长 型】一年生草本。
【产地与分布】原产于南美洲及大、小安的列斯群岛。辽宁省各地栽培，保护区内多有栽培。
【生长环境】喜生于较为干旱的沙壤土及轻壤土。
【实用价值】块根可供食用，为我国南北许多地区主要杂粮之一；茎叶可食用或作饲料。

旋花科
Convolvulaceae

茑萝松 *Quamoclit pennata* (Desr.) Bojer
【中文异名】茑萝

茑萝属
Quamoclit Mill.

【拉丁异名】
【生　长　型】一年生草本。
【产地与分布】原产于热带美洲。辽宁省栽培，有逸生，保护区内有栽培。
【生长环境】种植于公园、庭院。
【实用价值】为庭院观赏植物。

旋花科
Convolvulaceae
打碗花属
Calystegia R. Br.

藤长苗　*Calystegia pellita* (Ledeb.) G. Don
【中文异名】
【拉丁异名】*Convolvulus pellitus* Ledeb.
【生　长　型】多年生草本。
【产地与分布】辽宁省产于阜新、朝阳、锦州、沈阳、辽阳、营口、大连等地，保护区内广布。分布于我国黑龙江省及华北、西北、西南，朝鲜、俄罗斯（西伯利亚）也有分布。
【生长环境】生于山坡草地。
【实用价值】该物种为中国植物图谱数据库收录的有毒植物，其毒性为全草有小毒，切勿食用。

旋花科
Convolvulaceae
打碗花属
Calystegia R. Br.

打碗花　*Calystegia hederacea* Wall.
【中文异名】
【拉丁异名】*Convolvulus japonicus* Thunb.
【生　长　型】一年生草本。
【产地与分布】辽宁省产于锦州、沈阳、朝阳、大连等地，保护区内广布。分布于我国各地，亚洲和非洲也有分布。
【生长环境】生于田间、路旁、荒地等处。
【实用价值】全草入药，可调经活血、滋阳补虚。

旋花科
Convolvulaceae
打碗花属
Calystegia R. Br.

柔毛打碗花　*Calystegia pubescens* Lindl.
【中文异名】缠枝牡丹
【拉丁异名】*Calystegia dahurica* f. *anestia* (Fernald) Hara
【生　长　型】多年生草本。
【产地与分布】辽宁省产于沈阳、锦州、朝阳、本溪、丹东、辽阳、大连等地，保护区内广布。分布于我国黑龙江省、吉林省，朝鲜、日本也有分布。

【生长环境】生于山坡、平原、荒地。
【实用价值】观赏植物。

旋花科
Convolvulaceae
打碗花属
Calystegia R. Br.

宽叶打碗花 *Calystegia sepium* subsp. *americana* (Sims) Brummitt
【中文异名】
【拉丁异名】
【生 长 型】多年生草本。
【产地与分布】辽宁省产于朝阳、锦州、本溪、丹东、鞍山、营口等地，保护区内广布。分布于我国大部分地区，朝鲜、日本、俄罗斯（西伯利亚）及欧洲其他国家、北美洲各国也有分布。
【生长环境】生于山坡、路旁稍湿草地。
【实用价值】柔条纤蔓，花姿娇艳，是优良的观花植物。

旋花科
Convolvulaceae
旋花属
Convolvulus L.

银灰旋花 *Convolvulus ammannii* Desr.
【中文异名】
【拉丁异名】
【生 长 型】多年生草本。
【产地与分布】辽宁省产于建平、凌源等地，保护区内刘杖子乡有分布。分布于我国东北、华北、西北及西藏东部，俄罗斯（西伯利亚）、蒙古也有分布。
【生长环境】生于山坡草地、干草原、干沙质地。
【实用价值】水土保持等生态价值。

旋花科
Convolvulaceae
旋花属
Convolvulus L.

田旋花 *Convolvulus arvensis* L.
【中文异名】中国旋花
【拉丁异名】
【生 长 型】多年生草本。
【产地与分布】辽宁省产于大连、辽阳、朝阳等地。分布于我国东北、华北、西北、华东及西南，俄罗斯和蒙古也有分布。
【生长环境】生于固定沙丘或平地上。
【实用价值】全草入药，可调经活血、滋阴补虚。

旋花科
Convolvulaceae
鱼黄草属
Merremia Dennst.

北鱼黄草 *Merremia sibirica* (L.) Hall.
【中文异名】西伯利亚番薯
【拉丁异名】*Ipomoea sibirica* (L.) Pers.
【生 长 型】一年生草本。
【产地与分布】辽宁省产于朝阳、营口等地，保护区内广布。分布于我国东北、华北、西北、华东、华中及西南，俄罗斯（西伯利亚）、蒙古、印度也有分布。
【生长环境】生于路旁、田边、半湿草地或山坡灌丛。
【实用价值】全草药用，治疗劳伤疼痛、下肢肿痛及疔疮等症。

紫草科
Boraginaceae
紫筒草属
Stenosolenium Turcz.

紫筒草 *Stenosolenium saxatile* (Pall.) Turcz.
【中文异名】
【拉丁异名】*Anchusa saxatile* Pall.
【生 长 型】一年生草本。
【产地与分布】辽宁省产于阜新、朝阳等地，保护区内广布。分布于我国东北、华北、西北，俄罗斯（东部西伯利亚）和蒙古也有分布。
【生长环境】生于草原、石质山坡、沙地。
【实用价值】全草入药，治疗吐血、肺热咳嗽、感冒、关节疼痛等症。

紫草科
Boraginaceae
紫草属
Lithospermum L.

紫草 *Lithospermum erythrorhizon* Sieb. et Zucc.
【中文异名】
【拉丁异名】*Lithospermum officinale* subsp. *erythrorhizon* (Sieb. et Zucc.) Hand.
【生 长 型】多年生草本。
【产地与分布】产于辽宁省各地，保护区内广布。分布于我国东北、华北、华中和西南，俄罗斯（远东地区）、朝鲜和日本也有分布。
【生长环境】生于干山坡、草地、柞林下或灌丛间。
【实用价值】根入药，内服有利尿、通便等作用；根亦可制紫色染料。

紫草科
Boraginaceae

大果琉璃草 *Cynoglossum divaricatum* Steph. ex Lehm
【中文异名】

琉璃草属
Cynoglossum L.

【拉丁异名】
【生 长 型】二年生草本。
【产地与分布】辽宁省产于阜新、朝阳、锦州等地，保护区内刘杖子、大河北等乡镇有分布。分布于我国北部，蒙古和俄罗斯（西伯利亚）也有分布。
【生长环境】生于山坡、沙丘。
【实用价值】根入药，用于清热解毒，主治扁桃体炎及疮疖痈肿。

紫草科
Boraginaceae
鹤虱属
Lappula Gilib.

鹤虱 *Lappula myosotis* V.Wolf
【中文异名】
【拉丁异名】*Lappula squarrosa* (Retz.) Dumort.
【生 长 型】一年生草本。
【产地与分布】产于辽宁省各地，保护区内广布。分布于我国东北、西北、华北，地中海沿岸、中欧、俄罗斯、朝鲜和北美也有分布。
【生长环境】生于沙丘、干山坡、路旁草地和沙质地上。
【实用价值】果实可入药。

紫草科
Boraginaceae
鹤虱属
Lappula Gilib.

卵盘鹤虱 *Lappula intermedia* (Ledeb.)M.Pop.
【中文异名】东北鹤虱
【拉丁异名】*Lappula redowskii* (Hornem.) Greene
【生 长 型】一年生草本。
【产地与分布】辽宁省产于朝阳、阜新、沈阳、大连等地，保护区内广布。分布于我国黑龙江、吉林及内蒙古，俄罗斯（西伯利亚）和蒙古也有分布。
【生长环境】生于沙丘、沙质地、干山坡或路旁草地。
【实用价值】果实可供药用；水土保持等生态价值。

紫草科
Boraginaceae
齿缘草属
Eritrichium Schrad.

北齿缘草 *Eritrichium borealisinense* Kitag.
【中文异名】
【拉丁异名】*Eritrichium jeholense* Bar. et Skv.
【生 长 型】多年生草本。
【产地与分布】辽宁省产于朝阳、葫芦岛等地，保护区内广布。分布于我国内蒙古、山西、河北等地区。

【生长环境】生于干山坡或山坡灌丛中。
【实用价值】水土保持等生态价值。

紫草科
Boraginaceae
聚合草属
Symphytum L.

聚合草 *Symphytum officinale* L.
【中文异名】友谊草
【拉丁异名】
【生 长 型】多年生草本。
【产地与分布】原产于俄罗斯高加索地区，20 世纪 70 年代引入辽宁省，作为牲畜饲料栽培，保护区内有栽培，现在多为逸生。
【生长环境】村庄周围、河边、路旁。
【实用价值】家畜饲料。

紫草科
Boraginaceae
斑种草属
Bothriospermum Bunge

斑种草 *Bothriospermum chinense* Bunge
【中文异名】
【拉丁异名】*Bothriospermum bicarunculatum* Fisch. et Mey.
【生 长 型】一年或二年生草本。
【产地与分布】辽宁省产于锦州、朝阳等地，保护区内广布。分布于我国东北、西北、华中、华东。
【生长环境】生于草地。
【实用价值】全草入药，具解毒消肿、利湿止痒之效。

紫草科
Boraginaceae
斑种草属
Bothriospermum Bunge

柔弱斑种草 *Bothriospermum zeylanicum* (J.Jacq.) Druce
【中文异名】
【拉丁异名】*Bothriospermum tenellum* (Hornem.) Fisch. et Mey
【生 长 型】一年生柔弱草本。
【产地与分布】辽宁省产于大连、营口、朝阳等地，保护区内广布。分布于我国长江中下游、西南、华南各地区和台湾地区，俄罗斯（远东地区）、日本、印度和越南也有分布。
【生长环境】生于杂草地或河岸。
【实用价值】全草入药，能止咳，炒焦治吐血。

紫草科
Boraginaceae

狭苞斑种草 *Bothriospermum kusnezowii* Bunge
【中文异名】

斑种草属
Bothriospermum Bunge

【拉丁异名】*Bothriospermum decumbens* Kitag.
【生 长 型】一年或二年生草本。
【产地与分布】辽宁省产于朝阳、沈阳、营口、大连等地，保护区内广布。分布于我国东北、西北、华北。
【生长环境】生于河滩、荒地、路边、山谷林缘、山坡及山坡草甸等地。
【实用价值】水土保持等生态价值。

紫草科
Boraginaceae
附地菜属
Trigonotis Stev.

钝萼附地菜 *Trigonotis peduncularis* var. *amblyosepala* (Nakai & Kitag.) W.T. Wang
【中文异名】
【拉丁异名】*Trigonotis amblyosepala* Nakai et Kitag.
【生 长 型】一年生草本。
【产地与分布】辽宁省产于锦州、葫芦岛、朝阳等地，保护区内河坎子、佛爷洞等乡镇有分布。分布于我国华北、西北。
【生长环境】生于林缘或路旁草地。
【实用价值】水土保持等生态价值。

紫草科
Boraginaceae
附地菜属
Trigonotis Stev.

附地菜 *Trigonotis peduncularis* (Trev.) Benth. ex Baker et Moore
【中文异名】
【拉丁异名】*Myosotis peduncularis* Trev.
【生 长 型】一年生草本。
【产地与分布】辽宁省产于沈阳、大连、丹东、营口、朝阳等地，保护区内广布。分布于我国东北，俄罗斯、朝鲜、日本也有分布。
【生长环境】生于草地、荒地或灌丛间。
【实用价值】全草入药，具温中健胃、消肿止痛、止血之效。

紫草科
Boraginaceae
附地菜属
Trigonotis Stev.

朝鲜附地菜 *Trigonotis radicans* subsp. *sericea* (Maxim.) Riedl
【中文异名】森林附地菜
【拉丁异名】*Trigonotis nakaii* Hara

【生 长 型】多年生草本。
【产地与分布】辽宁省产于锦州、丹东、鞍山、朝阳等地，保护区内广布。分布于我国东北，俄罗斯（远东地区）、朝鲜和日本也有分布。
【生长环境】生于森林、灌丛中湿地或河岸。
【实用价值】水土保持等生态价值。

马鞭草科
Verbenaceae
牡荆属
Vitex L.

黄荆 *Vitex negundo* L.
【中文异名】
【拉丁异名】*Vitex bicolor* Willd.
【生 长 型】灌木或小乔木。
【产地与分布】辽宁省产于朝阳、葫芦岛等地，保护区内广布。分布于我国华北、西北及长江以南，非洲东部经马达加斯加、亚洲东南部及南美洲的玻利维亚也有分布。
【生长环境】生于山坡、路旁或灌丛中。
【实用价值】蜜源植物。

马鞭草科
Verbenaceae
牡荆属
Vitex L.

荆条 *Vitex negundo* var. *heterophylla* (Franch.) Rehd.
【中文异名】
【拉丁异名】*Vitex incisa var. heterophylla* Franch.
【生 长 型】灌木或小乔木。
【产地与分布】辽宁省产于朝阳、葫芦岛、锦州、沈阳、大连等地，保护区内广布。分布于我国东北、华北、西北、华东、中南及西南，日本也有分布。
【生长环境】生于干山坡。
【实用价值】蜜源植物。

马鞭草科
Verbenaceae
牡荆属
Vitex L.

白花黄荆 *Vitex negundo* f. *albiflora* H. W. Jen & Y. J. Chang
【中文异名】
【拉丁异名】
【生 长 型】灌木或小乔木。
【产地与分布】辽宁省产于朝阳、葫芦岛等地，保护区内广布。分布于我国华北、西北及长江以南地区。
【生长环境】生于干山坡。

【实用价值】蜜源植物。

唇形科
Lamiaceae
筋骨草属
Ajuga L.

多花筋骨草 *Ajuga multiflora* Bunge
【中文异名】
【拉丁异名】*Ajuga amurica* Freyn
【生 长 型】多年生草本。
【产地与分布】辽宁省产于沈阳、抚顺、本溪、丹东、鞍山、朝阳、大连等地，保护区内三道河子、刀尔登等乡镇有分布。分布于我国东北、华北及华东，俄罗斯（远东地区）和朝鲜也有分布。
【生长环境】生于向阳草地、山坡、林缘、阔叶林下、溪流旁沙质地、路边等处。
【实用价值】全草入药，作利尿药。

唇形科
Lamiaceae
香科科属
Teucrium L.

黑龙江香科科 *Teucrium ussuriense* Kom.
【中文异名】乌苏里香科科
【拉丁异名】
【生 长 型】多年生草本。
【产地与分布】辽宁省产于大连、朝阳等地，保护区内三道河子镇有分布。分布于我国东北、华北，俄罗斯（远东地区）也有分布。
【生长环境】生于向阳山坡及路边。
【实用价值】水土保持等生态价值。

唇形科
Lamiaceae
水棘针属
Amethystea L.

水棘针 *Amethystea caerulea* L.
【中文异名】土荆芥
【拉丁异名】
【生 长 型】一年生草本。
【产地与分布】产于辽宁省各地，保护区内广布。分布于我国东北、华北、西北、华东、华中、华南及西南，朝鲜、日本、蒙古、俄罗斯、伊朗也有分布。
【生长环境】生于田间、田边、路旁、荒地、杂草地、山坡、灌丛等处。
【实用价值】全草入药，用于疏风解表、宣肺平喘。

唇形科
Lamiaceae
黄芩属
Scutellaria L.

黄芩 *Scutellaria baicalensis* Georgi
【中文异名】
【拉丁异名】*Scutellaria macrantha* Fisch.
【生 长 型】多年生草本。
【产地与分布】辽宁省产于本溪、营口、大连、锦州、葫芦岛、朝阳等地，保护区内广布。分布于我国东北、华北、西北、华东及西南，俄罗斯、蒙古、朝鲜和日本也有分布。
【生长环境】生于草甸、草原、沙质草地、丘陵坡地、向阳山坡、山麓，有时亦见于石砬子、砾石地及山阴坡等处。
【实用价值】根药用，有解热、消炎、利尿、镇静及降压作用。

唇形科
Lamiaceae
黄芩属
Scutellaria L.

京黄芩 *Scutellaria pekinensis* Maxim.
【中文异名】
【拉丁异名】*Scutellaria indica* var.*pekinensis* Franch.
【生 长 型】一年生草本。
【产地与分布】辽宁省产于铁岭、沈阳、本溪、丹东、朝阳、大连、葫芦岛、阜新等地，保护区内广布。
【生长环境】生于林缘、林间、沟边湿地、溪旁草地、干山坡。
【实用价值】水土保持等生态价值。

唇形科
Lamiaceae
黄芩属
Scutellaria L.

木根黄芩 *Scutellaria planipes* Nakai et Kitag.
【中文异名】
【拉丁异名】
【生 长 型】多年生草本。
【产地与分布】辽宁省产于凌源市，保护区内广布。
【生长环境】生于山坡、山阴坡沟旁多石地。
【实用价值】根药用，有解热、消炎、利尿、镇静及降压作用。

唇形科
Lamiaceae

并头黄芩 *Scutellaria scordifolia* Fisch. ex Schrank
【中文异名】

黄芩属
Scutellaria L.

【拉丁异名】*Scutellaria galericulata* Linn.
【生 长 型】多年生草本。
【产地与分布】辽宁省产于沈阳、阜新、朝阳等地，保护区内广布。分布于我国东北、华北、西北，俄罗斯（西伯利亚）、蒙古也有分布。
【生长环境】生于向阳草地、草坡、草甸、沙地、砾石地及山阳坡等处，较少见于山阴坡及林间。
【实用价值】民间将本种根茎入药，叶可代茶。

唇形科
Lamiaceae
夏至草属
Lagopsis Bunge ex Benth.

夏至草 *Lagopsis supina* (Steph.) Ik.
【中文异名】
【拉丁异名】*Marrubium incisum* Benth.
【生 长 型】多年生草本。
【产地与分布】辽宁省产于大连、沈阳、锦州、朝阳等地，保护区内广布。分布于我国东北、华北、西北、华中及四川、贵州、云南，俄罗斯（西伯利亚）、朝鲜也有分布。
【生长环境】生于山坡、草地、路旁。
【实用价值】全草入药，有活血调经等药效。

唇形科
Lamiaceae
香薷属
Elsholtzia Willd.

木香薷 *Elsholtzia stauntonii* Benth.
【中文异名】柴荆芥
【拉丁异名】
【生 长 型】落叶灌木。
【产地与分布】产于辽宁省朝阳、葫芦岛、锦州等地，保护区内广布。分布于我国华北和西北，北京、河北等多地有栽培。
【生长环境】生于山坡、路旁坡地及沙质地。
【实用价值】园林绿化，观赏。

唇形科
Lamiaceae
香薷属
Elsholtzia Willd.

香薷 *Elsholtzia ciliata* (Thunb.) Hyl.
【中文异名】
【拉丁异名】*Sideritis ciliata* Thunb.
【生 长 型】一年生草本。
【产地与分布】辽宁省产于沈阳、鞍山、抚顺、本溪、大连、锦州、朝阳等地，保护区内广布。除新疆、青海外几乎遍布全国各地，印度、朝鲜、日本、蒙古、俄罗斯及其他一些欧洲国家也有分布。
【生长环境】生于田边、山坡、林缘、林内及河岸草地等处。
【实用价值】全草入药，可发汗、利尿、解热，亦为挥发油植物；嫩叶可食用。

唇形科
Lamiaceae
鼠尾草属
Salvia L.

丹参 *Salvia miltiorrhiza* Bunge
【中文异名】
【拉丁异名】*Salvia pogonocalyx* Hance
【生 长 型】多年生草本。
【产地与分布】辽宁省产于朝阳、葫芦岛、大连等地，保护区内广布。分布于我国东北、华北、华中、中南，日本也有分布。
【生长环境】生于山坡向阳处、林下、溪旁。
【实用价值】根入药，为强壮性通经剂，对治疗冠心病有良好效果。

唇形科
Lamiaceae
鼠尾草属
Salvia L.

一串红 *Salvia splendens* Ker-Gawl.
【中文异名】西洋红
【拉丁异名】
【生 长 型】一年生草本。
【产地与分布】原产于巴西，我国各地均有栽培。辽宁省各地广泛栽培，保护区内有栽培。
【生长环境】栽植于公园、庭院及路边。
【实用价值】观赏。

唇形科
Lamiaceae
鼠尾草属
Salvia L.

荔枝草 *Salvia plebeia* R. Br.
【中文异名】小花鼠尾草
【拉丁异名】
【生 长 型】一年生草本。
【产地与分布】辽宁省产于葫芦岛、沈阳、大连、丹东、本溪、朝阳等地，保护区内广布。我国除新疆、甘肃、青海及西藏外，其他各地区均有分布，日本、越南、马来西亚、澳大利亚也有分布。

【生长环境】生于疏林下、山坡、路旁及田间杂草中。
【实用价值】全草入药，民间广泛用于治跌打损伤、无名肿毒、流感、咽喉肿痛等症。

唇形科
Lamiaceae
鼠尾草属
Salvia L.

矛叶鼠尾草 *Salvia reflexa* Hornem.
【中文异名】
【拉丁异名】
【生 长 型】一年生草本。
【产地与分布】原产于北美洲。辽宁省近年发现于凌源、建平、喀左、朝阳、北票、阜蒙等地，保护区内刀尔登镇有发现。
【生长环境】生于路旁、河边。
【实用价值】外来入侵植物，应科学有效地加以控制。

唇形科
Lamiaceae
藿香属
Agastache Clayt. et Gronov

藿香 *Agastache rugosa* (Fisch. et Meyer) O. Ktze.
【中文异名】野苏子
【拉丁异名】
【生 长 型】多年生草本。
【产地与分布】辽宁省产于抚顺、鞍山、大连、朝阳、本溪、丹东等地，保护区内广布。分布于我国各地区。俄罗斯、朝鲜、日本及北美洲各国亦有分布。
【生长环境】生于山坡、林间、山沟溪流旁。
【实用价值】全草入药，为清凉解热药；嫩叶可食用，亦为芳香油原料。

唇形科
Lamiaceae
荆芥属
Nepeta L.

裂叶荆芥 *Nepeta tenuifolia* Benth.
【中文异名】
【拉丁异名】
【生 长 型】一年生草本。
【产地与分布】辽宁省产于朝阳、大连等地，保护区内广布。分布于我国黑龙江、河北、山西、陕西、甘肃、青海、四川、贵州等地，朝鲜也有分布。
【生长环境】生于山沟、山坡路旁、林缘等地。
【实用价值】嫩叶和花序均入药，为祛风发汗、解热药。

唇形科
Lamiaceae
荆芥属
Nepeta L.

多裂叶荆芥 *Nepeta multifida* L.
【中文异名】
【拉丁异名】
【生 长 型】多年生草本。
【产地与分布】辽宁省产于凌源、喀左等地，保护区内广布。分布于我国黑龙江、河北、山西、内蒙古、陕西、甘肃，蒙古及俄罗斯也有分布。
【生长环境】生于林下、山坡、路旁、干草原或湿草甸子边。
【实用价值】水土保持等生态价值。

唇形科
Lamiaceae
荆芥属
Nepeta L.

荆芥 *Nepeta cataria* L.
【中文异名】
【拉丁异名】*Nepeta bodinieri* Vaniot
【生 长 型】一年生草本。
【产地与分布】原产于我国新疆、云南等地；全国各地均有栽培，保护区内有栽培。
【生长环境】多生于宅旁或灌丛中。
【实用价值】全草入药，具祛风、解表、透疹、止血等药效。

唇形科
Lamiaceae
青兰属
Dracocephalum L.

光萼青兰 *Dracocephalum argunense* Fisch. ex Link
【中文异名】
【拉丁异名】*Dracocephalum speciosa* Ledeb. ex Gartenfl.
【生 长 型】多年生草本。
【产地与分布】辽宁省产于鞍山、朝阳等地，保护区内前进、刘杖子等乡镇有分布。分布于我国黑龙江、吉林、河北（北部）及内蒙古（东部），朝鲜、俄罗斯（远东地区）也有分布。
【生长环境】生于山阴坡灌丛间及山坡草地。
【实用价值】水土保持等生态价值。

唇形科
Lamiaceae
青兰属

香青兰 *Dracocephalum moldavica* L.
【中文异名】摩眼子
【拉丁异名】

Dracocephalum L.

【生 长 型】一年生草本。
【产地与分布】辽宁省产于朝阳、沈阳等地，保护区内广布。分布于我国北部，俄罗斯及其他欧洲国家也有分布。
【生长环境】生于山阴坡。
【实用价值】全草可作芳香油原料，亦可药用。

唇形科
Lamiaceae
青兰属
Dracocephalum L.

毛建草 *Dracocephalum rupestre* Hance
【中文异名】岩青兰
【拉丁异名】
【生 长 型】多年生草本。
【产地与分布】辽宁省产于本溪、丹东、朝阳、阜新等地，保护区内三道河子、刘杖子等乡镇有分布。分布于我国北部。
【生长环境】生于高山草原、草坡或疏林下向阳处。
【实用价值】嫩叶制茶，全草入药，治疗风热感冒、头痛、咽喉肿痛等症。

唇形科
Lamiaceae
连钱草属
（活血丹属）
Glechoma L.

活血丹 *Glechoma longituba* (Nakai) Kupr
【中文异名】
【拉丁异名】*Nepeta glechoma* Benth.
【生 长 型】多年生草本。
【产地与分布】辽宁省产于抚顺、鞍山、沈阳、大连、朝阳及丹东等地，保护区内前进、三道河子等乡镇有分布。我国除青海、甘肃、新疆及西藏等地区外，其他各地区均有分布，朝鲜也有分布。
【生长环境】生于林缘、林下、山坡及路旁。
【实用价值】全草入药，治膀胱结石或尿道结石、风湿性关节炎、跌打损伤等症。

唇形科
Lamiaceae
夏枯草属
Prunella L.

山菠菜 *Prunella vulgaris* subsp. *asiatica* (Nakai) H. Hara
【中文异名】夏枯草
【拉丁异名】
【生 长 型】多年生草本。
【产地与分布】辽宁省产于抚顺、铁岭、沈阳、鞍山、本溪、丹东、朝阳等地，保护区内河坎子、佛爷洞等乡镇有分布。分布于我国东北、华北、华中，日本、朝鲜也有分布。

【生长环境】生于林下、林缘、灌丛、山坡、路旁湿草地。

【实用价值】全草药用，具清热泻火、明目、散结消肿等药效。

唇形科
Lamiaceae
百里香属
Thymus L.

长齿百里香 *Thymus disjunctus* Klok.

【中文异名】

【拉丁异名】

【生 长 型】落叶小灌木。

【产地与分布】辽宁省产于丹东、朝阳等地，保护区内佛爷洞、三道河子等乡镇有分布。分布于我国东北地区，俄罗斯也有分布。

【生长环境】生于砾石草地、沙质谷地。

【实用价值】蜜源植物，天然的调味香料之一。

唇形科
Lamiaceae
百里香属
Thymus L.

兴安百里香 *Thymus dahuricus* Serg.

【中文异名】

【拉丁异名】

【生 长 型】落叶小灌木。

【产地与分布】辽宁省产于阜新、朝阳等地，保护区内刘杖子、前进等乡镇有分布。分布于我国东北北部及内蒙古东部，俄罗斯（东部西伯利亚）、蒙古也有分布。

【生长环境】生于山坡沙质地及固定沙丘上。

【实用价值】蜜源植物，天然的调味香料之一。

唇形科
Lamiaceae
百里香属
Thymus L.

白花兴安百里香 *Thymus dahuricus* f. *albiflora* C. Y. Li

【中文异名】

【拉丁异名】

【生 长 型】落叶小灌木。

【产地与分布】辽宁省产于阜新、朝阳等地，保护区内前进乡有分布。

【生长环境】生于山坡。

【实用价值】蜜源植物，天然的调味香料之一。

唇形科
Lamiaceae
百里香属
Thymus L.

百里香 *Thymus mongolicus* Ronn.
【中文异名】
【拉丁异名】*Thymus serpyllum* var. *mongolicus* Ronn.
【生 长 型】落叶小灌木。
【产地与分布】辽宁省产于凌源市，保护区内广布。分布于我国甘肃、陕西、青海、山西、河北、内蒙古等。
【生长环境】生于多石山地、斜坡、山谷、山沟、路旁及杂草丛。
【实用价值】蜜源植物，天然的调味香料之一。

唇形科
Lamiaceae
百里香属
Thymus L.

地椒 *Thymus quinquecostatus* Cêlak.
【中文异名】五脉百里香
【拉丁异名】
【生 长 型】落叶小灌木。
【产地与分布】辽宁省产于锦州、营口、大连、朝阳等地，保护区内河坎子、佛爷洞等乡镇有分布。分布于我国黑龙江、吉林、内蒙古、河北、河南、山西、陕西和甘肃。
【生长环境】生于山坡、海边低丘上。
【实用价值】蜜源植物，天然的调味香料之一。

唇形科
Lamiaceae
糙苏属
Phlomoides L.

糙苏 *Phlomoides umbrosa* (Turcz.) Kamel
【中文异名】
【拉丁异名】*Phlomis umbrosa* Turcz.
【生 长 型】多年生草本。
【产地与分布】辽宁省产于朝阳、营口、大连、丹东、本溪等地，保护区内广布。分布于我国河北、山西、内蒙古、陕西、甘肃、山东、湖北、广东、四川及贵州等地区，朝鲜也有分布。
【生长环境】生于林下、山坡灌丛间或沟边路旁。
【实用价值】根入药，有消肿、生肌、续筋、接骨之功。

唇形科
Lamiaceae
糙苏属
Phlomoides L.

大叶糙苏 *Phlomoides maximowiczii* (Regel) Kamel
【中文异名】山苏子
【拉丁异名】
【生 长 型】多年生草本。

【产地与分布】辽宁省产于抚顺、本溪、丹东、朝阳等地，保护区内大河北、三道河子等乡镇有分布。分布于我国东北、华北，俄罗斯(远东地区)也有分布。
【生长环境】生于林下、山坡林缘、林缘路旁及湿草地。
【实用价值】根为民间草药，能清热消肿，治疗疮疖。

唇形科
Lamiaceae
益母草属
Leonurus L.

大花益母草 *Leonurus macranthus* Maxim.
【中文异名】
【拉丁异名】*Leonurus japonicus* Miq.
【生 长 型】多年生草本。
【产地与分布】辽宁省产于朝阳、锦州、铁岭、鞍山、抚顺、本溪、大连、丹东等地，保护区内广布。分布于我国东北、华北，俄罗斯（远东地区）、日本、朝鲜也有分布。
【生长环境】生于草坡及灌丛中。
【实用价值】全草药用。

唇形科
Lamiaceae
益母草属
Leonurus L.

錾菜 *Leonurus pseudomacranthus* Kitag.
【中文异名】假大花益母草
【拉丁异名】
【生 长 型】多年生草本。
【产地与分布】辽宁省产于本溪、营口、大连、锦州、阜新、朝阳、葫芦岛等地，保护区内广布。分布于我国河北、山西、陕西、甘肃、山东、江苏及安徽等地。
【生长环境】生于山坡、丘陵地。
【实用价值】全草药用。

唇形科
Lamiaceae
益母草属
Leonurus L.

细叶益母草 *Leonurus sibiricus* L.
【中文异名】
【拉丁异名】*Leonurus manshuricus* Yabe
【生 长 型】一年或二年生草本。
【产地与分布】辽宁省产于沈阳、阜新、丹东、朝阳等地，保护区内广布。分布于我国东北、华北，俄罗斯、蒙古也有分布。
【生长环境】生于石质地、沙质草地或沙丘上。

【实用价值】全草药用。

唇形科
Lamiaceae
益母草属
Leonurus L.

益母草 *Leonurus japonicus* Houtt.
【中文异名】
【拉丁异名】*Leonurus heterophyllus* Sweet
【生 长 型】一年或二年生草本。
【产地与分布】辽宁省各地均产，保护区内广布。遍布于全国各地，俄罗斯（远东地区）、朝鲜、日本也有分布。
【生长环境】生于石质地、沙质草地或沙丘上。
【实用价值】全草药用。

唇形科
Lamiaceae
风轮菜属
Clinopodium L.

风轮菜 *Clinopodium chinense* (Benth.) O. Ktze.
【中文异名】
【拉丁异名】*Calamintha chinensis* Benth.
【生 长 型】多年生草本。
【产地与分布】产于辽宁省朝阳、大连、本溪等地，保护区内广布。分布于我国东北、华北、西北、华东及西南，朝鲜也有分布。
【生长环境】生于山坡、草丛、路边、沟边、灌丛、林下。
【实用价值】水土保持等生态价值。

唇形科
Lamiaceae
风轮菜属
Clinopodium L.

麻叶风轮菜 *Clinopodium chinense* subsp. *grandiflorum* (Maxim.) H.Hara
【中文异名】风车草
【拉丁异名】
【生 长 型】多年生草本。
【产地与分布】产于辽宁省各地，保护区内广布。分布于我国黑龙江、吉林、河北、河南、山西、陕西、四川西北部、山东及江苏，朝鲜、俄罗斯远东地区也有。
【生长环境】生于沟边、灌丛、林下。
【实用价值】水土保持等生态价值。

唇形科
Lamiaceae
水苏属

华水苏 *Stachys chinensis* Bunge ex Benth.
【中文异名】
【拉丁异名】*Stachys aspera* var. *chinensis* (Bunge) Maxim.

Stachys L.

【生 长 型】多年生草本。
【产地与分布】辽宁省各地普遍生长，保护区内广布。分布于我国北部，俄罗斯（远东地区）也有分布。
【生长环境】生于湿草地、河边及水甸子边等处。
【实用价值】水土保持等生态价值。

唇形科
Lamiaceae
水苏属
Stachys L.

水苏 *Stachys japonica* Miq.
【中文异名】
【拉丁异名】*Stachys aspera* var. *japonica* (Miq.) Maxim.
【生 长 型】多年生草本。
【产地与分布】辽宁省产于丹东、营口、大连、沈阳、朝阳等地，保护区内河坎子乡有分布。分布于我国河北、内蒙古、河南、山东、江苏、浙江、安徽、江西、福建等地区，俄罗斯、日本也有分布。
【生长环境】生于湿地。
【实用价值】全草入药，用于治百日咳、扁桃体炎、咽喉炎等症。

唇形科
Lamiaceae
水苏属
Stachys L.

甘露子 *Stachys affinis* Bunge
【中文异名】地蚕
【拉丁异名】
【生 长 型】多年生草本。
【产地与分布】辽宁省产于本溪、丹东等地，各地常见栽培，保护区内有栽培。日本、欧洲及北美洲各国均有栽培。
【生长环境】生于庭院、地边，也见于山坡岩石缝间。
【实用价值】地下块茎肥大，可做酱菜或泡菜。

唇形科
Lamiaceae
石荠苎属
Mosla Bueh. -Ham. ex Maxim.

石荠苎 *Mosla scabra* (Thunb.) C. Y. Wu et H. W. Li
【中文异名】
【拉丁异名】*Ocimum punctatum* Thunb.
【生 长 型】一年生草本。
【产地与分布】辽宁省产于本溪、丹东、大连、朝阳等地，保护区内河坎子、佛爷洞等乡镇有分布。分布于我国吉林省及西北、华东、华中、华南、西南，越南、朝鲜、日本也有分布。
【生长环境】生于山坡、林缘、杂木林下及溪边草地。
【实用价值】全草入药，可治感冒、皮肤瘙痒、外伤出血、跌打损伤等症，亦可杀虫。

唇形科
Lamiaceae
龙头草属
Meehania Britt. ex Small et Vaill.

荨麻叶龙头草 *Meehania urticifolia* (Miq.) Makino
【中文异名】芝麻花
【拉丁异名】
【生 长 型】多年生草本。
【产地与分布】辽宁省产于抚顺、鞍山、本溪、丹东、朝阳等地，保护区内刀尔登、三道河子等乡镇有分布。分布于我国黑龙江及吉林，日本、朝鲜、俄罗斯（远东地区）也有分布。
【生长环境】生于林下、山坡、山沟小溪旁。
【实用价值】水土保持等生态价值。

唇形科
Lamiaceae
紫苏属
Perilla L.

紫苏 *Perilla frutescens* (L.) Britton
【中文异名】
【拉丁异名】*Ocimum frutescens* Linn.
【生 长 型】一年生草本。
【产地与分布】辽宁省及全国各地广泛栽培，保护区内多有栽培。不丹、印度、日本及朝鲜也有分布。
【生长环境】生于地头、沟边、路旁、庭院。
【实用价值】嫩叶食用，叶片、梗及种子入药，为发汗、镇咳、镇静、镇痛、利尿药。

唇形科
Lamiaceae
紫苏属
Perilla L.

回回苏 *Perilla frutescens* var. *crispa* (Thunb.) Hand.-Mazz.
【中文异名】
【拉丁异名】
【生 长 型】一年生草本。
【产地与分布】中国各地广泛栽培，保护区内多有栽培。不丹、印度、日本、朝鲜也有分布。
【生长环境】生于地头、沟边、房前屋后。
【实用价值】嫩叶食用，具有散寒解表、宣肺止咳、理气和中、解毒功效。

唇形科
Lamiaceae
地瓜苗属（地笋属）
Lycopus L.

地笋 *Lycopus lucidus* Turcz.
【中文异名】
【拉丁异名】*Lycopus lucidus* var. *genuinus* Herd.
【生 长 型】多年生草本。
【产地与分布】辽宁省产于沈阳、本溪、鞍山、丹东、营口、大连等地，保护区内有栽培。分布于我国东北、河北、陕西、四川、贵州、云南，俄罗斯和日本也有分布。
【生长环境】生于沼泽地、水边、沟边等潮湿处。
【实用价值】全草入药，治风湿关节痛；根通称地笋，可食。

唇形科
Lamiaceae
薄荷属
Mentha L.

薄荷 *Mentha canadensis* L.
【中文异名】
【拉丁异名】*Mentha arvensis* var. *haplocalyx* Briq.
【生 长 型】多年生草本。
【产地与分布】辽宁省产于朝阳、铁岭、沈阳、本溪、鞍山、丹东、大连等地，保护区内广布。分布于我国黑龙江、吉林、内蒙古，朝鲜、日本、俄罗斯（远东地区）也有分布。
【生长环境】生于江、湖及水沟旁、山坡、林缘湿草地。
【实用价值】薄荷除食用外，为芳香性祛风剂，有镇痉、发汗、解热之效。

唇形科
Lamiaceae
薄荷属
Mentha L.

东北薄荷 *Mentha sachalinensis* (Briq.) Kudo
【中文异名】
【拉丁异名】
【生 长 型】多年生草本。
【产地与分布】产于辽宁省各地，保护区内广布。分布于我国东北及内蒙古，俄罗斯（远东地区）和日本也有分布。
【生长环境】生于河旁、潮湿草地。
【实用价值】全草用于医药、食品、天然香料、饮料、日用化工、化妆品及卷烟等。

唇形科
Lamiaceae
香茶菜属
Isodon (Schrader ex Bentham) Spach

溪黄草 *Isodon serra* (Maxim.) Kudô
【中文异名】毛果香茶菜
【拉丁异名】
【生 长 型】多年生草本。
【产地与分布】辽宁省产于阜新、沈阳、鞍山、营口、朝阳等地，保护区内广布。分布于我国东北、华北、西北、华东、华中、华南及西南，朝鲜和俄罗斯（远东地区）也有分布。
【生长环境】生于山坡、路旁、沟边及草地。
【实用价值】全草入药，治急性肝炎、胆囊炎及跌打瘀肿等症。

唇形科
Lamiaceae
香茶菜属
Isodon (Schrader ex Bentham) Spach

内折香茶菜 *Isodon inflexus* (Thunb.) Kudô
【中文异名】山薄荷香茶菜
【拉丁异名】
【生 长 型】多年生草本。
【产地与分布】辽宁省产于朝阳、沈阳、丹东、鞍山、大连等地，保护区内广布。分布于我国华北、华东及中南，朝鲜、日本也有分布。
【生长环境】生于山坡草地、林边或灌丛下。
【实用价值】水土保持等生态价值。

唇形科
Lamiaceae
香茶菜属
Isodon (Schrader ex Bentham) Spach

尾叶香茶菜 *Isodon excisus* (Maxim.) Kudô
【中文异名】
【拉丁异名】*Plectranthus excisus* Maxim.
【生 长 型】多年生草本。
【产地与分布】辽宁省产于朝阳、鞍山、抚顺、本溪、丹东、大连等地，保护区内河坎子、佛爷洞等乡镇有分布。
【生长环境】生于林缘、路旁、杂木林下和草地。
【实用价值】水土保持等生态价值。

唇形科
Lamiaceae
香茶菜属
Isodon (Schrader ex

蓝萼毛叶香茶菜 *Isodon japonicus* var. *glaucocalyx* (Maxim.) H.W.Li
【中文异名】蓝萼香茶菜
【拉丁异名】

Bentham) Spach

【生 长 型】多年生草本。
【产地与分布】辽宁省产于沈阳、阜新、朝阳、锦州、抚顺、本溪、鞍山、大连等地，保护区内广布。分布于我国东北、华北及山东，俄罗斯（远东地区）、朝鲜和日本也有分布。
【生长环境】生于山坡、路旁、林间、草地。
【实用价值】水土保持等生态价值。

唇形科
Lamiaceae
香茶菜属
Isodon (Schrader ex Bentham) Spach

辽宁香茶菜 *Isodon websteri* (Hemsl.) Kudô
【中文异名】
【拉丁异名】
【生 长 型】多年生草本。
【产地与分布】辽宁省产于沈阳、鞍山和朝阳等地，保护区内大河北南大山有分布。
【生长环境】生于山沟、林下、路旁。
【实用价值】水土保持等生态价值。

茄科
Solanaceae
枸杞属
Lycium L.

枸杞 *Lycium chinense* Mill.
【中文异名】
【拉丁异名】*Lycium barbarum* var. *chinense* Aiton
【生 长 型】落叶灌木。
【产地与分布】辽宁省产于沈阳、辽阳、鞍山、大连、朝阳等地，保护区内广布。分布于我国东北、华北、西北、华中、华南和华东。
【生长环境】生于山坡、荒地、路旁。
【实用价值】园林绿化树种及药用。

茄科
Solanaceae
枸杞属
Lycium L.

宁夏枸杞 *Lycium barbarum* L.
【中文异名】
【拉丁异名】*Lycium halimifolium* Mill.
【生 长 型】落叶灌木。
【产地与分布】辽宁省产于沈阳、营口、朝阳等地，栽培或野生，保护区内广布。原产于我国北部，很多地区有栽培，欧洲也有栽培。
【生长环境】生于山坡、荒地、路旁。

【实用价值】园林绿化树种及药用。

茄科
Solanaceae
假酸浆属
Nicandra Adans

假酸浆 *Nicandra physalodes* (L.) Gaertn.
【中文异名】
【拉丁异名】*Atropa physaloides* L.
【生 长 型】一年生草本。
【产地与分布】原产于南美洲。辽宁省产于沈阳、朝阳、庄河、丹东等地，栽培或逸为野生，保护区内刀尔登、前进等乡镇有分布。
【生长环境】生于荒地、路旁。
【实用价值】作药用或观赏，全草药用，有镇静、祛痰、清热解毒之效。

茄科
Solanaceae
散血丹属
Physaliastrum Makino

日本散血丹 *Physaliastrum echinatum* (Yatabe) Makino
【中文异名】
【拉丁异名】*Chamaesaracha japonica* Franch. et Sav.
【生 长 型】多年生草本。
【产地与分布】辽宁省产于本溪、丹东、沈阳、锦州、朝阳等地，保护区内广布。分布于我国东北各地及河北、陕西、山东等地，朝鲜、日本及俄罗斯也有分布。
【生长环境】生于林下或河岸灌木丛、山坡草地。
【实用价值】水土保持等生态价值。

茄科
Solanaceae
酸浆属
Physalis L.

挂金灯 *Physalis alkekengi* var. *francheti* (Mast.) Makino
【中文异名】挂金灯酸浆
【拉丁异名】
【生 长 型】一年生或多年生草本。
【产地与分布】辽宁省产于沈阳、抚顺、本溪、鞍山、营口、丹东、大连、铁岭、锦州、朝阳等地，保护区内广布。除西藏外全国各地区均有分布，朝鲜、日本也有分布。
【生长环境】生于林缘、山坡草地、路旁、田间及住宅附近。
【实用价值】根及全草入药，有清热、利咽、化痰、利尿之效，熟果可食。

茄科
Solanaceae
酸浆属
Physalis L.

毛酸浆 *Physalis philadelphica* Lam.
【中文异名】洋姑娘
【拉丁异名】
【生 长 型】一年生草本。
【产地与分布】原产于美洲。辽宁省沈阳、鞍山等多地有栽培或逸为野生，保护区内刀尔登、杨杖子等乡镇有分布。
【生长环境】生于山坡草地、路旁、田间及住宅附近。
【实用价值】果实香甜可食；果、根或全草入药，可清热解毒、消肿利尿。

茄科
Solanaceae
辣椒属
Capsicum L.

辣椒 *Capsicum annuum* L.
【中文异名】长辣椒
【拉丁异名】
【生 长 型】一年生草本。
【产地与分布】原产于南美洲。全国各地（如辽宁省）均有栽培，保护区内广泛栽培。
【生长环境】种植于田间及庭院。
【实用价值】蔬菜，并可作调味品；果实入药，能温中散寒，健胃消食。

茄科
Solanaceae
辣椒属
Capsicum L.

菜椒 *Capsicum annuum* var. *grossum* (L.) Sendt.
【中文异名】青椒
【拉丁异名】
【生 长 型】一年生草本。
【产地与分布】辽宁省及全国各地均有栽培，保护区内广泛栽培。
【生长环境】种植于田间及庭院。
【实用价值】蔬菜，并可作调味品。果实入药，能温中散寒、健胃消食。

茄科
Solanaceae
辣椒属
Capsicum L.

朝天椒 *Capsicum annuum* var. *conoides* (Mill.) Irish
【中文异名】
【拉丁异名】
【生 长 型】一年生草本。

【产地与分布】辽宁省及全国各地均有栽培，保护区内广泛栽培。
【生长环境】种植于田间及庭院。
【实用价值】常作盆景观赏，果实作调味品。

茄科
Solanaceae
茄属
Solanum L.

龙葵 *Solanum nigrum* L.
【中文异名】
【拉丁异名】*Solanum nigrum* var. *atriplicifolium* (Desp.) G.Mey.
【生 长 型】一年生草本。
【产地与分布】辽宁省各地均产，保护区内广布。分布几乎遍及全国，广泛分布于欧、亚、美洲的温带至热带地区。
【生长环境】喜生于田边、荒地、住宅附近。
【实用价值】全草入药，有解热、利尿、解疲劳、防睡眠作用，成熟果可食。

茄科
Solanaceae
茄属
Solanum L.

毛龙葵 *Solanum sarrachoides* Sendt.
【中文异名】
【生 长 型】一年生草本。
【产地与分布】原产于北美洲。辽宁省产于朝阳，保护区内刀尔登、前进等乡镇有分布。
【生长环境】喜生于田边、荒地、住宅附近。
【实用价值】成熟果实可食。

茄科
Solanaceae
茄属
Solanum L.

青杞 *Solanum septemlobum* Bunge
【中文异名】野茄子
【拉丁异名】
【生 长 型】一年生草本。
【产地与分布】辽宁省产于朝阳、阜新、大连等地，保护区内大河北、前进等乡镇有分布。分布于我国东北、华北、西北及山东、安徽、江苏、河南、四川等地区，俄罗斯也有分布。
【生长环境】喜生于山坡向阳处。
【实用价值】全草药用，有利尿消肿、祛风止痛之效。

茄科
Solanaceae
茄属
Solanum L.

卵果青杞 *Solanum septemlobum* var. *ovoidocarpum* C. Y. Wu et S. C. Huang
【中文异名】
【拉丁异名】
【生 长 型】一年生草本。
【产地与分布】辽宁省产于凌源市，保护区内大河北、前进等乡镇有分布。
【生长环境】生于山坡林缘。
【实用价值】水土保持等生态价值。

茄科
Solanaceae
茄属
Solanum L.

阳芋 *Solanum tuberosum* L.
【中文异名】土豆
【拉丁异名】
【生 长 型】一年生草本。
【产地与分布】原产于热带美洲。辽宁省各地均有栽培，保护区内广泛栽培。
【生长环境】栽植于田间及庭院。
【实用价值】块茎富含淀粉，可供食用，并为淀粉工业的主要原料。

茄科
Solanaceae
茄属
Solanum L.

黄花刺茄 *Solanum rostratum* Dunal.
【中文异名】刺萼龙葵
【拉丁异名】
【生 长 型】一年生草本。
【产地与分布】原产于北美洲。分布于辽宁省阜新、朝阳、锦州、大连等地，保护区内前进乡有发现。
【生长环境】生于干燥草原、河滩及荒地。
【实用价值】外来入侵植物，应科学有效地加以控制。

茄科
Solanaceae
茄属
Solanum L.

茄 *Solanum melongena* L.
【中文异名】茄子
【拉丁异名】
【生 长 型】一年生草本。
【产地与分布】原产于热带亚洲地区。我国各地均有栽培，保护区内广泛栽培。

【生长环境】栽植于田间及庭院。
【实用价值】果实为主要蔬菜之一。根、茎、叶入药，有收敛、利尿、麻醉之效。

茄科
Solanaceae
茄属
Solanum L.

野海茄 *Solanum japonense* Nakai
【中文异名】山茄
【拉丁异名】
【生 长 型】一年生草本。
【产地与分布】辽宁省产于大连、朝阳等地，保护区内刀尔登镇有分布。分布于东北、河北、安徽、浙江、江苏、河南、四川、广西、广东、云南、青海、新疆等地区，朝鲜、日本也有分布。
【生长环境】生于荒坡、水边、路旁及山崖疏林下。
【实用价值】水土保持等生态价值。

茄科
Solanaceae
番茄属
Lycopersicon Mill.

番茄 *Lycopersicon esculentum* Mill.
【中文异名】西红柿
【拉丁异名】
【生 长 型】一年生草本。
【产地与分布】原产于南美洲。辽宁省及全国各地均有栽培，保护区内广泛栽培。
【生长环境】栽植于田间及庭院。
【实用价值】果实为常见蔬菜，茎叶有特殊气味，有驱蝇、杀虫之效。

茄科
Solanaceae
天仙子属
Hyoscyamus L.

天仙子 *Hyoscyamus niger* L.
【中文异名】小天仙子
【拉丁异名】*Hyoscyamus bohemicus* F. W. Schmidt
【生 长 型】一年生草本。
【产地与分布】辽宁省产于沈阳、本溪、鞍山、营口、阜新、朝阳等地，保护区内大河北、三道河子等乡镇有分布。分布于我国黑龙江、吉林及河北等地，俄罗斯也有分布。
【生长环境】生于村边寨旁或路边多腐殖质的肥沃土壤上。

【实用价值】根、叶、种子药用，有剧毒，含莨菪碱及东莨菪碱，有解痉、镇痛、安神之效。

茄科
Solanaceae
曼陀罗属
Datura L.

曼陀罗 *Datura stramonium* L.
【中文异名】洋金花
【拉丁异名】*Datura tatula* L.
【生 长 型】一年生草本。
【产地与分布】辽宁省产于沈阳、本溪、大连、葫芦岛、朝阳等地，保护区内广布。分布于我国各地，世界各大洲均有分布。
【生长环境】常生于住宅旁、路边或草地上。
【实用价值】全株有毒，含莨菪碱。花、叶、种子入药，有镇痉、镇痛、麻醉、止咳平喘之效。

茄科
Solanaceae
曼陀罗属
Datura L.

紫花曼陀罗 *Datura stramonium* var. *tatula* Torrey
【中文异名】
【拉丁异名】
【生 长 型】一年生草本。
【产地与分布】产于辽宁省各地，保护区内广布。
【生长环境】常生于住宅旁、路边或草地上。
【实用价值】观赏。

茄科
Solanaceae
烟草属
Nicotiana L.

烟草 *Nicotiana tabacum* L.
【中文异名】
【拉丁异名】*Nicotiana chinensis* Fisch. ex Lehm.
【生 长 型】一年生草本。
【产地与分布】原产于南美洲。辽宁省各地均有栽培，保护区内有栽培。
【生长环境】栽植于田间及庭院。
【实用价值】叶作烟草工业原料；全株可作农药杀虫剂。

玄参科
Scrophulariaceae
泡桐属
Paulownia Sieb. et

毛泡桐 *Paulownia tomentosa* (Thunb.) Steud.
【中文异名】
【拉丁异名】*Bignonia tomentosa* Thunb.
【生 长 型】落叶乔木。

Zucc.

【产地与分布】原产于中国。辽宁省营口、大连、凌源等地有栽培，保护区内佛爷洞乡有栽培。
【生长环境】栽植于公园、庭院、道路两侧。
【实用价值】花大、鲜艳有香气，树形优美可供观赏作行道树。

玄参科
Scrophulariaceae
柳穿鱼属
Linaria Mill.

柳穿鱼 *Linaria vulgaris* subsp. *chinensis* (Debeaux) D.Y. Hong
【中文异名】
【拉丁异名】*Linaria vulgaris* subsp. *sinensis* (Bebeaux) Hong
【生 长 型】多年生草本。
【产地与分布】辽宁省产于沈阳、阜新、葫芦岛、大连、朝阳等地，保护区内河坎子乡有分布。分布于我国黑龙江、吉林、内蒙古、河北、山东、河南、江苏、陕西、甘肃。
【生长环境】生于山坡、河岸石砾地、草地、沙地草原、固定沙丘、田边及路边。
【实用价值】药用，全草可治风湿性心脏病。

玄参科
Scrophulariaceae
玄参属
Scrophularia L.

北玄参 *Scrophularia buergeriana* Miq.
【中文异名】
【拉丁异名】*Scrophularia oldhami* Oliver
【生 长 型】多年生草本。
【产地与分布】辽宁省产于沈阳、辽阳、丹东、本溪、朝阳等地，保护区内广布。分布于我国黑龙江、河北、河南、山东各地，俄罗斯（远东地区）、朝鲜、日本也有分布。
【生长环境】生于山坡阔叶林中或湿草地。
【实用价值】根入药，主治热痛烦渴、发斑、齿龈炎、扁桃体炎、咽喉炎等症。

玄参科
Scrophulariaceae
玄参属
Scrophularia L.

山西玄参 *Scrophularia modesta* Kitag.
【中文异名】谷玄参
【拉丁异名】
【生 长 型】多年生草本。

【产地与分布】辽宁省产于葫芦岛、朝阳等地，保护区内河坎子乡有分布。
【生长环境】生于草地、河流旁、山沟阴处或林下。
【实用价值】水土保持等生态价值。

玄参科
Scrophulariaceae
腹水草属
Veronicastrum Heist. ex Farbic.

草本威灵仙 *Veronicastrum sibiricum* (L.) Pennell
【中文异名】轮叶婆婆纳
【拉丁异名】
【生 长 型】多年生草本。
【产地与分布】辽宁省产于抚顺、本溪、鞍山、朝阳等地，保护区内广布。分布于我国黑龙江、吉林、内蒙古、河北、山东、陕西、甘肃，朝鲜、日本及俄罗斯也有分布。
【生长环境】生于林边草甸子、山坡草地及灌丛中。
【实用价值】根及全草可药用。

玄参科
Scrophulariaceae
腹水草属
Veronicastrum Heist. ex Farbic.

管花腹水草 *Veronicastrum tubiflorum* (Fisch. et C. A. Mey.) H.Hara
【中文异名】
【拉丁异名】
【生 长 型】多年生草本。
【产地与分布】辽宁省产于阜新、朝阳等地，保护区内广布。分布于我国黑龙江及内蒙古，朝鲜、俄罗斯也有分布。
【生长环境】生于湿草地、河岸草地或山坡湿草地。
【实用价值】根及全草可药用。

玄参科
Scrophulariaceae
穗花属
Pseudolysimachion (W. D. J. Koch) Opiz

细叶穗花 *Pseudolysimachion linariifolium* (Pall. ex Link) Holub
【中文异名】细叶婆婆纳
【拉丁异名】*Veronica linariifolia* Pall. ex Link.
【生 长 型】多年生草本。
【产地与分布】辽宁省产于沈阳、铁岭、抚顺、本溪、丹东、阜新、朝阳、鞍山、大连等地，保护区内广布。分布于我国黑龙江、吉林、内蒙古，朝鲜、日本和俄罗斯也有分布。
【生长环境】生于山坡草地、林边、灌丛、草原、沙岗及路边。
【实用价值】嫩苗食用；亦可药用。

玄参科
Scrophulariaceae
穗花属
Pseudolysimachion (W. D. J. Koch) Opiz

水蔓菁 *Pseudolysimachion linariifolium* subsp. *dilatatum* (Nakai & Kitag.) D.Y. Hong
【中文异名】宽叶婆婆纳
【生 长 型】多年生草本。
【产地与分布】辽宁省产于沈阳、抚顺、鞍山、本溪、丹东、葫芦岛、阜新、朝阳等地，保护区内广布。分布于我国黑龙江、内蒙古、河北、山西、陕西、甘肃、云南。
【生长环境】生于松林下。
【实用价值】水土保持等生态价值。

玄参科
Scrophulariaceae
婆婆纳属
Veronica L.

北水苦荬 *Veronica anagallis-aquatica* L.
【中文异名】水苦荬婆婆纳
【拉丁异名】
【生 长 型】多年生草本。
【产地与分布】辽宁省产于大连、本溪、阜新、朝阳等地，保护区内广布。分布于我国东北、华北、西北、华东、华南及西南，广布于亚洲温带地区。
【生长环境】生于水边湿地。
【实用价值】嫩苗可食；有虫瘿果的全草入药，有活血、止血、解毒消肿的功效。

玄参科
Scrophulariaceae
婆婆纳属
Veronica L.

水苦荬 *Veronica undulata* Wall.
【中文异名】水婆婆纳
【拉丁异名】
【生 长 型】一、二年生草本。
【产地与分布】辽宁省产于本溪、阜新、锦州、朝阳、大连等地，保护区内广布。分布于我国黑龙江、吉林、内蒙古、河北、山东、江苏、广东，朝鲜、日本和巴基斯坦等国也有分布。
【生长环境】生于水边、溪流水中或湿地。

【实用价值】药用，带虫瘿的全草入药可活血止痛、通经止血。

玄参科
Scrophulariaceae
沟酸浆属
Mimulus L.

沟酸浆 *Mimulus tenellus* Bunge
【中文异名】
【拉丁异名】*Mimulus assamicus* Griff. Madr.
【生 长 型】一年生草本。
【产地与分布】辽宁省产于朝阳、抚顺、本溪、大连等地，保护区内刀尔登、河坎子等乡镇有分布。分布于我国东北及秦岭、淮河以北、陕西以东地区，朝鲜、印度也有分布。
【生长环境】生于水边或林下湿地。
【实用价值】茎叶可作酸菜食用。

玄参科
Scrophulariaceae
地黄属
Rehmannia Libosch. ex Fisch. et Mey.

地黄 *Rehmannia glutinosa* (Gaertn.) Libosch. ex Fisch. et Mey.
【中文异名】
【拉丁异名】*Digitalis glutinosa* Gaertn.
【生 长 型】多年生草本。
【产地与分布】辽宁省产于朝阳、葫芦岛、锦州等地，保护区内广布。分布于我国内蒙古、河北、河南、山东、山西、陕西、甘肃、江苏及湖北，日本、朝鲜也有分布。
【生长环境】生于沙质壤土、荒山坡、山脚、墙边、路旁等处。
【实用价值】根状茎药用，主治高热烦渴、咽喉肿痛、吐血、衄血、尿血、便血等症。

玄参科
Scrophulariaceae
通泉草属
Mazus Lour.

弹刀子菜 *Mazus stachydifolius* (Turcz.) Maxim.
【中文异名】
【拉丁异名】*Tittmannia stachydifolia* Turcz.
【生 长 型】多年生草本。
【产地与分布】辽宁省产于沈阳、鞍山、营口、锦州、朝阳等地，保护区内广布。分布于我国东北、华北及陕西、广东、台湾、四川，俄罗斯、蒙古、朝鲜也有分布。
【生长环境】生于山坡、草地、林缘、山阳坡石砾质地或路旁。

【实用价值】全草入药，将鲜全草适量捣烂敷在伤口周围，可治毒蛇咬伤。

玄参科
Scrophulariaceae
通泉草属
Mazus Lour.

通泉草 *Mazus pumilus* (Burm.f.) Steenis

【中文异名】

【拉丁异名】*Mazus japonicus* (Thunb.) O. Kuntze

【生 长 型】一年生草本。

【产地与分布】辽宁省产于本溪、抚顺、丹东、朝阳、大连等地，保护区内三道河子、刀尔登等乡镇有分布。分布几乎遍及全国，俄罗斯、朝鲜、日本、越南、菲律宾也有分布。

【生长环境】生于湿润草地、沟边、路旁及林缘。

【实用价值】全草入药，有清热、解毒、调经之功效。

玄参科
Scrophulariaceae
山罗花属
Melampyrum L.

山罗花 *Melampyrum roseum* Maxim.

【中文异名】

【拉丁异名】*Melampyrum melampyrum* var. *hirsutum* Beauverd

【生 长 型】一年生草本。

【产地与分布】辽宁省产于朝阳、沈阳、鞍山、营口、抚顺、本溪等地，保护区内广布。分布于我国东北及河北、山西、陕西、甘肃、河南、湖北、湖南和华东，朝鲜、日本及俄罗斯远东地区也有分布。

【生长环境】生于疏林下、山坡灌丛及高草丛中。

【实用价值】根及全草入药，全草能清热解毒，主治痈肿疮毒；根泡茶有清凉之效。

玄参科
Scrophulariaceae
马先蒿属
Pedicularis L.

埃氏马先蒿 *Pedicularis artselaeri* Maxim.

【中文异名】蚂蚁窝

【拉丁异名】

【生 长 型】多年生草本。

【产地与分布】辽宁省产于凌源市，保护区内河坎子、佛爷洞等乡镇有分布。

【生长环境】生于山坡草丛中和林下较干处。

【实用价值】本种为东北新纪录种，应科学有效地进行保护。

玄参科
Scrophulariaceae
马先蒿属
Pedicularis L.

红纹马先蒿 *Pedicularis striata* Pall.
【中文异名】
【拉丁异名】*Pedicularis stricta* var. *typica* Prain
【生 长 型】多年生草本。
【产地与分布】辽宁省产于建平、凌源等地，保护区内刘杖子乡有分布。分布于我国黑龙江、吉林、内蒙古、河北、宁夏，蒙古及俄罗斯也有分布。
【生长环境】生于山坡林下或山坡草地。
【实用价值】全草药用，可温肾壮阳、利水消肿。

玄参科
Scrophulariaceae
马先蒿属
Pedicularis L.

返顾马先蒿 *Pedicularis resupinata* L.
【中文异名】
【拉丁异名】*Pedicularis resupinata* var. *typica* H. L. Li
【生 长 型】多年生草本。
【产地与分布】辽宁省产于鞍山、本溪、丹东、大连、朝阳等地，保护区内河坎子乡有分布。分布于我国东北、华北、陕西、甘肃、安徽、四川、贵州，蒙古、朝鲜、日本也有分布。
【生长环境】生于草地、林缘、湿草甸子、针叶林下、山坡灌丛中、山沟、杂木林。
【实用价值】花色艳丽，可用于观赏栽培。

玄参科
Scrophulariaceae
松蒿属
Phtheirospermum Bunge

松蒿 *Phtheirospermum japonicum* (Thunb.) Kanitz.
【中文异名】
【拉丁异名】*Geradia japonica* Thunb.
【生 长 型】一年生草本。
【产地与分布】辽宁省产于阜新、沈阳、朝阳、锦州、营口、大连、鞍山、本溪、丹东等地，保护区内广布。分布于我国除新疆、青海以外各地区，朝鲜、日本、俄罗斯远东地区也有分布。
【生长环境】生于山坡草地及灌丛间。
【实用价值】全草入药，能清热、利湿，主治湿热黄疸、水肿等症。

玄参科
Scrophulariaceae

白花松蒿 *Phtheirospermum japonicum* f. *album* C. F. Fang

松蒿属
Phtheirospermum Bunge

【中文异名】
【拉丁异名】
【生 长 型】多年生草本。
【产地与分布】辽宁省产于朝阳、抚顺等地，保护区内刘杖子、前进等乡镇有分布。
【生长环境】生于山阴坡或半阴坡草地。
【实用价值】全草入药，能清热、利湿，主治湿热黄疸、水肿等症。

玄参科
Scrophulariaceae
阴行草属
Siphonostegia Benth.

阴行草 *Siphonostegia chinensis* Benth.
【中文异名】刘寄奴
【拉丁异名】
【生 长 型】一年生草本。
【产地与分布】辽宁省产于沈阳、铁岭、阜新、朝阳、营口、大连、丹东等地，保护区内广布。分布于我国东北、华北、华中、华南、西南，朝鲜、日本也有分布。
【生长环境】生于山坡、丘陵草原或湿草地。
【实用价值】全草入药，可治黄疸型肝炎、胆囊炎、蚕豆病、泌尿系统结石等症。

玄参科
Scrophulariaceae
水茫草属
Limosella

水茫草 *Limosella aquatica* L.
【中文异名】伏水茫草
【拉丁异名】
【生 长 型】一年生湿生或水生草本。
【产地与分布】辽宁省产于铁岭、锦州、朝阳等地，保护区内河坎子、佛爷洞等乡镇有分布。分布于我国东北及青海、西藏、云南、四川，南北两半球温带广布。
【生长环境】生于河岸、溪旁及林缘湿地。
【实用价值】水土保持等生态价值。

紫葳科
Bignoniaceae
梓树属（梓属）
Catalpa Scop.

梓 *Catalpa ovata* G. Don
【中文异名】梓树
【拉丁异名】
【生 长 型】落叶乔木。
【产地与分布】原产于我国，辽宁省境内多有栽培或野生，保护区内广布。分布于我国东北南部、华北、西北、华中、西南。
【生长环境】耐水湿及轻盐碱土，抗盐性强。
【实用价值】园林绿化树种，公园庭院广植。

紫葳科
Bignoniaceae
角蒿属
Incarvillea Juss.

角蒿 *Incarvillea sinensis* Lam.
【中文异名】羊角蒿
【拉丁异名】
【生 长 型】一年生直立草本。
【产地与分布】辽宁省产于沈阳、阜新、朝阳、葫芦岛等地，保护区内广布。分布于我国东北及河北、山东、河南、山西、陕西、内蒙古、甘肃、四川、青海，俄罗斯、蒙古也有分布。
【生长环境】生于荒地、路旁、河边、山沟等处向阳沙质土壤上。
【实用价值】全草入药，可散风祛湿、解毒止痛。主治风湿关节痛，外用治疮疡肿毒及毒蛇咬伤。

胡麻科
Pedaliaceae
胡麻属
Sesamum L.

芝麻 *Sesamum indicum* L.
【中文异名】胡麻
【拉丁异名】
【生 长 型】一年生草本。
【产地与分布】原产于印度，汉时引入中国。辽宁省常见栽培，保护区内多有栽培。
【生长环境】种植于坡耕地及庭院。
【实用价值】油料及蜜源作物，含油率较高，供食用或工业用。

苦苣苔科
Gesneriaceae
旋蒴苣苔属
（牛耳草属）
Boea Comm. ex Lain.

旋蒴苣苔 *Boea hygrometrica* (Bunge) R. Br.
【中文异名】猫耳旋蒴苣苔
【拉丁异名】
【生 长 型】多年生草本。
【产地与分布】辽宁省产于朝阳、葫芦岛等地，保护区内广布。分布于我国东北、华北、西北、华东、西南。
【生长环境】生于山阴坡石崖上。

【实用价值】全草药用，治中耳炎、跌打损伤等症。

苦苣苔科
Gesneriaceae
旋蒴苣苔属
（牛耳草属）
Boea Comm. ex Lain.

大花旋蒴苣苔 *Boea clarkeana* Hemsl.
【中文异名】
【拉丁异名】*Boea mairei* Levl.
【生 长 型】多年生草本。
【产地与分布】辽宁省产于凌源市，保护区内大河北镇南刘杖子有分布。
【生长环境】生于山阴坡石崖上。
【实用价值】水土保持等生态价值。

列当科
Orobanchaceae
列当属
Orobanche L.

黄花列当 *Orobanche pycnostachya* Hance
【中文异名】
【拉丁异名】*Orobanche pycnosiachya* var. *genuina* G. Beck
【生 长 型】多年生寄生草本。
【产地与分布】辽宁省产于沈阳、鞍山、阜新、锦州、朝阳等地，保护区内广布。分布于我国东北、华北、西北、华东，俄罗斯（西伯利亚）、朝鲜也有分布。
【生长环境】生于干山坡、山地草原、固定沙丘。寄生于万年蒿等植物根上。
【实用价值】全草入药，能补肾壮阳、强筋骨。

列当科
Orobanchaceae
列当属
Orobanche L.

列当 *Orobanche coerulescens* Steph.
【中文异名】兔子拐棍
【拉丁异名】*Orobanche ammophila* C. A. Mey.
【生 长 型】多年生寄生草本。
【产地与分布】辽宁省产于阜新、朝阳、营口、大连等地，保护区内广布。分布于我国东北、华北、西北及西南，俄罗斯、朝鲜、日本也有分布。
【生长环境】生于山坡草地、沙地或固定沙丘上。寄生于蒿属植物的根上。
【实用价值】全草入药，能补肾壮阳、强筋骨。

透骨草科
Phrymaceae

透骨草 *Phryma leptostachya* subsp. *asiatica* Hara.
【中文异名】

透骨草属
Phryma L.

【拉丁异名】*Phryma leptostachya* var. *asiatica* Hara
【生 长 型】多年生草本。
【产地与分布】辽宁省产于朝阳、葫芦岛、沈阳、鞍山、大连、本溪、丹东等地，保护区内广布。分布于我国西南经中部至东北，朝鲜、日本、俄罗斯及北美东部也有分布。
【生长环境】生于山坡林下、路旁及沟岸阴湿处。
【实用价值】全草药用，能清热利湿、活血消肿。

车前科
Plantaginaceae
车前属
Plantago L.

车前 *Plantago asiatica* L.
【中文异名】车轱辘菜
【拉丁异名】
【生 长 型】多年生草本。
【产地与分布】产于辽宁省各地，保护区内广布。分布于全国各地，朝鲜、日本、俄罗斯、尼泊尔也有分布。
【生长环境】生于田间、路旁、草地、河岸、沙质地、水沟边等潮湿地。
【实用价值】种子及全草入药，具有利水、清热明目、祛痰作用；嫩叶可食用。

车前科
Plantaginaceae
车前属
Plantago L.

疏花车前 *Plantago asiatica* var. *laxa* Pilger
【中文异名】
【拉丁异名】
【生 长 型】多年生草本。
【产地与分布】辽宁省产于抚顺、本溪、阜新、锦州、朝阳、鞍山、大连等地，保护区内三道河子镇有分布。
【生长环境】生于林下、水甸子边。
【实用价值】种子、全草药用，嫩叶食用。

车前科
Plantaginaceae
车前属
Plantago L.

大车前 *Plantago major* L.
【中文异名】
【拉丁异名】*Plantago sinuata* Lam.
【生 长 型】多年生草本。
【产地与分布】辽宁省产于沈阳、铁岭、朝阳、阜新等地，保护区内广布。分布于我国东北，朝鲜、日本也有分布。

【生长环境】生于田间路旁、草地、水沟等潮湿地。
【实用价值】种子及全草入药，具有利水、清热明目、祛痰作用；嫩叶食用。

车前科 Plantaginaceae **车前属** *Plantago* L.

毛大车前 *Plantago major* var. *jehohlensis* (Koidz.) S. H. Li
【中文异名】
【拉丁异名】
【生 长 型】多年生草本。
【产地与分布】辽宁省产于朝阳、大连等地，保护区内刘杖子、前进等乡镇有分布。
【生长环境】生于干旱的田边、路旁及沙地。
【实用价值】种子及全草药用。

车前科 Plantaginaceae **车前属** *Plantago* L.

波叶车前 *Plantago major* var. *sinuata* (Lain.) Decne.
【中文异名】
【拉丁异名】
【生 长 型】多年生草本。
【产地与分布】辽宁省产于沈阳、大连、朝阳、抚顺、营口、阜新等地，保护区内大河北、刀尔登等乡镇有分布。
【生长环境】生于林缘。
【实用价值】种子及全草药用。

车前科 Plantaginaceae **车前属** *Plantago* L.

平车前 *Plantago depressa* Willd.
【中文异名】
【拉丁异名】*Plantago sibirica* Poir.
【生 长 型】多年生草本。
【产地与分布】产于辽宁省各地，保护区内广布。遍布全国，朝鲜、俄罗斯、蒙古也有分布。
【生长环境】生于田间路旁、草地沟边。
【实用价值】全草及种子入药。

车前科 Plantaginaceae **车前属** *Plantago* L.

毛平车前 *Plantago depressa* var. *montana* Kitag
【中文异名】
【拉丁异名】
【生 长 型】多年生草本。

【产地与分布】辽宁省产于锦州、朝阳、沈阳等地，保护区内广布。分布于我国东北、内蒙古、河北。俄罗斯（远东地区）及蒙古东部也有分布。
【生长环境】生于田间路旁、草地沟边。
【实用价值】全草及种子入药。

锦带花科
Diervillaceae
锦带花属
Weigela Thunb.

红王子锦带花 *Weigela japonica* cv. ‘Red Prince’
【中文异名】
【拉丁异名】
【生 长 型】落叶灌木。
【产地与分布】辽宁省各地多有栽培，保护区内有 栽培。
【生长环境】栽植于公园、庭院及路边。
【实用价值】观赏。

锦带花科
Diervillaceae
锦带花属
Weigela Thunb.

锦带花 *Weigela florida* (Bunge) A. DC.
【中文异名】早锦带花
【拉丁异名】*Calysphyrum floridum* Bunge
【生 长 型】落叶灌木。
【产地与分布】辽宁省产于锦州、本溪、丹东、鞍山、朝阳、大连等地，保护区内广布。分布于我国吉林、河北、山东、江苏、山西等地，朝鲜、日本也有分布。
【生长环境】生于山坡、灌木丛、石砬子上。
【实用价值】观赏植物。

锦带花科
Diervillaceae
锦带花属
Weigela Thunb.

白锦带花 *Weigela florida* f. *alba* (Nakai) C. F. Fang
【中文异名】
【拉丁异名】
【生 长 型】落叶灌木。
【产地与分布】辽宁省产于宽甸、庄河、凌源、鞍山等地，保护区内三道河子、刀尔登等乡镇有分布。
【生长环境】生于杂木林下或山顶灌木丛中。
【实用价值】观赏植物。

北极花科
Linnaeaceae

六道木 *Zabelia biflora* (Turczaninow) Makino
【中文异名】二花六道木

六道木属
Zabelia (Rehder) Makino

【拉丁异名】*Abelia biflora* Turcz.
【生 长 型】落叶灌木。
【产地与分布】辽宁省产于葫芦岛、朝阳等地，保护区内广布。分布于我国内蒙古（东部）、河北、山西等地区。
【生长环境】生于多石质山坡的灌丛中。
【实用价值】栽培于庭院或公园中作为观赏植物。

忍冬科
Caprifoliaceae
忍冬属
Lonicera L.

忍冬 *Lonicera japonica* Thunb.
【中文异名】金银花
【拉丁异名】
【生 长 型】半常绿缠绕灌木。
【产地与分布】辽宁省产于锦州、丹东、大连等地，保护区内大河北、刀尔登等乡镇有栽培。分布于我国华北、西北、华南等，朝鲜、日本也有分布。
【生长环境】生于山坡、林缘等地。
【实用价值】花和藤供药用，亦可栽培作观赏植物。

忍冬科
Caprifoliaceae
忍冬属
Lonicera L.

金银忍冬 *Lonicera maackii* (Rupr.) Maxim.
【中文异名】金银木
【拉丁异名】*Xylosteum maackii* Rupr.
【生 长 型】落叶灌木。
【产地与分布】辽宁省产于阜新、锦州、本溪、抚顺、沈阳、鞍山、大连等地，保护区内有栽培。分布于我国黑龙江、吉林、山东、华北、西北，朝鲜、俄罗斯（远东地区）也有分布。
【生长环境】生于山坡林缘。
【实用价值】园林绿化。

忍冬科
Caprifoliaceae
忍冬属
Lonicera L.

金花忍冬 *Lonicera chrysantha* Turcz.
【中文异名】黄花忍冬
【拉丁异名】
【生 长 型】落叶灌木。
【产地与分布】辽宁省产于本溪、丹东、鞍山、朝阳等地，保护区内广布。分布于我国黑龙江、吉林、华北、西北，朝鲜、日本也有分布。

【生长环境】生于山坡林缘、林内及石砬旁。
【实用价值】水土保持等生态价值及观赏。

忍冬科
Caprifoliaceae
忍冬属
Lonicera L.

柔毛金花忍冬 *Lonicera chrysantha* f. *villosa* Rehd.
【中文异名】
【拉丁异名】
【生 长 型】落叶灌木。
【产地与分布】辽宁省产于本溪、朝阳等地，保护区内大河北、河坎子及三道河子等乡镇有分布。
【生长环境】生于山坡林缘、林内及石砬旁。
【实用价值】水土保持等生态价值及观赏。

忍冬科
Caprifoliaceae
忍冬属
Lonicera L.

早花忍冬 *Lonicera praeflorens* Batalin
【中文异名】
【拉丁异名】
【生 长 型】落叶灌木。
【产地与分布】辽宁省产于朝阳、沈阳、本溪、鞍山、丹东等地，保护区内刀尔登、三道河子等乡镇有分布。分布于我国黑龙江、吉林，俄罗斯（远东地区）、朝鲜、日本也有分布。
【生长环境】生于山坡或杂木林下及林缘。
【实用价值】果实可食，观赏植物。

忍冬科
Caprifoliaceae
忍冬属
Lonicera L.

北京忍冬 *Lonicera elisae* Franch.
【中文异名】
【拉丁异名】*Caprifolium clisae* O. Ktze.
【生 长 型】落叶灌木。
【产地与分布】辽宁省产于凌源市，保护区内广布。分布于我国河北、山西南部、陕西、甘肃、河南、湖北西部及四川东部。
【生长环境】生于沟谷或山坡丛林或灌丛中。
【实用价值】观赏，果实食用。

五福花科
Adoxaceae

修枝荚蒾 *Viburnum burejaeticum* Regel et Herd.
【中文异名】暖木条荚蒾

荚蒾属
Viburnum L.

【拉丁异名】
【生 长 型】落叶灌木。
【产地与分布】辽宁省产于朝阳、鞍山、营口、本溪、丹东等地，保护区内广布。分布于我国黑龙江、吉林及内蒙古（东部），朝鲜、日本、俄罗斯（远东地区）也有分布。
【生长环境】生于山坡或河流附近的杂木林中。
【实用价值】水土保持等生态价值及观赏。

五福花科
Adoxaceae
荚蒾属
Viburnum L.

蒙古荚蒾 *Viburnum mongolicum* (Pall.) Rehd.
【中文异名】
【拉丁异名】*Lonicera mongolica* Pall.
【生 长 型】落叶灌木。
【产地与分布】辽宁省产于朝阳、鞍山等地，保护区内广布。分布于我国内蒙古、河北、山西、陕西、宁夏南部、甘肃南部及青海东北部，俄罗斯西伯利亚东部和蒙古也有分布。
【生长环境】生于山坡疏林下或河滩地。
【实用价值】水土保持等生态价值及观赏。

五福花科
Adoxaceae
荚蒾属
Viburnum L.

鸡树条 *Viburnum opulus* subsp. *calvescens* (Rehder) Sugimoto
【中文异名】鸡树条荚蒾
【拉丁异名】
【生 长 型】落叶灌木。
【产地与分布】产于辽宁省各地，保护区内广布。分布于我国黑龙江、吉林、华北、西北、四川、湖北、安徽及浙江，朝鲜、日本、俄罗斯也有分布。
【生长环境】生于山谷、山坡或林下。
【实用价值】水土保持等生态价值及观赏。

五福花科
Adoxaceae
接骨木属
Sambucus L.

接骨木 *Sambucus williamsii* Hance.
【中文异名】东北接骨木、钩齿接骨木
【拉丁异名】*Sambucus foetidissima* Nakai et Kitag.
【生 长 型】落叶灌木。

【产地与分布】辽宁省产于朝阳、阜新、锦州、沈阳、抚顺、鞍山、本溪、丹东、大连等地，保护区内广布。分布于我国东北、华北及四川、云南等地区，朝鲜、日本也有分布。
【生长环境】生于林下、灌丛或平地路旁。
【实用价值】茎枝入药，具祛风、利湿、活血、止痛之效。

败酱科
Valerianaceae
败酱属
Patrinia Juss.

败酱 *Patrinia scabiosifolia* Fisch. ex Trevir.
【中文异名】黄花败酱
【拉丁异名】
【生 长 型】多年生草本。
【产地与分布】辽宁省产于沈阳、抚顺、鞍山、大连、丹东、本溪、锦州、朝阳等地，保护区内广布。分布于全国各地，俄罗斯、朝鲜、日本也有分布。
【生长环境】生于山坡草地、河岸湿地、灌丛及林缘草地。
【实用价值】根状茎及根或全草入药，治疗阑尾炎、肝炎等症。

败酱科
Valerianaceae
败酱属
Patrinia Juss.

糙叶败酱 *Patrinia scabra* Bunge
【中文异名】
【拉丁异名】
【生 长 型】多年生草本。
【产地与分布】辽宁省产于沈阳、阜新、锦州、朝阳等地，保护区内广布。分布于我国东北、华北、西北。
【生长环境】生于山坡灌丛间草地、多石砾质沙地、草原、固定沙丘、山坡草丛中。
【实用价值】水土保持等生态价值。

败酱科
Valerianaceae
败酱属
Patrinia Juss.

岩败酱 *Patrinia rupestris* (Pall.) Juss.
【中文异名】
【拉丁异名】*Valeriana rupestris* Pall.
【生 长 型】多年生草本。
【产地与分布】辽宁省产于抚顺、鞍山、营口、大连、朝阳等地，保护区内广布。分布于我国东北、华北，俄罗斯、蒙古、朝鲜也有分布。

【生长环境】生于石砾质山坡、柞林石坡、石砬子。
【实用价值】水土保持等生态价值。

败酱科
Valerianaceae
败酱属
Patrinia Juss.

墓头回 *Patrinia heterophylla* Bunge
【中文异名】异叶败酱
【拉丁异名】
【生 长 型】多年生草本。
【产地与分布】辽宁省产于锦州、葫芦岛、朝阳、大连等地，保护区内广布。分布于我国东北西部和南部以及华北。
【生长环境】生于山坡草地或岩石缝上。
【实用价值】水土保持等生态价值。

败酱科
Valerianaceae
败酱属
Patrinia Juss.

攀倒甑 *Patrinia villosa* (Thunb.) Juss.
【中文异名】白花败酱
【拉丁异名】
【生 长 型】多年生草本。
【产地与分布】辽宁省产于鞍山、本溪、丹东、大连、锦州、朝阳等地，保护区内河坎子、佛爷洞等乡镇有分布。分布于我国东北、华北、华东、华南及西南，朝鲜、日本也有分布。
【生长环境】生于林缘草地、山沟林下或山坡灌丛间。
【实用价值】水土保持等生态价值。

败酱科
Valerianaceae
缬草属
Valeriana L.

缬草 *Valeriana officinalis* L.
【中文异名】北缬草
【拉丁异名】*Valeriana alternifolia* Bunge
【生 长 型】多年生草本。
【产地与分布】辽宁省产于大连、沈阳、鞍山、铁岭、本溪、丹东、锦州、阜新、朝阳等地，保护区内广布。分布于我国东北及华北，俄罗斯、朝鲜也有分布。
【生长环境】生于水边湿草地。
【实用价值】根及根茎入药，治疗心神不安、胃弱、腰痛、月经不调、跌打损伤等症。

川续断科
Dipsacaceae
川续断属
Dipsacus L.

日本续断 *Dipsacus japonicus* Miq.
【中文异名】
【拉丁异名】*Dipsacus tianmuensis* C. Y. Cheng et Z. T. Yin
【生 长 型】多年生或二年生草本。
【产地与分布】辽宁省产于大连、葫芦岛、朝阳等地，保护区内广布。分布于我国华北、西北，朝鲜、日本也有分布。
【生长环境】生于山坡草地。
【实用价值】根药用，有强筋骨、接断损、活血化瘀之效。

川续断科
Dipsacaceae
蓝盆花属
Scabiosa L.

华北蓝盆花 *Scabiosa tschiliensis* Grun.
【中文异名】
【拉丁异名】
【生 长 型】多年生草本。
【产地与分布】辽宁省产于抚顺、鞍山、营口、本溪、丹东、阜新、锦州、朝阳等地，保护区内广布。分布于我国东北及河北、山西、内蒙古等地区。
【生长环境】生于山坡草地、灌丛或油松林下。
【实用价值】药用；适合做盆栽观赏，用于布置花镜、花坛，作地被，也可作插花材料。

川续断科
Dipsacaceae
蓝盆花属
Scabiosa L.

白花华北蓝盆花 *Scabiosa tschiliensis* f. *albiflora* S. H. Li & S. Z. Liu.
【中文异名】
【拉丁异名】
【生 长 型】多年生草本。
【产地与分布】辽宁省产于凌源市，保护区内前进、刘杖子等乡镇有分布。
【生长环境】生于山坡草地、灌丛或油松林下。
【实用价值】药用；适合做盆栽观赏，用于布置花镜、花坛，作地被，也可作插花材料。

桔梗科
Campanulaceae
风铃草属

紫斑风铃草 *Campanula punctata* Lam.
【中文异名】吊钟花
【拉丁异名】

Campanula L.

【生　长　型】多年生草本。
【产地与分布】辽宁省产于锦州、本溪、丹东、鞍山、朝阳等地，保护区内广布。分布于我国东北、华北、西北、西南，朝鲜、日本和俄罗斯（远东地区）也有分布。
【生长环境】生于林缘、灌丛或草丛中。
【实用价值】全草入药，具清热解毒、止痛之效。

桔梗科
Campanulaceae
沙参属
Adenophora Fisch.

多歧沙参　*Adenophora potaninii* subsp. *wawreana* (Zahlbr.) S. Ge & D. Y. Hong
【中文异名】
【拉丁异名】*Adenophora wawreana* A. Zahlbr.
【生　长　型】多年生草本。
【产地与分布】辽宁省产于朝阳、葫芦岛、锦州等地，保护区内广布。分布于我国内蒙古、河北、山西、河南。
【生长环境】生于山坡草地、林缘或较干旱的沟谷。
【实用价值】根入药，幼苗可食用。

桔梗科
Campanulaceae
沙参属
Adenophora Fisch.

荠苨　*Adenophora trachelioides* Maxim.
【中文异名】
【拉丁异名】*Adenophora isabellae* Hemsl.
【生　长　型】多年生草本。
【产地与分布】辽宁省各地均产，保护区内广布。分布于我国内蒙古、河北、山东、安徽、江苏，朝鲜及俄罗斯（远东地区）也有分布。
【生长环境】生于林间草地、山坡及路旁。
【实用价值】根入药，幼苗可食用。

桔梗科
Campanulaceae
沙参属
Adenophora Fisch.

薄叶荠苨　*Adenophora remotiflora* (Sieb. ex Zucc.) Miq.
【中文异名】
【拉丁异名】*Adenophora remotiflora* f. *longifolia* Kom.
【生　长　型】多年生草本。
【产地与分布】辽宁省产于朝阳、本溪、丹东、营口、大连等地，保护区内大河北、刀尔登、三道河子等乡镇有分布。分布于我国黑龙江、吉林，朝鲜、日本、俄罗斯也有分布。

【生长环境】生于山坡林缘。
【实用价值】根入药，幼苗可食用。

桔梗科
Campanulaceae
沙参属
Adenophora Fisch.

长柱沙参 *Adenophora stenanthina* (Ledeb.) Kitag.
【中文异名】
【拉丁异名】*Adenophora marsupiiflora* Fisch.
【生 长 型】多年生草本。
【产地与分布】辽宁省产于朝阳、本溪等地，保护区内河坎子、佛爷洞等乡镇有分布。分布于我国内蒙古、甘肃、宁夏、陕西、山西、河北，蒙古、俄罗斯（远东地区）也有分布。
【生长环境】生于山地、草甸、草原。
【实用价值】根入药，幼苗可食用。

桔梗科
Campanulaceae
沙参属
Adenophora Fisch.

丘沙参 *Adenophora stenanthina* var. *collina* (Kitag.) Y. Z. Zhao
【中文异名】
【拉丁异名】
【生 长 型】多年生草本。
【产地与分布】辽宁省产于朝阳、葫芦岛等地，保护区内河坎子、佛爷洞等乡镇有分布。
【生长环境】生于山坡草地。
【实用价值】根入药，幼苗可食用。

桔梗科
Campanulaceae
沙参属
Adenophora Fisch.

缢花沙参 *Adenophora contracta* (Kitag.) J. Z. Qiu & D. Y. Hong
【中文异名】
【拉丁异名】*Adenophora polyantha* var. *contracta* Kitag.
【生 长 型】多年生草本。
【产地与分布】辽宁省产于朝阳、锦州、沈阳等地。
【生长环境】生于山沟丘陵地及山野较干燥的阳坡。
【实用价值】根入药，幼苗可食用。

桔梗科
Campanulaceae

石沙参 *Adenophora polyantha* Nakai
【中文异名】

沙参属
Adenophora Fisch.

【拉丁异名】*Adenophora scabridula* Nannf.
【生 长 型】多年生草本。
【产地与分布】辽宁省产于朝阳、铁岭、鞍山、营口、丹东、大连等地，保护区内广布。分布于我国内蒙古、陕西、甘肃、山西、河北、山东、河南、安徽、江苏，朝鲜也有分布。
【生长环境】生于山沟丘陵地及山野较干燥的阳坡。
【实用价值】根入药，幼苗可食用。

桔梗科
Campanulaceae
沙参属
Adenophora Fisch.

轮叶沙参 *Adenophora tetraphylla* (Thunb.) Fisch.
【中文异名】南沙参
【拉丁异名】
【生 长 型】多年生草本。
【产地与分布】辽宁省产于朝阳、锦州、阜新、沈阳、鞍山、抚顺、本溪、丹东、大连等地，保护区内广布。分布于我国东北、华北、华中及华东，朝鲜、日本和俄罗斯（远东地区）也有分布。
【生长环境】生于山地林缘、山坡草地以及河滩草甸等处。
【实用价值】根入药，幼苗可食用。

桔梗科
Campanulaceae
沙参属
Adenophora Fisch.

狭叶沙参 *Adenophora gmelinii* (Spreng.) Fisch.
【中文异名】柳叶沙参
【拉丁异名】
【生 长 型】多年生草本。
【产地与分布】辽宁省产于阜新、沈阳、本溪、朝阳等地，保护区内广布。分布于我国黑龙江、吉林、内蒙古、河北、山西，蒙古（东部）、俄罗斯（远东地区）也有分布。
【生长环境】生于草甸草原、山坡草地或林缘。
【实用价值】根入药，幼苗可食用。

桔梗科
Campanulaceae
沙参属
Adenophora Fisch.

展枝沙参 *Adenophora divaricata* Franch. et Sav.
【中文异名】
【拉丁异名】*Adenophora divaricata* var. *manshurica* (Nakai) Kitagawa
【生 长 型】多年生草本。

【产地与分布】辽宁省产于朝阳、沈阳、辽阳、鞍山、丹东、大连等地，保护区内广布。分布于我国黑龙江、吉林、内蒙古、河北、山西、山东，日本、朝鲜、俄罗斯（远东地区）也有分布。
【生长环境】生于山地草甸及林缘。
【实用价值】根入药，幼苗可食用。

桔梗科
Campanulaceae
沙参属
Adenophora Fisch.

长白沙参 *Adenophora pereskiifolia* (Fisch.) G. Don
【中文异名】
【拉丁异名】*Adenophora latifolia* Fisch.
【生 长 型】多年生草本。
【产地与分布】辽宁省产于朝阳、锦州、鞍山、本溪、丹东、大连等地，保护区内广布。分布于我国黑龙江、吉林和内蒙古，日本、朝鲜、蒙古和俄罗斯（远东地区）也有分布。
【生长环境】生于山坡、林缘、森林灌丛或林间草地。
【实用价值】根入药，幼苗可食用。

桔梗科
Campanulaceae
沙参属
Adenophora Fisch.

细叶沙参 *Adenophora capillaris* subsp. *paniculata* (Nannfeldt) D.Y. Hong
【中文异名】紫沙参
【拉丁异名】*Adenophora paniculata* Maxim.
【生 长 型】多年生草本。
【产地与分布】辽宁省产于大连、朝阳等地，保护区内河坎子、佛爷洞等乡镇有分布。分布于我国内蒙古、山西、河北、河南等地区。
【生长环境】生于较干旱的山坡草地、灌丛及林缘。
【实用价值】根入药，幼苗可食用。

桔梗科
Campanulaceae
桔梗属
Platycodon A. DC.

桔梗 *Platycodon grandiflorus* (Jacq.) A. DC.
【中文异名】
【拉丁异名】*Platycodon grandiflorus* var. *glaucus* Sieb. et Zucc.
【生 长 型】多年生草本。
【产地与分布】遍布辽宁省各地，保护区内广布。广布于我国各地，朝鲜、日本及俄罗斯(远东地区)也有分布。
【生长环境】生于山坡草地、山地林缘、灌丛、草甸、草原。
【实用价值】根入药，有祛痰、利咽、排脓之效；根富含糖和淀粉，可用于酿酒及制作酱菜。

桔梗科
Campanulaceae
党参属
Codonopsis Wall.

党参 *Codonopsis pilosula* (Franch.) Nannf.
【中文异名】
【拉丁异名】*Campanumoea pilosula* Franch.
【生 长 型】多年生蔓性草本。
【产地与分布】辽宁省产于抚顺、本溪、丹东、鞍山、朝阳、大连等地，保护区大河北、刀尔登等乡镇有分布。分布于我国东北、华北、西北、西南，朝鲜、日本也有分布。
【生长环境】生于山地林缘及灌丛中。
【实用价值】根药用，具补脾、益气、生津、消炎等作用。

桔梗科
Campanulaceae
党参属
Codonopsis Wall.

羊乳 *Codonopsis lanceolata* (Sieb. et Zucc.) Traut.
【中文异名】轮叶党参
【拉丁异名】
【生 长 型】多年生草本。
【产地与分布】辽宁省产于丹东、鞍山、抚顺、本溪、营口、朝阳、阜新等地，保护区内广布。分布于我国东北、华北、华中、华南、西南，日本、朝鲜及俄罗斯也有分布。
【生长环境】生于山地及沟谷阔叶林内或林缘灌丛间。
【实用价值】根入药（药材名四叶参），可补虚通乳、排脓解毒。

桔梗科
Campanulaceae
牧根草属
Asyneuma Griseb. et Schenk

牧根草 *Asyneuma japonicum* (Miq.) Briq.
【中文异名】
【拉丁异名】*Phyteuma japonicum* Miq.
【生 长 型】多年生草本。
【产地与分布】辽宁省大部分地区均产，保护区内河坎子、佛爷洞等乡镇有分布。分布于我国黑龙江、吉林等地，朝鲜、日本和俄罗斯（远东地区）也有分布。
【生长环境】生于山地阔叶林下或林缘草地。
【实用价值】水土保持等生态价值。

菊科
Asteraceae
泽兰属
Eupatorium L.

林泽兰 *Eupatorium lindleyanum* DC.
【中文异名】尖佩兰
【拉丁异名】
【生 长 型】多年生草本。
【产地与分布】辽宁省产于抚顺、营口、大连、朝阳、本溪、丹东等地，保护区内广布。分布于我国东北、华北、华中、华东，朝鲜、日本、俄罗斯（远东地区）也有分布。
【生长环境】生于山坡、林缘、湿草地、沟边。
【实用价值】水土保持等生态价值。

菊科
Asteraceae
泽兰属
Eupatorium L.

白头婆 *Eupatorium japonicum* Thunb.
【中文异名】泽兰
【拉丁异名】*Eupatorium lindleyanum* f. *trisectifolium* (Makino) Hiyama
【生 长 型】多年生草本。
【产地与分布】辽宁省产于鞍山、丹东、朝阳、本溪等地，保护区内河坎子乡有分布。分布于我国东北、山西、陕西、山东、浙江、湖南、湖北、广东、四川、贵州、云南等地，朝鲜、日本也有分布。
【生长环境】生于山坡草地、路旁、林下或灌丛间。
【实用价值】水土保持等生态价值。

菊科
Asteraceae
甜菊属
Stevia Cav.

甜菊 *Stevia rebaudiana* (Bertoni) Hemsl.
【中文异名】甜叶菊
【拉丁异名】
【生 长 型】一年生草本。
【产地与分布】原产于美洲。铁岭、朝阳、葫芦岛、盘锦等地有栽培，保护区内有栽培。
【生长环境】种植于农田、庭院。
【实用价值】叶的主要成分为甜叶菊苷，为双萜配糖体，属于低热量、高甜度、无毒的物质。

菊科
Asteraceae
一枝黄花属
Solidago L.

加拿大一枝黄花 *Solidago canadensis* L.
【中文异名】金棒草
【拉丁异名】
【生 长 型】多年生草本。
【产地与分布】原产于北美洲。辽宁省大连、凌源等地有栽培，保护区内有栽培，我国有些公园或植物园亦有栽培。
【生长环境】种植于农田、温室大棚及庭院。
【实用价值】培育鲜切花，观赏。

菊科
Asteraceae
翠菊属
Callistephus Cass.

翠菊 *Callistephus chinensis* (L.) Nees.
【中文异名】江西腊
【拉丁异名】
【生 长 型】一年生草本。
【产地与分布】辽宁省产于朝阳、营口、沈阳、本溪、鞍山等地，保护区内广布。分布于我国吉林、河北、山西、山东、云南及四川等地，辽宁省内各地均有栽培，朝鲜、日本也有分布。
【生长环境】生于山坡草地、沟边、撂荒地或疏林荫地。
【实用价值】本种花色美丽，常栽培于植物园、公园及庭院供观赏。

菊科
Asteraceae
马兰属
Kalimeris Cass.

全叶马兰 *Kalimeris integrifolia* Turcz. ex DC.
【中文异名】
【拉丁异名】*Aster pekinensis* (Hance) F. H. Chen
【生 长 型】多年生草本。
【产地与分布】辽宁省产于朝阳、阜新、葫芦岛、锦州、沈阳、抚顺、辽阳、本溪、丹东、大连等地，保护区内广布。分布于我国东北、华北及陕西、山东、江苏、浙江、湖南、湖北、四川，蒙古、俄罗斯（西伯利亚）、朝鲜及日本也有分布。
【生长环境】生于山坡多石质地、干草原、河岸、沙质草地及固定沙丘上。

【实用价值】水土保持等。

菊科
Asteraceae
马兰属
Kalimeris Cass.

裂叶马兰 *Kalimeris incisa* (Fisch.) DC.
【中文异名】
【拉丁异名】*Aster incisus* Fischer
【生 长 型】多年生草本。
【产地与分布】辽宁省产于朝阳、葫芦岛、沈阳、抚顺、本溪等地，保护区内广布。分布于我国东北及内蒙古东部，朝鲜、日本、俄罗斯也有分布。
【生长环境】生于河岸、林阴处、灌丛中及山坡草地。
【实用价值】水土保持等生态价值。

菊科
Asteraceae
马兰属
Kalimeris Cass.

山马兰 *Kalimeris lautureana* (Debeaux) Kitam.
【中文异名】
【拉丁异名】*Aster lautureanus* (Debex.) Franch.
【生 长 型】多年生草本。
【产地与分布】辽宁省产于抚顺、大连、朝阳、阜新、锦州、丹东等地，保护区内广布。分布于我国黑龙江、吉林、河北、山西、内蒙古、陕西、山东、河南、江苏等地。
【生长环境】生于山阳坡、半湿草地、湿草甸子、林边、沟边、荒地等处。
【实用价值】水土保持等生态价值。

菊科
Asteraceae
马兰属
Kalimeris Cass.

蒙古马兰 *Kalimeris mongolica* (Franch.) Kitam.
【中文异名】
【拉丁异名】*Aster mongolicus* Franch.
【生 长 型】多年生草本。
【产地与分布】辽宁省产于朝阳、葫芦岛、沈阳、本溪等地，保护区内广布。分布于我国北部。
【生长环境】生于河岸、路旁草地、山坡灌丛中。
【实用价值】水土保持等生态价值。

菊科
Asteraceae

东风菜 *Doellingeria scaber* (Thunb.) Ness
【中文异名】

东风菜属
Doellingeria Nees

【拉丁异名】*Aster scaber* Thunberg
【生 长 型】多年生草本。
【产地与分布】辽宁省产于沈阳、鞍山、营口、大连、锦州、本溪、朝阳、丹东等地，保护区内广布。分布于我国东北、华北及华中，朝鲜、日本也有分布。
【生长环境】生于山坡草地、林间、路旁等处。
【实用价值】嫩叶食用。

菊科
Asteraceae
女菀属
Turczaninovia DC.

女菀 *Turczaninovia fastigiata* (Fisch.) DC.
【中文异名】
【拉丁异名】*Aster fastigiatus* Fisch.
【生 长 型】多年生草本。
【产地与分布】辽宁省产于沈阳、辽阳、鞍山、营口、阜新、葫芦岛、朝阳、丹东等地，保护区内广布。分布于我国东北、华北以及长江流域各地，朝鲜、日本、俄罗斯（西部西伯利亚）也有分布。
【生长环境】生于河岸、山坡低湿地、盐碱地及草原。
【实用价值】全草入药，有温肺化痰、健脾利湿之效。

菊科
Asteraceae
紫菀属
Aster L.

阿尔泰狗娃花 *Aster altaicus* Willdenow
【中文异名】
【拉丁异名】*Heteropappus altaicus* (Willd.) Novopokr.
【生 长 型】多年生草本。
【产地与分布】辽宁省产于葫芦岛、朝阳、阜新、锦州、沈阳、抚顺、本溪、丹东等地，保护区内广布。分布于我国北部，蒙古、俄罗斯（西伯利亚及中亚）也有分布。
【生长环境】生于山坡草地、干草坡或路旁草地等处。
【实用价值】水土保持等生态价值。

菊科
Asteraceae
紫菀属
Aster L.

狗娃花 *Aster hispidus* Thunberg
【中文异名】
【拉丁异名】*Heteropappus meyendorffii* (Reg. et Maack) Komar. et Klob.
【生 长 型】二年生草本。
【产地与分布】辽宁省产于朝阳、阜新、葫芦岛、抚顺、本溪、丹东等地，保护区内广布。分布于我国东北、华北、西北及福建、台湾等地，蒙古、俄罗斯（西伯利亚）、朝鲜、日本也有分布。
【生长环境】生于山坡草地、河岸草地、海边石质地、林下等处。
【实用价值】水土保持等生态价值。

菊科
Asteraceae
紫菀属
Aster L.

紫菀 *Aster tataricus* L.
【中文异名】
【拉丁异名】*Astr trinervius* var. *longifolius* Franch. et Sav.
【生 长 型】多年生草本。
【产地与分布】辽宁省产于鞍山、沈阳、抚顺、阜新、朝阳、锦州、本溪、凤城、丹东等地，保护区内广布。分布于我国东北、华北、西北，俄罗斯（远东地区）、朝鲜和日本也有分布。
【生长环境】生于河岸草地、草甸、山坡及林间。
【实用价值】水土保持等生态价值。

菊科
Asteraceae
紫菀属
Aster L.

三脉紫菀 *Aster ageratoides* Turcz.
【中文异名】三脉叶马兰
【拉丁异名】*Aster trinervius subsp. ageratoides* (Turcz.) Grierson
【生 长 型】多年生草本。
【产地与分布】辽宁省产于朝阳、葫芦岛、锦州、营口、大连、鞍山、抚顺、本溪、丹东等地，保护区内广布。分布于我国东北、华北及甘肃、山东、河南、四川、云南，朝鲜和俄罗斯（东部西伯利亚）也有分布。
【生长环境】生于林缘、山坡、路旁及草原等处。
【实用价值】水土保持等生态价值。

菊科
Asteraceae
联毛紫菀属
Symphyotrichum Nees

短星菊 *Symphyotrichum ciliatum* (Ledeb.) G.L.Nesom
【中文异名】
【拉丁异名】*Brachyactis ciliata* Ledeb.
【生 长 型】一年生草本。
【产地与分布】辽宁省产于朝阳、葫芦岛、大连等地，保护区内河坎子乡有分布。分布于我国东北、华北及西北，蒙古、朝鲜、日本和俄罗斯（中亚、西伯利亚）也有分布。

【生长环境】生于荒地湿地、林下沙质湿地、河边或盐碱湿地上。

【实用价值】水土保持等生态价值。

菊科
Asteraceae
飞蓬属
Erigeron L.

一年蓬 *Erigeron annuus* (L.) Pers.

【中文异名】治疟草

【拉丁异名】

【生 长 型】一年生草本。

【产地与分布】辽宁省产于鞍山、抚顺、沈阳、朝阳、本溪、丹东等地，保护区内广布。分布于我国吉林、河北、河南、山东、江西、安徽、湖南、湖北、四川及西藏等地区，俄罗斯也有分布。

【生长环境】生于林下、林缘、路旁及山坡耕地旁等处。

【实用价值】全草入药，为治疟疾的良药。

菊科
Asteraceae
飞蓬属
Erigeron L.

小蓬草 *Erigeron canadensis* L.

【中文异名】小飞蓬

【拉丁异名】*Conyza canadensis* (L.) Cronq.

【生 长 型】一年生草本。

【产地与分布】原产于北美洲。辽宁省各地普遍生长，保护区内广布，现广布于我国各地。

【生长环境】生于荒地、田边、路旁等处。

【实用价值】水土保持等生态价值。

菊科
Asteraceae
苍耳属
Xanthium L.

苍耳 *Xanthium strumarium* L.

【中文异名】

【拉丁异名】*Xanthium chinense* Mill.

【生 长 型】一年生草本。

【产地与分布】辽宁省各地普遍生长，保护区内广布。广泛分布于我国各地，俄罗斯、伊朗、印度、朝鲜、日本也有分布。

【生长环境】生于田间、路旁、荒山坡、撂荒地以及住宅附近。

【实用价值】种子可榨油，果实入药，有小毒，有发汗通窍、散风祛湿、消炎镇痛之效。

菊科
Asteraceae
苍耳属
Xanthium L.

意大利苍耳 *Xanthium orientale* subsp. *italicum* (Moretti) Greuter

【中文异名】

【拉丁异名】*Xanthium italicum* Moretti

【生 长 型】一年生草本。

【产地与分布】原产地为北美洲，现主要分布在东、西半球的中纬度地区，最早（1991 年 9 月）在中国被发现。已入侵辽宁省各地，保护区内广布。

【生长环境】生于荒野、路旁及田边。

【实用价值】外来入侵植物，应科学有效地加以控制。

菊科
Asteraceae
牛膝菊属
Galinsoga Ruiz et Pav.

牛膝菊 *Galinsoga parviflora* Cav.

【中文异名】辣子草

【拉丁异名】

【生 长 型】一年生草本。

【产地与分布】原产于南美洲，分布于我国四川、云南、贵州、西藏等地区。产于辽宁地各地，保护区内广布。

【生长环境】生于杂草地、荒坡、路旁、果园、农田等处。

【实用价值】全草药用，有止血、消炎之功效。

菊科
Asteraceae
百日菊属
Zinnia L.

百日菊 *Zinnia elegans* Jacq.

【中文异名】步步登高

【拉丁异名】

【生 长 型】一年生草本。

【产地与分布】原产于墨西哥。辽宁省各地庭院普遍栽培，保护区内有栽培。

【生长环境】种植于公园、庭院及路边。

【实用价值】观赏。

菊科
Asteraceae

秋英 *Cosmos bipinnatus* Cav.

【中文异名】波斯菊

秋英属
Cosmos Cav.

【拉丁异名】
【生 长 型】一年生草本。
【产地与分布】原产于墨西哥。辽宁省各地庭院普遍栽培，保护区内多有栽培。
【生长环境】栽植于公园、庭院及路边。
【实用价值】观赏。

菊科
Asteraceae
鬼针草属
Bidens L.

狼杷草 *Bidens tripartita* L.
【中文异名】狼把草
【拉丁异名】
【生 长 型】一年生草本。
【产地与分布】产于辽宁省各地，保护区内广布。分布于我国东北、华北、华东、华中、西北、西南，广布于亚洲、欧洲、北美洲、非洲及大洋洲。
【生长环境】生于湿草地、沟旁、农田边等地。
【实用价值】全草入药，能清热解毒、养阴敛汗。

菊科
Asteraceae
鬼针草属
Bidens L.

小花鬼针草 *Bidens parviflora* Willd.
【中文异名】小鬼叉
【拉丁异名】
【生 长 型】一年生草本。
【产地与分布】辽宁省产于朝阳、抚顺、大连、丹东、本溪、锦州等地，保护区内广布。分布于我国东北、华北、西北、西南以及河南，日本、朝鲜、俄罗斯（东部西伯利亚）也有分布。
【生长环境】生于山坡湿地、多石质山坡、沟旁、耕地旁、荒地及盐碱地。
【实用价值】水土保持等生态价值。

菊科
Asteraceae
鬼针草属
Bidens L.

鬼针草 *Bidens pilosa* L.
【中文异名】白花鬼针草
【拉丁异名】*Bidens pilosa* var. *radiata* Sch.-Bip.
【生 长 型】
【产地与分布】原产于美洲热带。近年发现于辽宁省大连、朝阳等地，保护区内刀尔登、杨杖子等乡镇有发现。

【生长环境】生于村旁、路边及荒地中。
【实用价值】水土保持等生态价值。

菊科
Asteraceae
鬼针草属
Bidens L.

金盏银盘 *Bidens biternata* (Lour.) Merr. et Sherff
【中文异名】
【拉丁异名】*Coreopsis biternata* Lour.
【生 长 型】一年生草本。
【产地与分布】辽宁省产于葫芦岛、大连、鞍山、丹东、朝阳等地，保护区内广布。分布于亚洲、非洲、大洋洲。
【生长环境】生于山坡路旁、沟边、荒地。
【实用价值】水土保持等生态价值。

菊科
Asteraceae
鬼针草属
Bidens L.

婆婆针 *Bidens bipinnata* L.
【中文异名】鬼针草
【拉丁异名】
【生 长 型】一年生草本。
【产地与分布】辽宁省产于丹东、葫芦岛、朝阳等地，保护区内广布。广布于亚洲、欧洲、北美洲及大洋洲。
【生长环境】生于路边湿地、水边及海边湿地。
【实用价值】民间用作中草药，具有清热、解毒、散瘀、消肿作用。

菊科
Asteraceae
大丽花属
Dahlia Cav

大丽花 *Dahlia pinnata* Cav.
【中文异名】西番莲
【拉丁异名】
【生 长 型】一年生草本。
【产地与分布】原产于墨西哥。辽宁省各地栽培，保护区内多有栽培。
【生长环境】栽植于公园、庭院及路边。
【实用价值】观赏。

菊科
Asteraceae
假苍耳属
Iva L.

假苍耳 *Iva xanthiifolia* Nutt.
【中文异名】
【拉丁异名】*Cyclachaena xanthiifolia* (Nutt.) Fresen.
【生 长 型】一年生草本。

【产地与分布】原产于北美洲和欧洲。辽宁省产于沈阳、朝阳、阜新等地，保护区内刀尔登、前进等乡镇有分布。
【生长环境】生于农田内外、路旁、村落和荒地。
【实用价值】为外来植物，应科学有效地加以控制。

菊科
Asteraceae
豨莶属
Sigesbeckia L.

腺梗豨莶 *Sigesbeckia pubescens* (Makino) Makino
【中文异名】毛豨莶
【拉丁异名】
【生 长 型】一年生草本。
【产地与分布】辽宁省产于鞍山、本溪、丹东、朝阳等地，保护区内广布。分布于我国浙江、福建、安徽、江西、湖北、湖南、四川、广东及云南等地，朝鲜和日本也有分布。
【生长环境】生于田间、路旁及灌丛中。
【实用价值】水土保持等生态价值。

菊科
Asteraceae
豨莶属
Sigesbeckia L.

毛梗豨莶 *Sigesbeckia glabrescens* Makino
【中文异名】光豨莶
【拉丁异名】
【生 长 型】一年生草本。
【产地与分布】辽宁省产于沈阳、鞍山、抚顺、本溪、丹东、阜新、朝阳等地，保护区内广布。分布于我国吉林、河北、山西、甘肃、陕西、河南、江苏、浙江、贵州、云南、西藏，朝鲜、日本也有分布。
【生长环境】生于山坡沙土地、路旁、田边、沟边等处。
【实用价值】水土保持等生态价值。

菊科
Asteraceae
鳢肠属
Eclipta L.

鳢肠 *Eclipta prostrata* (L.) L.
【中文异名】旱莲草
【拉丁异名】
【生 长 型】一年生草本。
【产地与分布】辽宁省产于朝阳、丹东和大连等地，保护区内广布。广泛分布于世界热带及亚热带地区。
【生长环境】生于田间、河岸及水边湿地。
【实用价值】全草入药，有凉血、止血、滋补肝肾、清热解毒之效。

菊科
Asteraceae
向日葵属
Helianthus L.

菊芋 *Helianthus tuberosus* L.
【中文异名】鬼子姜
【拉丁异名】
【生 长 型】一年生草本。
【产地与分布】原产于北美。辽宁省各地普遍栽培，保护区内广泛栽培。
【生长环境】生于山坡、荒地、路边及庭院。
【实用价值】腌咸菜及鲜食。

菊科
Asteraceae
向日葵属
Helianthus L.

向日葵 *Helianthus annuus* L.
【中文异名】丈菊
【拉丁异名】
【生 长 型】一年生草本。
【产地与分布】原产于北美。辽宁省各地普遍栽培，保护区内广泛栽培。
【生长环境】种植于山坡、农田及庭院。
【实用价值】油料作物，观赏。

菊科
Asteraceae
万寿菊属
Tagetes L.

孔雀草 *Tagetes patula* L.
【中文异名】
【拉丁异名】
【生 长 型】一年生草本。
【产地与分布】原产于墨西哥。辽宁省常见栽培，保护区内有栽培。
【生长环境】种植于公园庭院、路边。
【实用价值】观赏；全草入药，有清热解毒、止咳等药效。

菊科
Asteraceae
万寿菊属
Tagetes L.

万寿菊 *Tagetes erecta* L.
【中文异名】孔雀菊
【拉丁异名】
【生 长 型】一年生草本。
【产地与分布】原产于墨西哥。辽宁省常见栽培，保护区内有栽培。

【生长环境】种植于公园、庭院及路边。
【实用价值】观赏；花可以食用。

菊科
Asteraceae
蓍属
Achillea L.

高山蓍 *Achillea alpina* L.
【中文异名】锯齿草
【拉丁异名】
【生 长 型】多年生草本。
【产地与分布】产于辽宁省沈阳、鞍山、大连、朝阳、锦州、本溪、抚顺、阜新等地，保护区内大河北、三道河子等乡镇有分布。分布于我国东北、华北、西北，蒙古、朝鲜、日本也有分布。
【生长环境】生于山坡湿草地、林缘、沟旁、路旁等地。
【实用价值】全草药用，可解毒消肿、止血、止痛。

菊科
Asteraceae
蓍属
Achillea L.

短瓣蓍 *Achillea ptarmicoides* Maxim.
【中文异名】
【拉丁异名】*Artemisia sibirica* var. *discoidea* Rgl.
【生 长 型】多年生草本。
【产地与分布】产于辽宁省各地，保护区内广布。分布于我国东北、华北，俄罗斯（远东地区）、朝鲜也有分布。
【生长环境】生于河谷草甸、山坡路旁及灌丛间。
【实用价值】优良牧草。

菊科
Asteraceae
茼蒿属
Glebionis Cassini

蒿子杆 *Glebionis carinata* (Schousb.) Tzvelev
【中文异名】
【拉丁异名】*Chrysanthemum carinatum* Schousb.
【生 长 型】一年生草本。
【产地与分布】栽培植物，辽宁省各地有栽培，保护区内有栽培。
【生长环境】种植于菜园及庭院。
【实用价值】做蔬菜用。

菊科
Asteraceae
茼蒿属

南茼蒿 *Glebionis segetum* (L.) Fourreau
【中文异名】
【拉丁异名】

Glebionis Cassini

【生 长 型】一年生草本。
【产地与分布】我国南方广泛栽培。辽宁省各地栽培，保护区内有栽培。
【生长环境】种植于菜园及庭院。
【实用价值】做蔬菜用。

菊科
Asteraceae
菊属
Chrysanthemum L.

菊花 *Chrysanthemum morifolium* Ramat.
【中文异名】
【拉丁异名】*Dendranthema morifolium* (Ramat.) Tzvel.
【生 长 型】多年生草本。
【产地与分布】原产于我国，辽宁省乃至全国广泛栽培，保护区内多有栽培。
【生长环境】栽植于公园及庭院。
【实用价值】观赏，药用。

菊科
Asteraceae
菊属
Chrysanthemum L.

野菊 *Chrysanthemum indicum* L.
【中文异名】
【拉丁异名】*Dendranthema indicum* (L.) Des Moul.
【生 长 型】多年生草本。
【产地与分布】辽宁省产于葫芦岛、锦州、朝阳、抚顺、丹东等地，保护区内广布。分布于我国东北、华北、华中、华南及西南，印度、日本、朝鲜、俄罗斯也有分布。
【生长环境】生于山坡、灌丛、河边、石质山坡地。
【实用价值】全草入药，有清热解毒、疏风散热、散瘀、明目、降血压之功效。

菊科
Asteraceae
菊属
Chrysanthemum L.

甘野菊 *Chrysanthemum lavandulifolium* var. *seticuspe* (Maxim.) Shih
【中文异名】
【拉丁异名】*Chrysanthemum seticuspe* (Maxim.) Hand.-Mazz.
【生 长 型】多年生草本。
【产地与分布】辽宁省产于锦州、沈阳、抚顺、鞍山、本溪、丹东、朝阳等地，保护区内广布。分布于我国北部，朝鲜、日本也有分布。

【生长环境】生于山坡、林缘及路旁。
【实用价值】观赏及药用。

菊科
Asteraceae
菊属
Chrysanthemum L.

甘菊 *Chrysanthemum lavandulifolium* (Fisch. et Trantv.) Makino
【中文异名】
【拉丁异名】*Dendranthema lavandulifolium* (Fisch. ex Trautv.) Ling et Shihin
【生 长 型】多年生草本。
【产地与分布】辽宁省产于朝阳、阜新、锦州、抚顺、鞍山等地，保护区内广布。分布于我国东北、华北、西北、华东、华中及西南。
【生长环境】生于石质山坡及山坡路旁。
【实用价值】观赏及药用。

菊科
Asteraceae
菊属
Chrysanthemum L.

小红菊 *Chrysanthemum chanetii* H.Lév.
【中文异名】
【拉丁异名】*Dendranthema chanetii* (Lévl.) Shih
【生 长 型】多年生草本。
【产地与分布】辽宁省产于朝阳、鞍山、大连、本溪等地，保护区内广布。分布于我国东北、华北、西北，朝鲜、俄罗斯、日本也有分布。
【生长环境】生于山坡林缘、草原、灌丛及河滩等处。
【实用价值】水土保持等生态价值及观赏。

菊科
Asteraceae
线叶菊属
（兔毛蒿属）
Filifolium Kitam.

线叶菊 *Filifolium sibiricum* (L.) Kitam.
【中文异名】兔毛蒿
【拉丁异名】
【生 长 型】多年生草本。
【产地与分布】辽宁省产于鞍山、朝阳、阜新等地，保护区内大河北、刘杖子等乡镇有分布。分布于我国东北、华北，蒙古、俄罗斯（远东地区）、朝鲜、日本也有分布。
【生长环境】生于干山坡、多石质山坡、草原、固定沙丘或盐碱地区岗地上。
【实用价值】水土保持等生态价值。

菊科
Asteraceae
蒿属
Artemisia L.

大籽蒿 *Artemisia sieversiana* Ehrhart ex Willd.
【中文异名】白蒿
【拉丁异名】
【生 长 型】二年生草本。
【产地与分布】辽宁省各地普遍生长，保护区内广布。广布于我国各地，俄罗斯、蒙古、朝鲜、印度也有分布。
【生长环境】生于沙质草地、山坡草地及住宅附近。
【实用价值】水土保持等生态价值。

菊科
Asteraceae
蒿属
Artemisia L.

青蒿 *Artemisia caruifolia* Buch.-Ham. ex Roxb.
【中文异名】香蒿
【拉丁异名】*Artemisia apiacea* Hance
【生 长 型】一年生、二年生草本。
【产地与分布】辽宁省产于营口、辽阳、朝阳等地，保护区内广布。分布于我国东北及华北，俄罗斯（北部）、蒙古、朝鲜及日本也有分布。
【生长环境】生于草地、撂荒地及沙质地。
【实用价值】水土保持等生态价值。

菊科
Asteraceae
蒿属
Artemisia L.

黄花蒿 *Artemisia annua* L.
【中文异名】臭蒿
【拉丁异名】
【生 长 型】一年生、二年生草本。
【产地与分布】辽宁省各地普遍生长，保护区内广布。广布于我国各地，俄罗斯、蒙古、朝鲜、日本、印度及北美洲也有分布。
【生长环境】生于路旁草地、杂草地及荒地。
【实用价值】水土保持等生态价值。

菊科
Asteraceae
蒿属
Artemisia L.

山蒿 *Artemisia brachyloba* Franch.
【中文异名】岩蒿
【拉丁异名】
【生 长 型】半灌木状草本或为小灌木。
【产地与分布】辽宁省产于朝阳、葫芦岛等地，保护区内广布。分布于我国河北、内蒙古、甘肃，蒙古也有分布。

【生长环境】生于岩石缝隙或石砬子上，常为多石质山阳坡的优势植物。
【实用价值】水土保持等生态价值。

菊科
Asteraceae
蒿属
Artemisia L.

细裂叶莲蒿 *Artemisia gmelinii* Weber ex Stechm.
【中文异名】万年蒿
【拉丁异名】*Artemisia sacrorum* Ledeb.
【生 长 型】半灌木状草本。
【产地与分布】产于辽宁省各地，保护区内广布。分布于我国东北、西北，俄罗斯（西伯利亚）也有分布。
【生长环境】生于干草原、多石质山坡、空旷地或杂木林灌丛中。
【实用价值】水土保持等生态价值。

菊科
Asteraceae
蒿属
Artemisia L.

密毛白莲蒿 *Artemisia gmelinii* var. *messerschmidiana* (Besser) Poljakov
【中文异名】白万年蒿
【拉丁异名】
【生 长 型】半灌木状草本。
【产地与分布】辽宁省产于大连、朝阳、锦州、葫芦岛等地，保护区内河坎子、佛爷洞等乡镇有分布。我国除高寒地区外，几乎遍布全国，日本、朝鲜、蒙古也有分布。
【生长环境】生于山坡、丘陵及路旁。

菊科
Asteraceae
蒿属
Artemisia L.

毛莲蒿 *Artemisia vestita* Wallica
【中文异名】毛莲蓬
【拉丁异名】
【生 长 型】多年生半灌木状草本。
【产地与分布】辽宁省产于朝阳、阜新、锦州、营口等地，保护区内广布。分布于我国东北、华北、西北及西南，朝鲜也有分布。
【生长环境】生于干山坡、多沙石山坡、山岗、干燥丘陵地或草地。
【实用价值】水土保持等生态价值。

菊科
Asteraceae
蒿属
Artemisia L.

两色毛莲蒿 *Artemisia vestita* var. *discolor* (Kom.) Kitag.
【中文异名】两色毛莲蓬
【拉丁异名】
【生 长 型】多年生草本。
【产地与分布】辽宁省产于抚顺、大连、朝阳、锦州、葫芦岛、丹东、本溪等地，保护区内广布。分布于我国东北、华北，蒙古、朝鲜、俄罗斯（远东地区）也有分布。
【生长环境】生于多石质干山坡、干草地。
【实用价值】水土保持等生态价值。

菊科
Asteraceae
蒿属
Artemisia L.

无齿蒌蒿 *Artemisia keiskeana* Miq.
【中文异名】菴闾
【拉丁异名】
【生 长 型】多年生草本。
【产地与分布】辽宁省产于抚顺、鞍山、本溪、丹东、朝阳等地，保护区内广布。分布于我国黑龙江、吉林、河北及山东等地，俄罗斯（西伯利亚）、朝鲜、日本也有分布。
【生长环境】生于干山坡、草地、路旁及石砬子上。
【实用价值】水土保持等生态价值。

菊科
Asteraceae
蒿属
Artemisia L.

蒌蒿 *Artemisia selengensis* Turcz. ex Besser
【中文异名】芦蒿
【拉丁异名】
【生 长 型】多年生草本。
【产地与分布】辽宁省产于朝阳、大连、鞍山、丹东、抚顺等地，保护区内广布。分布于我国东北、内蒙古、河北、山西、江苏、安徽、江西、湖南、广东，蒙古、朝鲜也有分布。
【生长环境】生于林缘、草甸、水甸子边湿地。
【实用价值】全草入药，有止血、消炎、镇咳、化痰之效；嫩茎及叶作蔬菜或腌制酱菜。

菊科
Asteraceae

魁蒿 *Artemisia princeps* Pamp.
【中文异名】

蒿属
Artemisia L.

【拉丁异名】*Artemisia vulgaris* var. *indica* (Willd.) Maxim.
【生 长 型】多年生草本。
【产地与分布】辽宁省产于铁岭、朝阳、葫芦岛等地，保护区内广布。分布于我国北部、东部、西部及西南部。
【生长环境】生于灌丛及河岸。
【实用价值】水土保持等生态价值。

菊科
Asteraceae
蒿属
Artemisia L.

阴地蒿 *Artemisia sylvatica* Maxim.
【中文异名】林艾蒿
【拉丁异名】
【生 长 型】多年生草本。
【产地与分布】辽宁省产于沈阳、朝阳、鞍山、本溪、丹东等地，保护区内广布。分布于我国东北、华北，俄罗斯（远东地区）、朝鲜也有分布。
【生长环境】生于林下、路旁、采伐后的湿草地及山坡湿地。
【实用价值】水土保持等生态价值。

菊科
Asteraceae
蒿属
Artemisia L.

歧茎蒿 *Artemisia igniaria* Maxim.
【中文异名】白艾
【拉丁异名】
【生 长 型】多年生草本。
【产地与分布】辽宁省产于鞍山、锦州、朝阳、丹东等地，保护区内广布。分布于我国东北南部及华北。
【生长环境】生于林下。
【实用价值】水土保持等生态价值。

菊科
Asteraceae
蒿属
Artemisia L.

蒙古蒿 *Artemisia mongolica* (Fisch. ex Bess.) Nakai
【中文异名】
【拉丁异名】*Artemisia vulgaris* var. *mongolica* Fisch. ex Bess.
【生 长 型】多年生草本。
【产地与分布】辽宁省产于朝阳、本溪、阜新、丹东等地，保护区内广布。分布于我国东北及内蒙古、河北、山西、陕西、宁夏、青海、新疆、山东、安徽、江西等地区，蒙古、朝鲜、日本也有分布。
【生长环境】生于山坡、灌丛、河岸边及路旁等地。
【实用价值】全草入药，有温经、止血、散寒、祛湿等作用。

菊科
Asteraceae
蒿属
Artemisia L.

红足蒿 *Artemisia rubripes* Nakai
【中文异名】
【拉丁异名】*Artemisia vulgaris* var. *maximoviczii* Nakai
【生 长 型】多年生草本。
【产地与分布】辽宁省产于朝阳、阜新、葫芦岛、锦州、营口、沈阳、丹东、本溪、大连等地，保护区内广布。分布于我国东北、华北，朝鲜、日本也有分布。
【生长环境】生于林缘、灌丛及撂荒地。
【实用价值】水土保持等生态价值。

菊科
Asteraceae
蒿属
Artemisia L.

辽东蒿 *Artemisia verbenacea* (Kom.) Kitag.
【中文异名】
【拉丁异名】*Artemisia vulgaris* var. *verbenacea* Komar.
【生 长 型】多年生草本。
【产地与分布】辽宁省产于朝阳、营口等地，保护区内广布。分布于我国华北。
【生长环境】生于湿地。
【实用价值】水土保持等生态价值。

菊科
Asteraceae
蒿属
Artemisia L.

矮蒿 *Artemisia lancea* Van
【中文异名】
【拉丁异名】*Artemisia feddei* Levl. et Van.
【生 长 型】多年生草本。
【产地与分布】辽宁省产于锦州、营口、铁岭、抚顺、鞍山、大连、朝阳等地，保护区内广布。我国各地区均有分布，俄罗斯（远东地区）、朝鲜、日本也有分布。
【生长环境】生于林下、路旁、山坡草地及山沟。
【实用价值】水土保持等生态价值。

菊科
Asteraceae

野艾蒿 *Artemisia umbrosa* (Bess.) Turcz. ex DC.
【中文异名】大叶艾蒿

蒿属
Artemisia L.

【拉丁异名】
【生 长 型】多年生草本。
【产地与分布】辽宁省产于鞍山、丹东、朝阳等地，保护区内广布。分布于我国东北、华北，俄罗斯（东部西伯利亚）、朝鲜也有分布。
【生长环境】生于林缘、山坡。
【实用价值】水土保持等生态价值。

菊科
Asteraceae
蒿属
Artemisia L.

艾 *Artemisia argyi* Level et Vant.
【中文异名】艾蒿
【拉丁异名】
【生 长 型】多年生草本。
【产地与分布】遍布于辽宁省各地，分布于我国北部，朝鲜、俄罗斯（东部西伯利亚）、蒙古也有分布。
【生长环境】生于山坡草地、路旁、耕地旁及林缘沟边等地。
【实用价值】除水土保持等生态价值外，全草药用。

菊科
Asteraceae
蒿属
Artemisia L.

朝鲜艾 *Artemisia argyi* var. *gracilis* Pamp.
【中文异名】朝鲜艾蒿
【拉丁异名】
【生 长 型】多年生草本。
【产地与分布】辽宁省产于朝阳、阜新、葫芦岛、沈阳、抚顺、鞍山、大连等地，保护区内广布。分布于我国东北、华北，俄罗斯（远东地区）及蒙古也有分布。
【生长环境】生于路旁、林缘及山坡等地。
【实用价值】水土保持等生态价值。

菊科
Asteraceae
蒿属
Artemisia L.

宽叶山蒿 *Artemisia stolonifera* (Maxim.) Kom.
【中文异名】
【拉丁异名】*Artemisia vulgaris* var. *stolonifera* Maxim.
【生 长 型】多年生草本。
【产地与分布】辽宁省产于本溪、丹东、朝阳、鞍山、锦州等地，保护区内广布。分布于我国东北、华北，朝鲜、日本、俄罗斯（远东地区）也有分布。

【生长环境】生于林缘、林下、路旁、撂荒地及山坡。
【实用价值】水土保持等生态价值。

菊科
Asteraceae
蒿属
Artemisia L.

光沙蒿 *Artemisia oxycephala* Kitag.
【中文异名】沙蒿
【拉丁异名】
【生 长 型】半灌木状草本或为小灌木。
【产地与分布】辽宁省产于朝阳、阜新等地，保护区内广布。分布于我国东北及内蒙古。
【生长环境】生于干草原、固定沙丘、山坡草地及沙碱地。
【实用价值】水土保持等生态价值。

菊科
Asteraceae
蒿属
Artemisia L.

猪毛蒿 *Artemisia scoparia* Waldst. et Kit.
【中文异名】
【拉丁异名】*Artemisia trichophylla* Wall. ex DC.
【生 长 型】一年生、二年生或多年生草本。
【产地与分布】辽宁省各地普遍生长，保护区内广布。广布于我国各地，蒙古、俄罗斯（西伯利亚）、日本、朝鲜、印度、匈牙利、美国也有分布。
【生长环境】生于田边、山坡、休闲地、林缘及庭院、沙质草地。
【实用价值】水土保持等生态价值。

菊科
Asteraceae
蒿属
Artemisia L.

牡蒿 *Artemisia japonica* Thunb.
【中文异名】
【拉丁异名】*Artemisia glabrata* Wall. ex Bess.
【生 长 型】多年生草本。
【产地与分布】辽宁省产于葫芦岛、本溪、朝阳、抚顺、沈阳、丹东、大连等地，保护区内广布。分布于我国各地区，朝鲜、日本、俄罗斯（远东地区）也有分布。
【生长环境】生于河岸沙地、山坡砾石地、山坡灌丛及杂木林间。
【实用价值】水土保持等生态价值。

菊科
Asteraceae

南牡蒿 *Artemisia eriopoda* Bunge
【中文异名】

蒿属 *Artemisia* L.	【拉丁异名】*Artemisia japonica* var. *eriopoda* (Bge.) Komar. 【生 长 型】多年生草本。 【产地与分布】辽宁省产于朝阳、葫芦岛、大连等地，保护区内广布。分布于我国东北南部、华北及西北。 【生长环境】生于干山坡松、柞疏林下、山坡灌丛、山坡岩石上。 【实用价值】水土保持等生态价值。
菊科 Asteraceae **蒿属** *Artemisia* L.	**茵陈蒿**　*Artemisia capillaris* Thunb. 【中文异名】茵陈 【拉丁异名】 【生 长 型】多年生草本。 【产地与分布】辽宁省产于朝阳、葫芦岛、营口、大连、丹东、鞍山等地，保护区内广布。分布于我国东北、华北及台湾地区，俄罗斯（远东地区）、朝鲜、日本也有分布。 【生长环境】生于干燥丘陵地、草原、山坡、灌丛。 【实用价值】幼苗称茵陈，全草治黄疸型及无黄疸型肝炎；幼苗可食用。
菊科 Asteraceae **石胡荽属** *Centipeda* Lour.	**石胡荽**　*Centipeda minima* (L.) A. Br. et Ascherson 【中文异名】球子草 【拉丁异名】 【生 长 型】一年生小草本。 【产地与分布】辽宁省产于本溪、丹东、朝阳等地，保护区内刀尔登、三道河子等乡镇有分布。分布于我国东北、华北、华中、华东、华南，朝鲜、日本、蒙古、俄罗斯、印度和马来西亚也有分布。 【生长环境】生于路旁、杂草地、耕地及阴湿地。 【实用价值】本种为中药“鹅不食草”，能通窍散寒、祛风利湿、散瘀消肿，治跌打损伤等症。
菊科 Asteraceae **千里光属**	**林荫千里光**　*Senecio nemorensis* L. 【中文异名】黄菀 【拉丁异名】

Senecio L.

【生 长 型】多年生草本。
【产地与分布】辽宁省产于葫芦岛、朝阳等地，保护区内广布。分布于我国新疆、吉林、河北、山西、山东、陕西、湖北、四川、浙江、福建、台湾等地区，日本、朝鲜、蒙古及欧洲也有分布。
【生长环境】生于林中开旷处、草地或溪边。
【实用价值】水土保持等生态价值。

菊科
Asteraceae
千里光属
Senecio L.

额河千里光 *Senecio argunensis* Turcz.
【中文异名】羽叶千里光
【拉丁异名】
【生 长 型】多年生草本。
【产地与分布】辽宁省各地普遍生长，保护区内广布。分布于我国东北、华北，朝鲜、日本、俄罗斯（西伯利亚）也有分布。
【生长环境】生于灌丛、林缘、山坡草地、河岸湿地及撂荒地。
【实用价值】水土保持等生态价值。

菊科
Asteraceae
千里光属
Senecio L.

琥珀千里光 *Senecio ambraceus* Turcz. ex DC.
【中文异名】大花千里光
【拉丁异名】
【生 长 型】多年生草本。
【产地与分布】辽宁省产于沈阳、抚顺、鞍山、大连、朝阳、葫芦岛、锦州、丹东等地，保护区内广布。分布于我国东北、华北，朝鲜、日本、俄罗斯（西伯利亚）、蒙古也有分布。
【生长环境】生于低湿地、山坡草地、海滨、林缘、沙地、路旁。
【实用价值】水土保持等生态价值。

菊科
Asteraceae
兔儿伞属
Syneilesis Maxim.

兔儿伞 *Syneilesis aconitifolia* (Bunge) Maxim.
【中文异名】
【拉丁异名】*Cacalia aconititolia* Bge.
【生 长 型】多年生草本。

【产地与分布】辽宁省各地普遍生长，保护区内广布。分布于我国东北、华北、华中及华东，朝鲜、俄罗斯（远东地区）、日本也有分布。
【生长环境】生于干山坡、灌丛、草地、林缘、山坡、林间。
【实用价值】根及全草入药，有祛风湿、舒筋活血、止痛之功能。

菊科
Asteraceae
蟹甲草属
Parasenecio W. W. Smith et J. Small

无毛山尖子 *Parasenecio hastatus* var. *glaber* (Ledeb.) Y. L. Chen
【中文异名】
【拉丁异名】
【生 长 型】多年生草本。
【产地与分布】辽宁省产于营口、抚顺、本溪、铁岭、朝阳等地，保护区内广布。分布于我国东北及内蒙古东部。
【生长环境】生于林下、林缘或山坡、路旁等处。
【实用价值】水土保持等生态价值。

菊科
Asteraceae
橐吾属
Ligularia Cass.

狭苞橐吾 *Ligularia intermedia* Nakai
【中文异名】
【拉丁异名】*Ligularia sibirica* var. *stenoloba* (Sphalm.) Diels
【生 长 型】多年生草本。
【产地与分布】辽宁省产于锦州、朝阳等地，保护区内广布。分布于我国东北、华北、西北、华中、华东，朝鲜也有分布。
【生长环境】生于山坡、林缘、草甸、沟边、山谷溪流旁。
【实用价值】根及根状茎入药，茎叶作饲料。

菊科
Asteraceae
狗舌草属
Tephroseris (Rchb.) Rehb.

狗舌草 *Tephroseris kirilowii* (Turcz. ex DC.) Holub
【中文异名】
【拉丁异名】*Senecio integrifolius* (L.) Clairv.
【生 长 型】多年生草本。
【产地与分布】辽宁省各地普遍生长，保护区内广布。分布于我国东北及北部各地区，朝鲜、日本、俄罗斯也有分布。

【生长环境】生于河岸湿草地、沟边、林下。
【实用价值】全草药用，有清热、解毒、利尿之功能。

菊科
Asteraceae
火绒草属
Leontopodium R. Brown

火绒草 *Leontopodium leontopodioides* (Willd.) Beauv.
【中文异名】棉花团花
【拉丁异名】
【生 长 型】多年生草本。
【产地与分布】辽宁省产于沈阳、营口、大连、本溪、丹东、朝阳、阜新、锦州等地，保护区内广布。分布于我国东北、华北及西北，蒙古、朝鲜、日本及俄罗斯也有分布。
【生长环境】生于干草原、石质山坡、丘陵地、林缘及河岸沙地。
【实用价值】全草入药，主治急性肾炎。

菊科
Asteraceae
鼠麴草属
（鼠曲草属）
Gnaphalium L.

湿生鼠麴草 *Gnaphalium uliginosum* L.
【中文异名】
【拉丁异名】*Gnaphalium tranzschelii* Kirp.
【生 长 型】一年生草本。
【产地与分布】辽宁省产于营口、本溪、丹东、朝阳等地，保护区内刀尔登、三道河子等乡镇有分布。分布于我国黑龙江、吉林、河北等地，朝鲜、日本、俄罗斯（远东地区）也有分布。
【生长环境】生于河边水湿地、河套、荒地、湿草地上。
【实用价值】水土保持等生态价值。

菊科
Asteraceae
旋覆花属
Inula L.

线叶旋覆花 *Inula linariifolia* Turcz.
【中文异名】窄叶旋覆花
【拉丁异名】
【生 长 型】多年生草本。
【产地与分布】辽宁省产于沈阳、鞍山、抚顺、大连、朝阳、葫芦岛、锦州、本溪、丹东等地，保护区内广布。分布于我国北部及中部，朝鲜、日本、俄罗斯(远东地区)也有分布。
【生长环境】生于海边湿地、低湿草地、林缘湿地、草甸、路旁及山沟等处。
【实用价值】水土保持等生态价值。

菊科
Asteraceae
旋覆花属
Inula L.

欧亚旋覆花 *Inula britannica* L.
【中文异名】大花旋覆花
【拉丁异名】
【生 长 型】多年生草本。
【产地与分布】辽宁省产于沈阳、铁岭、本溪、丹东、朝阳等地，保护区内广布。分布于我国黑龙江、吉林、河北、内蒙古、新疆，朝鲜、日本、俄罗斯及其他欧洲国家也有分布。
【生长环境】生于山沟旁湿地、湿草甸子、河滩、田边、路旁湿地以及林缘或盐碱地上。
【实用价值】水土保持等生态价值。

菊科
Asteraceae
旋覆花属
Inula L.

旋覆花 *Inula japonica* Thunb.
【中文异名】日本旋覆花
【拉丁异名】*Inula britanica* var. *japonica* (Thunb.) Franch. et Savat.
【生 长 型】多年生草本。
【产地与分布】辽宁省产于沈阳、鞍山、铁岭、朝阳、阜新、本溪、丹东等地，保护区内广布。分布于我国东北、华北、西北、华东、华中，蒙古、朝鲜、俄罗斯（西伯利亚）、日本也有分布。
【生长环境】生于路旁、河边湿地、林缘、河岸、沼泽边湿地。
【实用价值】全草入药，可平喘镇咳。

菊科
Asteraceae
旋覆花属
Inula L.

卵叶旋覆花 *Inula japonica* var. *ovata* C. Y. Li
【中文异名】
【拉丁异名】
【生 长 型】多年生草本。
【产地与分布】辽宁省产于朝阳、锦州、大连、本溪等地，保护区内广布。
【生长环境】生于田边、山坡下湿地及河岸。

【实用价值】水土保持等生态价值。

菊科
Asteraceae
旋覆花属
Inula L.

多枝旋覆花 *Inula japonica* var. *ramosa* (Kom.) C. Y. Li
【中文异名】
【拉丁异名】
【生 长 型】多年生草本。
【产地与分布】辽宁省产于鞍山、沈阳、朝阳等地，保护区内广布。
【生长环境】生于阔叶林下、山坡、溪流边。
【实用价值】水土保持等生态价值。

菊科
Asteraceae
天名精属
（金挖耳属）
Carpesium L.

大花金挖耳 *Carpesium macrocephalum* Franch. et Savat.
【中文异名】
【拉丁异名】*Carpesium eximum* Winkl.
【生 长 型】多年生草本。
【产地与分布】辽宁省产于抚顺、本溪、丹东、朝阳等地，保护区内广布。分布于我国东北、华北、西北、西南，朝鲜、日本、俄罗斯也有分布。
【生长环境】生于混交林下或林缘。
【实用价值】水土保持等生态价值。

菊科
Asteraceae
天名精属
（金挖耳属）
Carpesium L.

烟管头草 *Carpesium cernuum* L.
【中文异名】烟袋草
【拉丁异名】
【生 长 型】多年生草本。
【产地与分布】辽宁省产于大连、营口、丹东、朝阳等地，保护区内广布。分布于我国东北、华北、华中、华南及西南地区，朝鲜、日本、印度、俄罗斯及其他一些欧洲国家也有分布。
【生长环境】生于山坡灌丛及阔叶林缘。
【实用价值】药用，有小毒，有消肿止痛之效。

菊科
Asteraceae
大丁草属

大丁草 *Leibnitzia anandria* (L.) Turcz.
【中文异名】
【拉丁异名】*Gerbera anandria* (L.) Turcz.

Leibnitzia Cass.

【生 长 型】多年生草本。
【产地与分布】辽宁省各地普遍生长，保护区内广布。分布于我国东北、华北，朝鲜、日本、俄罗斯(西伯利亚)也有分布。
【生长环境】生于山坡、林缘、水沟边，适应性较强。
【实用价值】全草入药，有清热利湿、解毒消肿、止咳、止血之效。

菊科
Asteraceae
蚂蚱腿子属
Myripnois Bunge

蚂蚱腿子 *Myripnois dioica* Bunge
【中文异名】
【拉丁异名】
【生 长 型】落叶灌木。
【产地与分布】辽宁省产于朝阳、葫芦岛等地，保护区内广布。分布于我国河北、山西及内蒙古等地区。
【生长环境】生于丘陵、山坡、沟谷及石缝间。
【实用价值】园林绿化，孤植、丛植或片植效果均十分理想。

菊科
Asteraceae
蓝刺头属
Echinops L.

驴欺口 *Echinops davuricus* Fischer ex Hornemann
【中文异名】蓝刺头
【拉丁异名】
【生 长 型】多年生草本。
【产地与分布】辽宁省产于朝阳、本溪等地，保护区内广布。分布于我国东北、华北、西北、华中，朝鲜、蒙古及俄罗斯也有分布。
【生长环境】生于林缘、干山坡。
【实用价值】观赏，作鲜切花和干花。

菊科
Asteraceae
蓝刺头属
Echinops L.

东北蓝刺头 *Echinops dissectus* Kitag.
【中文异名】天蓝刺头
【拉丁异名】
【生 长 型】多年生草本。
【产地与分布】辽宁省产于大连、朝阳、本溪等地，保护区内河坎子、刀尔登等乡镇有分布。分布于我国东北、内蒙古东部，朝鲜（北部）、俄罗斯（远东地区）也有分布。

【生长环境】生于山坡、石砾质地。
【实用价值】观赏，作鲜切花和干花。

菊科
Asteraceae
苍术属
Atractylodes DC.

关苍术 *Atractylodes japonica* Koidz. ex Kitam.
【中文异名】
【拉丁异名】
【生 长 型】多年生草本。
【产地与分布】辽宁省产于抚顺、铁岭、本溪、丹东等地，保护区内有栽培。分布于我国东北，朝鲜、日本、俄罗斯（西伯利亚）也有分布。
【生长环境】生于柞林下、干山坡、林缘。
【实用价值】根状茎入药，有健脾燥湿、祛风除湿等功效。

菊科
Asteraceae
苍术属
Atractylodes DC.

苍术 *Atractylodes lancea* (Thunb.) DC.
【中文异名】北苍术
【拉丁异名】*Atractylodes chinensis* (Bunge) Koidz.
【生 长 型】多年生草本。
【产地与分布】辽宁省产于朝阳、锦州、葫芦岛、大连等地，保护区内广布。分布于我国北部。
【生长环境】生于干山坡、灌丛间。
【实用价值】根状茎药用，具燥湿健脾、祛风散寒、明目等功效。

菊科
Asteraceae
苍术属
Atractylodes DC.

朝鲜苍术 *Atractylodes koreana* (Nakai) Kitam.
【中文异名】
【拉丁异名】*Atractylodes coreana* (Nakai) Kitam.
【生 长 型】多年生草本。
【产地与分布】辽宁省产于鞍山、营口、大连、鞍山、丹东、朝阳等地，保护区内大河北、前进等乡镇有分布。分布于我国东北，朝鲜也有分布。
【生长环境】生于林缘、林下或干山坡。
【实用价值】以块根入药，具有燥湿、健脾、明目之功效。

菊科
Asteraceae

节毛飞廉 *Carduus acanthoides* L.
【中文异名】

飞廉属
Carduus L.

【拉丁异名】
【生 长 型】二年生草本。
【产地与分布】产于辽宁省各地，保护区内广布。分布于我国各地区，欧洲、亚洲及北美洲均有分布。
【生长环境】生于路旁草地、田边、山脚下及河岸。
【实用价值】全草入药，有散瘀止血、清热利湿的功效，也是优良的蜜源植物。

菊科
Asteraceae
飞廉属
Carduus L.

丝毛飞廉 *Carduus crispus* L.
【中文异名】飞簾
【拉丁异名】
【生 长 型】多年生草本。
【产地与分布】产于辽宁省各地，保护区内广布。分布于我国各地区，欧洲、亚洲及北美洲均有分布。
【生长环境】生于山坡、草地、林缘、灌丛中或田间。
【实用价值】全草入药，有散瘀止血、清热利湿的功效，也是优良的蜜源植物。

菊科
Asteraceae
蓟属
Cirsium Mill.

丝路蓟 *Cirsium arvense* (L.) Scopoli
【中文异名】大刺儿菜
【拉丁异名】*Cephalonoplos setosum* (Willd.) Kitam.
【生 长 型】多年生草本。
【产地与分布】产于辽宁省各地，保护区内广布。分布于我国东北、华北，蒙古、日本、朝鲜、俄罗斯及其他欧洲国家也有分布。
【生长环境】生于林下、林缘、河岸、荒地、田间及路旁。
【实用价值】全草入药，有利尿、止血等功效。

菊科
Asteraceae
蓟属
Cirsium Mill.

刺儿菜 *Cirsium arvense* var. *integrifolium* Wimm. & Grab.
【中文异名】
【拉丁异名】*Cephalonoplos segetum* (Bunge) Kitam.
【生 长 型】多年生草本。
【产地与分布】辽宁省各地普遍生长，保护区内广布。广布于我国各地，朝鲜、日本也有分布。
【生长环境】生于田间、荒地、路旁等处，为常见的田间杂草。

【实用价值】全草入药（药名小蓟），有凉血、行瘀止血之功能。

菊科

Asteraceae

蓟属

Cirsium Mill.

线叶蓟 *Cirsium lineare* (Thunb.) Sch.-Bip

【中文异名】线叶绒背蓟

【拉丁异名】*Cirsium vlassovianum* var. *lineare* (Thunb.) C. Y. Li

【生 长 型】多年生草本。

【产地与分布】辽宁省产于朝阳、阜新、葫芦岛、抚顺、鞍山、营口等地，保护区内广布。分布于我国陕西、河南、湖南、浙江、江西、广东、广西、四川、云南，日本也有分布。

【生长环境】生于山坡、林下、草甸湿地及路旁。

【实用价值】水土保持等生态价值。

菊科

Asteraceae

蓟属

Cirsium Mill.

烟管蓟 *Cirsium pendulum* Fisch. ex DC.

【中文异名】

【拉丁异名】*Cnicu falcaturn* Turcz. ex DC.

【生 长 型】多年生草本。

【产地与分布】辽宁省产于沈阳、葫芦岛、阜新、丹东、朝阳等地，保护区内广布。分布于我国东北、华北、西北，俄罗斯（远东地区）、朝鲜、日本也有分布。

【生长环境】生于林下、河岸、河谷、湿草甸等处。

【实用价值】根药用，新鲜舂烂后敷包伤口，治外伤出血。

菊科

Asteraceae

蓟属

Cirsium Mill.

绒背蓟 *Cirsium vlassovianum* Fisch. ex DC.

【中文异名】

【拉丁异名】

【生 长 型】多年生草本。

【产地与分布】辽宁省产于铁岭、抚顺、鞍山、大连、丹东、本溪、朝阳等地，保护区内河坎子、佛爷洞等乡镇有分布。分布于我国北部，俄罗斯（西伯利亚）、朝鲜及蒙古也有分布。

【生长环境】生于林下、林缘、林间草地及荒地。

【实用价值】水土保持等生态价值。

菊科
Asteraceae
蓟属
Cirsium Mill.

林蓟 *Cirsium schantarense* Trautv. et Mey.
【中文异名】
【拉丁异名】*Cirsium littorale* Maxim.
【生 长 型】多年生草本。
【产地与分布】辽宁省产于沈阳、本溪、丹东、朝阳等地，保护区内河坎子乡有分布。分布于我国东北，俄罗斯远东地区有分布。
【生长环境】生于林中及林缘潮湿处、河边或草甸。
【实用价值】水土保持等生态价值。

菊科
Asteraceae
蓟属
Cirsium Mill.

绿蓟 *Cirsium chinense* Gardn. et Champ.
【中文异名】
【拉丁异名】*Cnicus chinensis* (Gardn. et Champ.) Benth.
【生 长 型】多年生草本。
【产地与分布】辽宁省产于大连、朝阳等地，保护区内刘杖子、前进等乡镇有分布。
【生长环境】生于山沟及山坡草丛中。
【实用价值】水土保持等生态价值。

菊科
Asteraceae
蓟属
Cirsium Mill.

野蓟 *Cirsium maackii* Maxim.
【中文异名】
【拉丁异名】*Cirsium littorale* var. *ussuriense* Rgl.
【生 长 型】多年生草本。
【产地与分布】辽宁省产于沈阳、营口、丹东、本溪、锦州、朝阳等地，保护区内广布。分布于我国北部，朝鲜、俄罗斯（远东地区）也有分布。
【生长环境】生于林下、林缘湿草地、山坡草地、撂荒地。
【实用价值】水土保持等生态价值。

菊科
Asteraceae
漏芦属
Rhaponticum Cass.

漏芦 *Rhaponticum uniflorum* (L.) DC.
【中文异名】
【拉丁异名】*Stemmacantha uniflora* (L.) Dittrich
【生 长 型】多年生草本。

【产地与分布】辽宁省各地普遍生长，保护区内广布。分布于我国东北、华北、西北，朝鲜、俄罗斯（西伯利亚）、蒙古也有分布。

【生长环境】生于草原、林下、山坡、山坡砾石地、沙质地等处。

【实用价值】根药用，能排脓止血，亦能通乳、驱虫。

菊科
Asteraceae
山牛蒡属
Synurus Iljin

山牛蒡 *Synurus deltoides* (Aiton) Nakai

【中文异名】裂叶山牛蒡

【拉丁异名】

【生 长 型】多年生草本。

【产地与分布】产于辽宁省各地，保护区内广布。分布于我国东北、华北、华中，蒙古、俄罗斯（东部西伯利亚）、朝鲜、日本也有分布。

【生长环境】生于山坡草地、林下、林缘。

【实用价值】药用，可降低体内胆固醇，减少毒素、废物在体内积存，达到预防中风和防治胃癌、子宫癌的功效。

菊科
Asteraceae
牛蒡属
Arctium L.

牛蒡 *Arctium lappa* L.

【中文异名】大力子

【拉丁异名】

【生 长 型】二年生草本。

【产地与分布】辽宁省各地普遍生长，保护区内广布。分布于我国各地，朝鲜、日本、印度、俄罗斯及其他欧洲国家也有分布。

【生长环境】生于林下、林缘、山坡、村落、路旁，常有栽培。

【实用价值】全草药用，有利尿之功效。

菊科
Asteraceae
伪泥胡菜属
Serratula L.

伪泥胡菜 *Serratula coronata* L.

【中文异名】

【拉丁异名】*Mastrucium pinnatifidum* Cass.

【生 长 型】多年生草本。

【产地与分布】辽宁省产于沈阳、鞍山、朝阳等地，保护区内广布。分布于我国黑龙江、吉林、河北、内蒙古、新疆、陕西、湖北、江苏等地区，俄罗斯及其他一些欧洲国家也有分布。
【生长环境】生于林下、林缘、山坡、草甸、路旁等处。
【实用价值】水土保持等生态价值。

菊科
Asteraceae
麻花头属
Klasea Cassini

麻花头 *Klasea centauroides* (L.) Cassini ex Kitag.
【中文异名】菠菜帘子
【拉丁异名】*Serratula komarovii* Iljin
【生 长 型】多年生草本。
【产地与分布】辽宁省产于朝阳、葫芦岛、沈阳等地，保护区内广布，分布于我国东北及内蒙古，俄罗斯（远东地区）也有分布。
【生长环境】生于山坡灌丛、田间路旁、山脚草甸。
【实用价值】水土保持等生态价值。

菊科
Asteraceae
麻花头属
Klasea Cassini

多花麻花头 *Klasea centauroides* subsp. *polycephala* (Iljin) L. Martins
【中文异名】多头麻花头
【拉丁异名】*Serratula polycephala* Iljin
【生 长 型】多年生草本。
【产地与分布】辽宁省产于朝阳、阜新、锦州、沈阳、大连等地，保护区内广布。分布于我国河北、山西、内蒙古。
【生长环境】生于山坡路旁、干草地、耕地及荒地。
【实用价值】水土保持等生态价值。

菊科
Asteraceae
麻花头属
Klasea Cassini

白花多头麻花头 *Klasea centauroides* f. *leucantha* (Kitag.) S. M.
【中文异名】
【拉丁异名】*Serratula polycephalaIljin* f. *leucantha* Kitag.
【生 长 型】多年生草本。
【产地与分布】辽宁省产于朝阳等地，保护区内广布。
【生长环境】生于沙质地。
【实用价值】水土保持等生态价值。

菊科
Asteraceae

钟苞麻花头 *Klasea centauroides* subsp. *cupuliformis* (Nakai & Kitag.) L. Martins

麻花头属
Klasea Cassini

【中文异名】
【拉丁异名】*Serratula cupuliformis* Nakai et Kitag.
【生 长 型】多年生草本。
【产地与分布】辽宁省产于铁岭、朝阳、本溪等地，保护区内广布。分布于我国吉林、河北、山西等地。
【生长环境】生于山坡、林间草地、路旁及河岸。
【实用价值】水土保持等生态价值。

菊科
Asteraceae
泥胡菜属
Hemisteptia Bunge

泥胡菜 *Hemisteptia lyrata* (Bunge) Fischer & C.A. Meyer
【中文异名】
【拉丁异名】
【生 长 型】二年生草本。
【产地与分布】辽宁省各地普遍生长，保护区内广布。分布于我国各地，朝鲜、日本、印度、越南、老挝也有分布。
【生长环境】生于路旁、林下、荒地、海滨沙质地。
【实用价值】水土保持等生态价值。

菊科
Asteraceae
风毛菊属
Saussurea DC.

草地风毛菊 *Saussurea amara* (L.) DC.
【中文异名】
【拉丁异名】*Serratula amara* L.
【生 长 型】多年生草本。
【产地与分布】辽宁省产于朝阳、沈阳、铁岭、大连等地，保护区内广布。分布于我国黑龙江、吉林、河北、内蒙古等地区，俄罗斯（远东地区）也有分布。
【生长环境】生于荒地、湿草地、耕地边、沙质地。
【实用价值】水土保持等生态价值。

菊科
Asteraceae
风毛菊属
Saussurea DC.

风毛菊 *Saussurea japonica* (Thunb.) DC.
【中文异名】
【拉丁异名】*Serratula japonica* Thunb.
【生 长 型】二年生草本。
【产地与分布】辽宁省产于朝阳、阜新、葫芦岛、沈阳、大连等地，保护区内广布。分布于我国东北、华北、华东，朝鲜、日本也有分布。

【生长环境】生于山坡灌丛间、林下、沙质地。
【实用价值】水土保持等生态价值。

菊科
Asteraceae
风毛菊属
Saussurea DC.

美花风毛菊 *Saussurea pulchella* Fisch. ex DC.
【中文异名】球花风毛菊
【拉丁异名】
【生 长 型】多年生草本。
【产地与分布】辽宁省产于鞍山、大连、营口等地，保护区内有栽培。分布于我国东北、华北，朝鲜、日本、蒙古、俄罗斯也有分布。
【生长环境】生于山坡、灌丛、林缘、林下、沟边、路旁。
【实用价值】观赏。

菊科
Asteraceae
风毛菊属
Saussurea DC.

篦苞风毛菊 *Saussurea pectinata* Bunge ex DC.
【中文异名】羽苞风毛菊
【拉丁异名】*Serratula aspera* Hand. -Mazz.
【生 长 型】多年生草本。
【产地与分布】辽宁省产于朝阳、阜新等地，保护区内广布。分布于我国吉林、河北、山西、内蒙古、河南、山东。
【生长环境】生于山坡草地、路旁、山坡砾石地。
【实用价值】水土保持等生态价值。

菊科
Asteraceae
风毛菊属
Saussurea DC.

白花羽苞风毛菊 *Saussurea pectinata* var. *albiflorum* S. M. Zhang
【中文异名】
【拉丁异名】
【生 长 型】多年生草本。
【产地与分布】产于辽宁省朝阳市，保护区内广布。
【生长环境】生于山坡草地、路旁、山坡砾石地。
【实用价值】水土保持等生态价值。

菊科
Asteraceae

齿苞风毛菊 *Saussurea odontolepis* (Herd.) Seh.-Bip. ex Herd.

风毛菊属
Saussurea DC.

【中文异名】
【拉丁异名】
【生 长 型】多年生草本。
【产地与分布】辽宁省产于沈阳、抚顺、鞍山、大连、葫芦岛、锦州、丹东、朝阳等地，保护区内广布。分布于我国东北，朝鲜、俄罗斯（远东地区）也有分布。
【生长环境】生于灌丛、路边、林下、山坡等处。
【实用价值】水土保持等生态价值。

菊科
Asteraceae
风毛菊属
Saussurea DC.

白花齿苞风毛菊 *Saussurea odontolepis* var. *albiflorum* S. M. Zhang
【中文异名】
【拉丁异名】
【生 长 型】多年生草本。
【产地与分布】产于辽宁省朝阳市，保护区内广布。
【生长环境】生于灌丛、路边、林下、山坡等处。
【实用价值】水土保持等生态价值。

菊科
Asteraceae
风毛菊属
Saussurea DC.

银背风毛菊 *Saussurea nivea* Turcz.
【中文异名】
【拉丁异名】*Serratula eriolepis* Bunge ex DC.
【生 长 型】多年生草本。
【产地与分布】辽宁省产于朝阳、锦州、葫芦岛等地，保护区内刘杖子、前进等乡镇有分布。
【生长环境】生于山坡、林缘、林下及灌丛中。
【实用价值】水土保持等生态价值。

菊科
Asteraceae
风毛菊属
Saussurea DC.

北风毛菊 *Saussurea discolor* (Willd.) DC.
【中文异名】
【拉丁异名】
【生 长 型】多年生草本。
【产地与分布】辽宁省产于朝阳市，保护区内广布。分布于我国北部，朝鲜、俄罗斯及其他欧洲国家也有分布。
【生长环境】生于山坡、林缘、路旁。
【实用价值】水土保持等生态价值。

菊科
Asteraceae
风毛菊属
Saussurea DC.

蒙古风毛菊 *Saussurea mongolica* (Franch.) Franch.
【中文异名】华北风毛菊
【拉丁异名】
【生 长 型】多年生草本。
【产地与分布】辽宁省产于朝阳、葫芦岛等地，保护区内广布。分布于我国北部。
【生长环境】生于山坡、杂木林下。
【实用价值】水土保持等生态价值。

菊科
Asteraceae
风毛菊属
Saussurea DC.

卷苞风毛菊 *Saussurea tunglingensis* F. H. Chen
【中文异名】
【拉丁异名】*Serratula sclerolepis* Nakai et Kitag.
【生 长 型】多年生草本。
【产地与分布】辽宁省产于朝阳、葫芦岛等地。分布于我国河北省。
【生长环境】生于较为湿润的山坡、岩石缝。
【实用价值】水土保持等生态价值。

菊科
Asteraceae
猫儿菊属
Hypochaeris L.

猫儿菊 *Hypochaeris ciliata* (Thunb.) Makino
【中文异名】
【拉丁异名】*Achyrophorus ciliatus* (Thunb.) Schultz Bp.
【生 长 型】多年生草本。
【产地与分布】辽宁省产于铁岭、沈阳、抚顺、大连、朝阳、阜新、锦州、葫芦岛、本溪、丹东等地，保护区内广布。分布于我国东北、华北，朝鲜、蒙古及俄罗斯也有分布。
【生长环境】生于干山坡灌丛间及干草甸子。
【实用价值】水土保持等生态价值。

菊科
Asteraceae
毛连菜属
Picris L.

毛连菜 *Picris hieracioides* L.
【中文异名】
【拉丁异名】*Picris davurica* var. *koreana* (Kitam.) Kitag.
【生 长 型】二年生草本。
【产地与分布】辽宁省产于抚顺、沈阳、鞍山、营口、朝阳、阜新、葫芦岛、本溪、丹东等地，保护区内广布。分布于我国东北、华北、华中、华东、西北、西南，俄罗斯、朝鲜、日本也有分布。
【生长环境】生于林缘、山坡草地、沟边、灌丛等处。
【实用价值】水土保持等生态价值。

菊科
Asteraceae
鸦葱属
Scorzonera L.

华北鸦葱 *Scorzonera albicaulis* Bunge
【中文异名】笔管草
【拉丁异名】
【生 长 型】多年生草本。
【产地与分布】辽宁省产于沈阳、辽阳、大连、朝阳、阜新、锦州、葫芦岛、本溪、丹东等地，保护区内广布。分布于我国东北及黄河流域以北各地区，朝鲜、蒙古、俄罗斯（远东地区）也有分布。
【生长环境】生于干山坡、固定沙丘、沙质地、山坡灌丛、林缘、路旁等处。
【实用价值】家畜饲料。

菊科
Asteraceae
鸦葱属
Scorzonera L.

桃叶鸦葱 *Scorzonera sinensis* Lipsch. & Krasch.
【中文异名】
【拉丁异名】*Scorzonera austriaca* subsp. *Sinensis* Lipsch. et Krasch.
【生 长 型】多年生草本。
【产地与分布】辽宁省产于朝阳、葫芦岛等地，保护区内广布。分布于我国东北、华北。
【生长环境】生于干山坡、丘陵地及灌丛间。
【实用价值】家畜饲料。

菊科
Asteraceae
鸦葱属
Scorzonera L.

鸦葱 *Scorzonera austriaca* Willd.
【中文异名】
【拉丁异名】*Scorzonera ruprechtiana* Lipsch. et Krasch.
【生 长 型】多年生草本。
【产地与分布】辽宁省各地普遍生长，保护区内广布。分布于我国东北、华北，蒙古、朝鲜、俄罗斯及其他欧洲国家也有分布。
【生长环境】生于山坡草地、林下、路旁、石砾质地。
【实用价值】家畜饲料。

菊科
Asteraceae
鸦葱属
Scorzonera L.

蒙古鸦葱 *Scorzonera mongolica* Maxim.
【中文异名】
【拉丁异名】*Scorzonera fengtienensis* Nakai
【生 长 型】多年生草本。
【产地与分布】辽宁省产于营口、大连、朝阳、葫芦岛等地，保护区内大河北、刘杖子、前进等乡镇有分布。分布于我国东北、华北、西北，蒙古、俄罗斯（中亚地区）也有分布。
【生长环境】生于盐碱地、海滨草地及沙质地。
【实用价值】家畜饲料。

菊科
Asteraceae
蒲公英属
Taraxacum Wigg.

朝鲜蒲公英 *Taraxacum coreanum* Nakai
【中文异名】白花蒲公英
【拉丁异名】*Taraxacum pseudo-albidum* Kitag.
【生 长 型】多年生草本。
【产地与分布】辽宁省产于抚顺、沈阳、鞍山、大连、锦州、朝阳、丹东等地，保护区内刘杖子、前进等乡镇有分布。分布于我国东北南部。
【生长环境】生于林缘、向阳地。
【实用价值】药用，也可作野菜食用。

菊科
Asteraceae
蒲公英属
Taraxacum Wigg.

白缘蒲公英 *Taraxacum platypecidum* Diels
【中文异名】热河蒲公英
【拉丁异名】
【生 长 型】多年生草本。
【产地与分布】辽宁省产于锦州、朝阳、沈阳、丹东等地，保护区内河坎子、佛爷洞、刀尔登等乡镇有分布。分布于我国河北、山西、甘肃等地，朝鲜、日本、俄罗斯（远东地区）也有分布。
【生长环境】生于林缘、林下向阳草地。
【实用价值】药用，也可作野菜食用。

菊科
Asteraceae
蒲公英属

丹东蒲公英 *Taraxacum antungense* Kitag.
【中文异名】
【拉丁异名】*Taraxacum urbanum* Kitag.

Taraxacum Wigg.

【生 长 型】多年生草本。
【产地与分布】辽宁省产于丹东、大连、朝阳等地，保护区内广布。
【生长环境】生于山坡杂草地。
【实用价值】药用，也可作野菜食用。

菊科
Asteraceae
蒲公英属
Taraxacum Wigg.

蒲公英 *Taraxacum mongolicum* Hand.-Mazz.
【中文异名】蒙古蒲公英
【拉丁异名】*Taraxacum formosanum* Kitam.
【生 长 型】多年生草本。
【产地与分布】辽宁省各地普遍生长，保护区内广布。分布于我国东北、华北、华东、华中、西北、西南，朝鲜、俄罗斯也有分布。
【生长环境】生于路旁、山坡、湿草地。
【实用价值】药用，也可作野菜食用。

菊科
Asteraceae
蒲公英属
Taraxacum Wigg.

华蒲公英 *Taraxacum borealisinense* Kitam.
【中文异名】
【拉丁异名】*Taraxacum sinicum* Kitag.
【生 长 型】多年生草本。
【产地与分布】辽宁省产于朝阳、葫芦岛、沈阳、营口、大连等地，保护区内广布。分布于我国东北、华北、西北、西南，蒙古、朝鲜、俄罗斯（东部西伯利亚）也有分布。
【生长环境】生于海边湿地、河边沙质地、山坡、路旁。
【实用价值】药用，也可作野菜食用。

菊科
Asteraceae
蒲公英属
Taraxacum Wigg.

亚洲蒲公英 *Taraxacum asiaticum* Dahlst.
【中文异名】戟片蒲公英
【拉丁异名】*Taraxacum falcilobum* Kitag.
【生 长 型】多年生草本。
【产地与分布】辽宁省产于鞍山、沈阳、大连、朝阳、丹东等地，保护区内广布。分布于我国东北、华北、西北及西藏，俄罗斯（西伯利亚）、蒙古、朝鲜也有分布。
【生长环境】生于山坡林下、路旁、村舍附近、湿草地。

【实用价值】药用，也可作野菜食用。

菊科
Asteraceae
蒲公英属
Taraxacum Wigg.

斑叶蒲公英 *Taraxacum variegatum* Kitag.
【中文异名】红梗蒲公英
【拉丁异名】*Taraxacum erythropodium* Kitag.
【生 长 型】多年生草本。
【产地与分布】辽宁省产于大连、本溪、丹东、沈阳、抚顺、葫芦岛、朝阳等地，保护区内三道河子、佛爷洞等乡镇有分布。
【生长环境】生于山地草甸或路旁。
【实用价值】药用，也可作野菜食用。

菊科
Asteraceae
苦苣菜属
Sonchus L.

苦苣菜 *Sonchus oleraceus* L.
【中文异名】滇苦荬菜
【拉丁异名】
【生 长 型】一年生草本。
【产地与分布】产于辽宁省各地，保护区内广布。分布于全国各地，为世界广布种。
【生长环境】生于田间、撂荒地、路旁、河滩、湿草甸及山坡。
【实用价值】全草入药，清热解毒；作野菜食用。

菊科
Asteraceae
苦苣菜属
Sonchus L.

长裂苦苣菜 *Sonchus brachyotus* DC.
【中文异名】苣荬菜
【拉丁异名】
【生 长 型】多年生草本。
【产地与分布】产于辽宁省各地，保护区内广布。分布于我国东北、华北，俄罗斯、朝鲜、日本也有分布。
【生长环境】生于田间、撂荒地、路旁、河滩、湿草甸及山坡。
【实用价值】药用，也可作野菜食用。

菊科
Asteraceae
莴苣属

山莴苣 *Lactuca sibirica* (L.) Benth. ex Maxim.
【中文异名】北山莴苣
【拉丁异名】*Lagedium sibiricum* (L.) Sojak

（山莴苣属）
Lactuca L.

【生 长 型】一、二年生草本。
【产地与分布】辽宁省产于沈阳、抚顺、营口、朝阳、阜新、葫芦岛、锦州等地，保护区内广布。我国除西北外，广布各地，朝鲜、日本、俄罗斯也有分布。
【生长环境】生于山沟路旁、林边、撂荒地及山坡路旁。
【实用价值】水土保持等生态价值。

菊科
Asteraceae
莴苣属
（山莴苣属）
Lactuca L.

乳苣 *Lactuca tatarica* (L.) C. A. Mey.
【中文异名】蒙山莴苣
【拉丁异名】*Mulgedium tataricum* (L.) DC.
【生 长 型】多年生草本。
【产地与分布】辽宁省产于阜新、大连、营口、朝阳等地，保护区内刘杖子、前进等乡镇有分布。分布于我国东北、华北及西北，朝鲜、蒙古、伊朗、印度、俄罗斯及其他欧洲国家也有分布。
【生长环境】生于河边、沟边、路边、沙质地、田边及固定沙丘上。
【实用价值】水土保持等生态价值。

菊科
Asteraceae
莴苣属
（山莴苣属）
Lactuca L.

莴苣 *Lactuca sativa* L.
【中文异名】
【拉丁异名】*Lactuca scariola* var. *sativa* Moris
【生 长 型】多年生草本。
【产地与分布】原产于欧洲。辽宁省各地栽培，保护区内有栽培。
【生长环境】生于菜园、庭院。
【实用价值】作蔬菜食用。常见品种有生菜 var.*romana* Hort.、莴笋 var. *angustata* Irish.等。

菊科
Asteraceae
莴苣属
（山莴苣属）
Lactuca L.

高大翅果菊 *Lactuca elata* Hemsl. ex Hemsl.
【中文异名】高大山莴苣
【拉丁异名】*Pterocypsela elata* (Hemsl.) Shih
【生 长 型】多年生草本。
【产地与分布】辽宁省产于朝阳、铁岭等地，保护区内广布。分布于我国吉林、陕西、甘肃、浙江、安徽、江西、福建等地，俄罗斯（远东地区）、朝鲜及日本也有分布。
【生长环境】生于山谷或山坡林缘、林下、灌丛中或路边。
【实用价值】家畜、家禽饲料。

菊科
Asteraceae
莴苣属
（山莴苣属）
Lactuca L.

毛脉翅果菊 *Lactuca raddeana* Maxim.
【中文异名】毛脉山莴苣
【拉丁异名】*Pterocypsela raddeana* (Maxim.) Shih
【生 长 型】二年生或多年生草本。
【产地与分布】辽宁省产于抚顺、沈阳、葫芦岛、鞍山、本溪、丹东、朝阳等地，保护区内广布。分布于我国东北、华北，朝鲜、日本及俄罗斯也有分布。
【生长环境】生于灌丛、林下、路旁及山坡草地。
【实用价值】家畜、家禽饲料。

菊科
Asteraceae
莴苣属
（山莴苣属）
Lactuca L.

翅果菊 *Lactuca indica* L.
【中文异名】多裂翅果菊
【拉丁异名】*Pterocypsela indica* (L.) Shih
【生 长 型】多年生草本。
【产地与分布】产于辽宁省沈阳、抚顺、丹东、大连、朝阳、锦州、葫芦岛、阜新等地，保护区内广布。
【生长环境】生于山谷、林缘、林下、灌丛中、水沟边、荒地等处。
【实用价值】嫩茎叶可作蔬菜，也可作为家畜、家禽饲料和鱼的饵料。

菊科
Asteraceae
莴苣属
（山莴苣属）
Lactuca L.

翼柄翅果菊 *Lactuca triangulata* Maxim.
【中文异名】翼柄山莴苣
【拉丁异名】*Pterocypsela triangulata* (Maxim.) Shih
【生 长 型】二年生或多年生草本。
【产地与分布】辽宁省产于本溪、丹东、朝阳等地，保护区内广布。分布于我国东北、华北及西北，朝鲜、日本、俄罗斯（远东地区）也有分布。
【生长环境】生于林下、林缘草地。
【实用价值】家畜禽饲料。

菊科
Asteraceae
假还阳参属
Crepidiastrum Nakai

黄瓜假还阳参 *Crepidiastrum denticulatum* (Houttuyn) Pak & Kawano
【中文异名】黄瓜菜
【拉丁异名】*Ixeris denticulata* (Houtt) Stebb.
【生 长 型】一年生或二年生草本。
【产地与分布】辽宁省产于鞍山、丹东、锦州、本溪、大连、朝阳等地，保护区内广布。中国各地栽培。
【生长环境】生于路旁、山坡草地、田野等地。
【实用价值】全草药用，有通结气、利肠胃之功效。

菊科
Asteraceae
假还阳参属
Crepidiastrum Nakai

尖裂假还阳参 *Crepidiastrum sonchifolium* (Maxim.) Pak & Kawano
【中文异名】抱茎小苦荬
【拉丁异名】*Ixeris sonchifolia* Hance
【生 长 型】多年生草本。
【产地与分布】辽宁省各地普遍生长，保护区内广布。分布于我国东北、华北、华中西部、陕西、重庆、四川等地，朝鲜、蒙古、俄罗斯东部也有分布。
【生长环境】生于山坡路旁、河边、荒野及疏林下。
【实用价值】食用或作家畜饲料。

菊科
Asteraceae
苦荬菜属
Ixeris Cass.

中华苦荬菜 *Ixeris chinensis* (Thunb.) Nakai
【中文异名】中华小苦荬
【拉丁异名】*Ixeridium chinense* (Thunb.) Tzvel.
【生 长 型】多年生草本。
【产地与分布】辽宁省各地普遍生长，保护区内广布。分布于我国北部、东部和南部，越南、朝鲜、俄罗斯、日本也有分布。
【生长环境】生于山坡路旁、干草地、田边、河滩沙质地、沙丘等处。
【实用价值】食用或作家畜饲料。

菊科
Asteraceae
耳菊属

盘果菊 *Nabalus tatarinowii* (Maxim.) Nakai
【中文异名】福王草
【拉丁异名】*Prenanthes tatarinowii* Maxim.

Nabalus Cassini

【生 长 型】多年生草本。
【产地与分布】辽宁省产于沈阳、抚顺、本溪、鞍山、丹东、朝阳等地，保护区内广布。分布于我国东北、华北、华中，朝鲜、俄罗斯（远东地区）也有分布。
【生长环境】生于林下、山坡、山沟溪流旁、路旁等地。
【实用价值】嫩茎叶可作家畜饲料。

菊科
Asteraceae
山柳菊属
Hieracium L.

山柳菊 *Hieracium umbellatum* L.
【中文异名】
【拉丁异名】*Hieracium sinense* Vaniot
【生 长 型】多年生草本。
【产地与分布】辽宁省产于沈阳、鞍山、丹东、本溪、朝阳等地，保护区内广布。分布于我国东北、华北、西北、华中及西南，朝鲜、日本、俄罗斯及其他欧洲国家也有分布。
【生长环境】生于林下、林缘、路旁、山坡等处。
【实用价值】全草饲用或药用，有热解毒、利湿消积等功效。

泽泻科
Alismataceae
泽泻属
Alisma L.

东方泽泻 *Alisma plantago-aquatica* subsp. *orientale* (Sam.) Sam.
【中文异名】
【拉丁异名】*Alisma orientale* (Samuel.) Juz.
【生 长 型】多年生草本。
【产地与分布】产于辽宁省各地，保护区内广布。分布于我国各地区，蒙古、俄罗斯、朝鲜、日本及印度（北部地区）也有分布。
【生长环境】生于水沟、浅水边及沼泽中。
【实用价值】块茎药用，有清热、渗湿、利尿之效。

泽泻科
Alismataceae
慈姑属（慈菇属）
Sagittaria L.

野慈姑 *Sagittaria trifolia* L.
【中文异名】剪刀草
【拉丁异名】
【生 长 型】多年生草本。
【产地与分布】辽宁省产于阜新、沈阳、朝阳、大连等地，保护区内广布。分布于我国黑龙江、吉林、内蒙古（东部）、台湾，朝鲜、俄罗斯和日本也有分布。

【生长环境】生于水泡子、沟渠、河流边或沼泽中。

【实用价值】可作家畜、家禽饲料；亦用于花卉观赏。

水鳖科
Hydrocharitaceae
黑藻属
Hydrilla Rich.

黑藻 *Hydrilla verticillata* (L.) Royle

【中文异名】

【拉丁异名】*Serpicula verticillata* L.

【生 长 型】多年生沉水草本。

【产地与分布】产于辽宁省各地，保护区内广布。分布于我国及欧洲、亚洲、非洲和大洋洲等广大地区。

【生长环境】生于水泡子、河流及湖泊中。

【实用价值】适合室内水体绿化，亦能入药，具利尿祛湿之功效。

水麦冬科
Juncaginaceae
水麦冬属
Triglochin L.

水麦冬 *Triglochin palustris* L.

【中文异名】

【拉丁异名】*Triglochin palustre* L.

【生 长 型】多年生草本。

【产地与分布】辽宁省产于沈阳、朝阳、丹东等地，保护区内河坎子、佛爷洞等乡镇有分布。分布于我国黑龙江、吉林、华北、西北、西南，亚洲、欧洲和北美洲也有分布。

【生长环境】生于湿地、沼泽地或盐碱湿草地。

【实用价值】在园林栽培中可作为湿地、沼泽地区的地被植物。

眼子菜科
Potamogetonaceae
眼子菜属
Potamogeton L.

菹草 *Potamogeton crispus* L.

【中文异名】菹草眼子菜

【拉丁异名】

【生 长 型】多年生沉水草本。

【产地与分布】辽宁省产于朝阳、沈阳、大连等地，保护区内广布。分布于我国各地，世界温带地区广泛分布。

【生长环境】生于池沼及水田中。

【实用价值】为草食性鱼类的良好天然饵料。

眼子菜科
Potamogetonaceae
眼子菜属
Potamogeton L.

穿叶眼子菜 *Potamogeton perfoliatus* L.
【中文异名】
【拉丁异名】*Potamogeton perfoliatus* var. *mandshuriensis* A. Benn.
【生 长 型】多年生沉水草本。
【产地与分布】辽宁省产于朝阳、葫芦岛等地，保护区内广布。分布于我国黑龙江、吉林及华北、西北、西南，世界各大洲几乎广泛分布。
【生长环境】生于池沼、沟渠及缓流河水中。
【实用价值】为草食性鱼类的良好天然饵料。

眼子菜科
Potamogetonaceae
篦齿眼子菜属
Stuckenia Börner

篦齿眼子菜 *Stuckenia pectinata* (L.) Börnerin
【中文异名】龙须眼子菜
【拉丁异名】
【生 长 型】多年生沉水草本。
【产地与分布】辽宁省产于沈阳、朝阳等地，保护区内广布。我国各地均有分布，广布于世界温暖地区。
【生长环境】生于池沼及浅河中。
【实用价值】全草可入药，性凉味微苦，有清热解毒之功效；治肺炎、疮疖。

角果藻科
Zannichelliaceae
角果藻属
Zannichellia L.

角果藻 *Zannichellia palustris* L.
【中文异名】柄果角果藻
【拉丁异名】
【生 长 型】多年生沉水草本。
【产地与分布】辽宁省产于大连、朝阳等地，保护区内佛爷洞、刀尔登等乡镇有分布。分布于我国大部分地区，欧洲、亚洲、美洲也有分布。
【生长环境】生于淡水池沼或海滨及内陆的咸水中。
【实用价值】适合室内水体绿化。

百合科
Liliaceae
重楼属
Paris L.

北重楼 *Paris verticillata* Bieb.
【中文异名】七叶一枝花
【拉丁异名】
【生 长 型】多年生草本。

【产地与分布】辽宁省产于本溪、鞍山、丹东、朝阳等地，保护区内广布。分布于我国东北、华北、西北、华东，朝鲜、日本、俄罗斯也有分布。
【生长环境】生于林下、林缘、草丛、沟边。
【实用价值】根状茎药用，具有清热解毒、消肿散瘀之功效。

百合科
Liliaceae
天门冬属
Asparagus L.

龙须菜 *Asparagus schoberioides* Kunth
【中文异名】雉隐天冬
【拉丁异名】
【生 长 型】多年生草本。
【产地与分布】辽宁省产于沈阳、鞍山、本溪、锦州、丹东、朝阳、大连等地，保护区内广布。分布于我国东北、华北、西北及河南、山东等地，日本、朝鲜、俄罗斯（西伯利亚）也有分布。
【生长环境】生于林下或草坡上。
【实用价值】嫩苗可食用。

百合科
Liliaceae
天门冬属
Asparagus L.

兴安天门冬 *Asparagus dauricus* Fisch. ex Link
【中文异名】
【拉丁异名】*Asparagus gibbus* Bunge
【生 长 型】多年生草本。
【产地与分布】辽宁省产于大连、锦州、阜新、朝阳、葫芦岛等地，保护区内广布。分布于我国东北、华北、西北、华东，朝鲜、蒙古、俄罗斯（西伯利亚地区）也有分布。
【生长环境】生于沙丘、多沙坡地和干燥山坡上。
【实用价值】观赏；水土保持等生态价值。

百合科
Liliaceae
天门冬属
Asparagus L.

曲枝天门冬 *Asparagus trichophyllus* Bunge
【中文异名】
【拉丁异名】
【生 长 型】多年生草本。
【产地与分布】辽宁省产于朝阳、葫芦岛等地，保护区内广布。分布于我国东北西南及华北，蒙古也有分布。

【生长环境】生于山坡、灌丛中。
【实用价值】观赏；水土保持等生态价值。

百合科
Liliaceae
天门冬属
Asparagus L.

长花天门冬 *Asparagus longiflorus* Franch.
【中文异名】
【拉丁异名】
【生 长 型】多年生草本。
【产地与分布】辽宁省产于本溪、朝阳等地，保护区内大河北、河坎子等乡镇有分布。分布于我国河北、山西、陕西、甘肃、青海、河南和山东。
【生长环境】生于山坡、林下或灌丛中。
【实用价值】观赏；水土保持等生态价值。

百合科
Liliaceae
天门冬属
Asparagus L.

南玉带 *Asparagus oligoclonos* Maxim.
【中文异名】
【拉丁异名】*Asparagus tamaboki* Yatabe
【生 长 型】多年生草本。
【产地与分布】辽宁省产于沈阳、本溪、鞍山、丹东、大连、锦州、朝阳等地，保护区内广布。分布于我国东北、内蒙古、河北、山东、河南，朝鲜、日本、俄罗斯（远东地区）也有分布。
【生长环境】生于林下、山沟、草原。
【实用价值】观赏；水土保持等生态价值。

百合科
Liliaceae
天门冬属
Asparagus L.

石刁柏 *Asparagus officinalis* L.
【中文异名】芦笋
【拉丁异名】
【生 长 型】多年生草本。
【产地与分布】中国仅新疆西北部有野生。辽宁省有栽培，保护区内有栽培。
【生长环境】种植于菜园、庭院。
【实用价值】观赏，嫩苗可食用。

百合科
Liliaceae

攀援天门冬 *Asparagus brachyphyllus* Turcz.
【中文异名】

天门冬属
Asparagus L.

【拉丁异名】*Asparagus trichophyllus* var. *trachyphyllus* Kunth
【生 长 型】多年生草本。
【产地与分布】辽宁省产于大连、朝阳等地，保护区内广布。分布于我国东北及华北、西北，朝鲜、蒙古、俄罗斯（远东地区）、亚洲中部、欧洲也有分布。
【生长环境】生于山坡、灌丛中。
【实用价值】观赏；水土保持等生态价值。

百合科
Liliaceae
铃兰属
Convallaria L.

铃兰 *Convallaria keiskei* Miq.
【中文异名】香水花
【拉丁异名】
【生 长 型】多年生草本。
【产地与分布】辽宁省产于丹东、本溪、鞍山、朝阳等地，保护区内广布。分布于我国东北、华北、西北、华东、华中，朝鲜、日本、俄罗斯（西伯利亚东部）也有分布。
【生长环境】生于林下、林缘草地。
【实用价值】全草含多种强心苷，具强心、利尿之作用。

百合科
Liliaceae
黄精属
Polygonatum Mill.

黄精 *Polygonatum sibiricum* Delar. ex Redoute
【中文异名】东北黄精
【拉丁异名】
【生 长 型】多年生草本。
【产地与分布】辽宁省产于大连、鞍山、本溪、阜新、朝阳等地，保护区内广布。分布于我国东北及华北、西北、华东，朝鲜、蒙古、俄罗斯（西伯利亚东部地区）也有分布。
【生长环境】生于向阳草地、山坡、灌丛附近及林下。
【实用价值】根状茎药用，具补脾润肺、益气养阴的功能。

百合科
Liliaceae
黄精属
Polygonatum Mill.

五叶黄精 *Polygonatum acuminatifolium* Kom.
【中文异名】
【拉丁异名】*Polygonatum quinquefolium* Kitag.
【生 长 型】多年生草本。
【产地与分布】辽宁省产于沈阳、朝阳等地，保护区内广布。分布于我国东北，俄罗斯（远东地区）也有分布。

【生长环境】生于林下。
【实用价值】根状茎药用，有养阴润燥、生津养胃功效。

百合科
Liliaceae
黄精属
Polygonatum Mill.

小玉竹 *Polygonatum humile* Fisch. ex Maxim.
【中文异名】
【拉丁异名】*Polygonatum humillimum* Nakai
【生 长 型】多年生草本。
【产地与分布】辽宁省产于丹东、朝阳等地，保护区内广布。分布于我国东北、华北，朝鲜、日本、俄罗斯（西伯利亚）也有分布。
【生长环境】生于林下、林缘、山坡、草地。
【实用价值】幼苗和地下根状茎可作为野菜食用，根状茎药用，是一种重要的食药兼用经济植物。

百合科
Liliaceae
黄精属
Polygonatum Mill.

玉竹 *Polygonatum odoratum* (Mill.) Druce
【中文异名】
【生 长 型】多年生草本。
【产地与分布】辽宁省产于沈阳、鞍山、本溪、大连、丹东、葫芦岛、营口、锦州、朝阳、阜新等地，保护区内广布。分布于我国东北、华北、西北、华东、华中，亚洲温带地区都有分布。
【生长环境】生于向阳山坡、林内、灌丛中。
【实用价值】幼苗可食，根状茎药用，具有养阴润燥、生津止渴的功能。

百合科
Liliaceae
黄精属
Polygonatum Mill.

热河黄精 *Polygonatum macropodum* Turcz.
【中文异名】多花黄精
【拉丁异名】
【生 长 型】多年生草本。
【产地与分布】辽宁省产于大连、鞍山、阜新、朝阳、锦州、葫芦岛等地，保护区内广布。分布于我国东北南部及河北、山西、山东等地。
【生长环境】生于林下或阴坡。
【实用价值】根状茎药用，有滋肾润肺、补脾益气之功效。

百合科
Liliaceae
黄精属
Polygonatum Mill.

二苞黄精 *Polygonatum involucratum* (Franch. et Sav.) Maxim.

【中文异名】

【拉丁异名】*Polygonatum periballanthus* Makino

【生 长 型】多年生草本。

【产地与分布】辽宁省产于丹东、本溪、鞍山、朝阳、葫芦岛、锦州等地，保护区内广布。分布于我国东北、华北，朝鲜、日本、俄罗斯（远东地区）也有分布。

【生长环境】生于林下或阴湿山坡。

【实用价值】水土保持等生态价值。

百合科
Liliaceae
舞鹤草属
Maianthemum Web.

舞鹤草 *Maianthemum bifolium* (L.) F. W. Schmidt.

【中文异名】二叶舞鹤草

【拉丁异名】

【生 长 型】多年生草本。

【产地与分布】辽宁省产于本溪、鞍山、丹东、朝阳等地，保护区内前进乡有分布。分布于我国东北、华北、西北及四川省西北部，朝鲜、日本、俄罗斯也有分布。

【生长环境】生于高山阴坡林下。

【实用价值】全草有凉血、止血之功效，外用治外伤出血。

百合科
Liliaceae
舞鹤草属
Maianthemum Web.

鹿药 *Maianthemum japonicum* (A.Gray) LaFrankie

【中文异名】山麋子

【拉丁异名】

【生 长 型】多年生草本。

【产地与分布】辽宁省产于本溪、大连、鞍山、丹东、朝阳、锦州等地，保护区内广布。分布于我国东北、华北、西北、华东、华中、西南，日本、朝鲜、俄罗斯（远东地区）也有分布。

【生长环境】生于林下阴湿处或岩缝中。

【实用价值】幼苗食用；根状茎和根入药，治风湿骨痛、神经性头痛。

百合科
Liliaceae

知母 *Anemarrhena asphodeloides* Bunge

【中文异名】兔子油草

知母属
Anemarrhena Bunge

【拉丁异名】
【生 长 型】多年生草本。
【产地与分布】辽宁省产于大连、营口、锦州、阜新、葫芦岛、朝阳等地，保护区内广布。分布于我国东北、华北、西北、华东，朝鲜、蒙古也有分布。
【生长环境】生于山坡、草地，通常在较干燥或向阳的地方。
【实用价值】常用中药，其根状茎性苦寒，有滋阴降火、润燥滑肠、利大小、便之效。

百合科
Liliaceae
藜芦属
Veratrum L.

藜芦 *Veratrum nigrum* L.
【中文异名】
【拉丁异名】*Veratrum bracteatum* Batalin
【生 长 型】多年生草本。
【产地与分布】辽宁省产于丹东、本溪、朝阳等地，保护区内广布。分布于我国东北、华北、西北、华东、华中、西南，亚洲北部和欧洲中部也有分布。
【生长环境】生于山坡林下、草丛中。
【实用价值】根状茎或全草供药用，主治中风、痰壅、癫痫、疟疾等。

百合科
Liliaceae
油点草属
Tricyrtis Wall.

黄花油点草 *Tricyrtis pilosa* Wallich
【中文异名】
【拉丁异名】*Tricyrtis maculata* (D. Don) Machride
【生 长 型】多年生草本。
【产地与分布】辽宁省产于凌源市，保护区内大河北镇有分布。
【生长环境】生于山坡林下、路旁等处。
【实用价值】本属及本种均为东北新纪录，自然分布区域较小，应加强保护。

百合科
Liliaceae
玉簪属
Hosta Tratt.

玉簪 *Hosta plantaginea* (Lam.) Aschers.
【中文异名】
【拉丁异名】*Hemerocallis plantaginea* Lam.
【生 长 型】多年生草本。

【产地与分布】原产于我国，分布于我国西南、华东。现辽宁省及全国各地都有栽培，保护区内有栽培。

【生长环境】生于湿润的沙壤土，受强光照射则叶片变黄，生长不良。

【实用价值】作地被植物有较高的观赏效果。

百合科
Liliaceae
萱草属
Hemerocallis L.

北黄花菜 *Hemerocallis lilio-asphodelus* L.

【中文异名】黄花萱草

【拉丁异名】

【生 长 型】多年生草本。

【产地与分布】辽宁省产于铁岭、北镇、朝阳等地，保护区内广布。分布于我国东北、西北、华北、华东，俄罗斯（西伯利亚）及其他一些欧洲国家也有分布。

【生长环境】生于山坡、草地。

【实用价值】干花可作蔬菜，根状茎具清热利尿、凉血止血功效。

百合科
Liliaceae
萱草属
Hemerocallis L.

小黄花菜 *Hemerocallis minor* Mill.

【中文异名】黄花菜

【拉丁异名】

【生 长 型】多年生草本。

【产地与分布】辽宁省产于大连、丹东、锦州、朝阳等地，保护区内广布。分布于我国东北、华北、西北，朝鲜、俄罗斯（远东地区）也有分布。

【生长环境】生于草甸、湿草地、沼泽性湿草地、林间及山坡稍湿草地。

【实用价值】干花可作蔬菜，根状茎供药用，有利尿消肿的功用。

百合科
Liliaceae
萱草属
Hemerocallis L.

萱草 *Hemerocallis fulva* (L.) L.

【中文异名】忘萱草

【拉丁异名】

【生 长 型】多年生草本。

【产地与分布】本种于秦岭以南有野生，辽宁省各地有栽培，保护区内有栽培。

【生长环境】栽培于公园、庭院及路边。
【实用价值】观赏。

百合科
Liliaceae
萱草属
Hemerocallis L.

重瓣萱草 *Hemerocallis fulva* var. *kwanso* Regel
【中文异名】
【拉丁异名】
【生 长 型】多年生草本。
【产地与分布】辽宁省各地栽培，保护区内有栽培。
【生长环境】栽培于公园、庭院及路边。
【实用价值】观赏。

百合科
Liliaceae
葱属
Allium L.

茖葱 *Allium victorialis* L.
【中文异名】
【拉丁异名】*Allium microdictyum* Prokh.
【生 长 型】多年生草本。
【产地与分布】辽宁省产于朝阳、葫芦岛、丹东等地，保护区内河坎子乡有分布。分布于我国吉林省及华北、西北，广泛分布于北温带。
【生长环境】生于阴湿山坡、林下、草甸。
【实用价值】嫩叶食用；全草具有止血、散瘀、化瘀、止痛的功能，治衄血、瘀血、跌打损伤。

百合科
Liliaceae
葱属
Allium L.

对叶山葱 *Allium listera* Stearn
【中文异名】
【拉丁异名】*Allium victorialis* var. *listera* (Stearn) J. M. Xu
【生 长 型】多年生草本。
【产地与分布】辽宁省产于葫芦岛、朝阳等地，保护区内河坎子、佛爷洞、三道河子等乡镇有分布。分布于我国吉林省及华北、西北，广泛分布于北温带。
【生长环境】生于阴湿山坡、林下、草甸。
【实用价值】嫩叶食用；全草具有止血、散瘀、化瘀、止痛的功能，治衄血、瘀血、跌打损伤。

百合科
Liliaceae

蒜 *Allium sativum* L.
【中文异名】大蒜

葱属
Allium L.

【拉丁异名】
【生 长 型】多年生草本。
【产地与分布】原产于亚洲西部或欧洲。世界上已有悠久的栽培历史，我国普遍栽培，保护区内多有栽培。
【生长环境】栽植于水肥条件较好的菜园。
【实用价值】幼苗、花莛及鳞茎作蔬菜或调味品用。鳞茎还可供药用，有健胃、止痢、止咳等功效。

百合科
Liliaceae
葱属
Allium L.

韭 *Allium tuberosum* Rottler ex Spreng
【中文异名】韭菜
【拉丁异名】
【生 长 型】多年生草本。
【产地与分布】原产于亚洲东南部，现辽宁省及全国各地广泛栽培，作蔬菜，保护区内多有栽培。
【生长环境】生于山坡、菜园及庭院。
【实用价值】除作蔬菜食用外，全草尚有健胃、提神、止汗、固涩之功效。

百合科
Liliaceae
葱属
Allium L.

野韭 *Allium ramosum* L.
【中文异名】
【拉丁异名】*Allium tataricum* L.
【生 长 型】多年生草本。
【产地与分布】辽宁省产于沈阳、丹东、阜新、朝阳等地，保护区内广布。分布于我国东北、华北、西北，俄罗斯（西伯利亚地区）、蒙古也有分布。
【生长环境】生于向阳山坡、草地上。
【实用价值】可作野菜食用。

百合科
Liliaceae
葱属
Allium L.

蒙古韭 *Allium mongolicum* Regel
【中文异名】
【拉丁异名】
【生 长 型】多年生草本。
【产地与分布】辽宁省产于西部地区，保护区内广布。分布于我国华北及西北地区。
【生长环境】生于沙地、干旱山坡。

【实用价值】水土保持等生态价值。

百合科
Liliaceae
葱属
Allium L.

洋葱 *Allium cepa* L.
【中文异名】圆葱
【拉丁异名】
【生 长 型】多年生草本。
【产地与分布】原产于亚洲西部。现辽宁省及世界各地普遍栽培，保护区内有栽培。
【生长环境】栽植于水肥条件较好的菜园及庭院。
【实用价值】鳞茎供食用。

百合科
Liliaceae
葱属
Allium L.

火葱 *Allium cepa* var. *aggregatum* G . Donin
【中文异名】
【拉丁异名】*Allium ascalonicum* L.
【生 长 型】多年生草本。
【产地与分布】辽宁省各地栽培，保护区内有栽培。
【生长环境】栽植于水肥条件较好的菜园及庭院。
【实用价值】食用。

百合科
Liliaceae
葱属
Allium L.

薤白 *Allium macrostemon* Bunge
【中文异名】小根蒜
【拉丁异名】
【生 长 型】多年生草本。
【产地与分布】辽宁省产于沈阳、鞍山、大连、朝阳、锦州、葫芦岛等地。分布于我国东北、华北、华东、中南、西南，朝鲜、日本、俄罗斯（远东地区）也有分布。
【生长环境】生于田野间、草地和山坡上。
【实用价值】鳞茎及幼苗食用，又为农田及菜园之杂草。

百合科
Liliaceae
葱属
Allium L.

球序韭 *Allium thunbergii* G . Don
【中文异名】雾灵韭
【拉丁异名】*Allium plurifoliatum* var. *stenodon* (Nakai et Kitag.) J. M. Xu
【生 长 型】多年生草本。
【产地与分布】辽宁省各地均有分布，保护区内广布。分布于我国东北、华北、华中、华东及陕西省，蒙古、朝鲜、日本、俄罗斯（远东地区）也有分布。
【生长环境】生于山坡、草地、湿地、林下。
【实用价值】水土保持等生态价值。

百合科
Liliaceae
葱属
Allium L.

砂韭 *Allium bidentatum* Fisch. ex Prokh.
【中文异名】砂葱
【拉丁异名】
【生 长 型】多年生草本。
【产地与分布】辽宁省产于朝阳、营口等地，保护区内广布。分布于我国东北及华北，蒙古、俄罗斯（远东地区）也有分布。
【生长环境】生于向阳山坡、石砬子、草原上。
【实用价值】水土保持等生态价值。

百合科
Liliaceae
葱属
Allium L.

细叶韭 *Allium tenuissimum* L.
【中文异名】细叶葱
【拉丁异名】
【生 长 型】多年生草本。
【产地与分布】辽宁省产于铁岭、阜新、朝阳、大连等地，保护区内广布。分布于我国东北及华北，蒙古、俄罗斯（西伯利亚地区）也有分布。
【生长环境】生于山坡、草地或沙丘上。
【实用价值】水土保持等生态价值。

百合科
Liliaceae
葱属
Allium L.

矮韭 *Allium anisopodium* Ledeb.
【中文异名】
【拉丁异名】*Allium tchefouense* Debeaux
【生 长 型】多年生草本。
【产地与分布】辽宁省产于大连、沈阳、葫芦岛、朝阳、阜新、本溪等地，保护区内广布。分布于我国东北、华北、新疆北部，朝鲜、蒙古、俄罗斯（中亚、西伯利亚地区）也有分布。
【生长环境】生于山坡、沙地、草地。
【实用价值】水土保持等生态价值。

百合科
Liliaceae
葱属
Allium L.

山韭 *Allium senescens* L.
【中文异名】
【拉丁异名】*Allium baicalense* Willd.
【生 长 型】多年生草本。
【产地与分布】辽宁省产于大连、鞍山、锦州、朝阳、阜新等地，保护区内广布。分布于我国东北、华北、西北和河南省，从欧洲经俄罗斯中亚直到西伯利亚均有分布。
【生长环境】生于草原、草甸或山坡上。
【实用价值】水土保持等生态价值。

百合科
Liliaceae
葱属
Allium L.

黄花葱 *Allium condensatum* Turcz.
【中文异名】
【拉丁异名】
【生 长 型】多年生草本。
【产地与分布】辽宁省产于大连、葫芦岛、锦州、朝阳、大连等地，保护区内广布。分布于我国东北、华北及山东省，朝鲜、蒙古、俄罗斯（西伯利亚）也有分布。
【生长环境】生于山坡、草地。
【实用价值】水土保持等生态价值。

百合科
Liliaceae
葱属
Allium L.

葱 *Allium fistulosum* L.
【中文异名】
【拉丁异名】*Allium wkegi* Araki
【生 长 型】多年生草本。
【产地与分布】原产于俄罗斯（西伯利亚），现我国广泛栽培，保护区内多有栽培。世界各地亦普遍栽培。
【生长环境】栽植于山坡地、菜园及庭院。
【实用价值】供蔬菜食用；鳞茎药用，具有发汗解表、通阳、利尿之效，种子药用，能补肾明目。

百合科
Liliaceae
葱属
Allium L.

长梗合被韭 *Allium neriniflorum* (Herbert) Baker
【中文异名】长梗韭
【拉丁异名】
【生 长 型】多年生草本。
【产地与分布】辽宁省产于大连、锦州、葫芦岛、朝阳、大连等地，保护区内广布。分布于我国东北、华北，俄罗斯、蒙古也有分布。
【生长环境】生于山坡、草地、沙地。
【实用价值】观赏，水土保持等生态价值。

百合科
Liliaceae
绵枣儿属
Barnardia Lindley

绵枣儿 *Barnardia japonica* (Thunb.) Schult.
【中文异名】
【拉丁异名】*Ornithogalum japonicum* Thunb.
【生 长 型】多年生草本。
【产地与分布】辽宁省产于丹东、大连、朝阳等地，保护区内广布。分布于我国东北、华北、华中、华南、西南，朝鲜、日本、俄罗斯（远东地区）也有分布。
【生长环境】生于山坡、草地、林缘。
【实用价值】鳞茎含果糖、蔗糖、淀粉，蒸煮食用；鳞茎或全草药用，有活血解毒、消肿止痛作用。

百合科
Liliaceae
贝母属
Fritillaria L.

轮叶贝母 *Fritillaria maximowiczii* Freyn
【中文异名】
【拉丁异名】*Fritillaria maximowiczii* f. *flaviflora* Sun, Q. S. et H. C. Lo
【生 长 型】多年生草本。
【产地与分布】辽宁省产于朝阳、葫芦岛等地，保护区内广布。分布于我国黑龙江、河北北部及内蒙古，俄罗斯（东部西伯利亚）也有分布。
【生长环境】生于山坡草地、林下，亦见于溪流边。
【实用价值】鳞茎可供药用，效果同平贝母，但产量较少。

百合科
Liliaceae
百合属
Lilium L.

渥丹 *Lilium concolor* Salisb.
【中文异名】
【拉丁异名】*Lilium mairei* H. Lév.
【生 长 型】多年生草本。
【产地与分布】辽宁省产于葫芦岛、朝阳等地，保护区内广布。分布于我国吉林、河北、河南、山东、山西、陕西。
【生长环境】生于山坡草地、灌丛间。

【实用价值】鳞茎含淀粉可食，观赏。

百合科
Liliaceae
百合属
Lilium L.

有斑百合 *Lilium concolor* var. *pulchellum* (Fisch.) Regel
【中文异名】
【拉丁异名】*Lilium buschianum* Lodd.
【生 长 型】多年生草本。
【产地与分布】辽宁省产于沈阳、鞍山、抚顺、大连、朝阳、锦州等地，保护区内广布。分布于我国东北、华北。
【生长环境】生于草甸、山坡、湿草地、灌丛间及疏林下。
【实用价值】鳞茎含淀粉可食；花美丽，供观赏；鳞茎供药用，有滋补强壮、止咳之功效。

百合科
Liliaceae
百合属
Lilium L.

卷丹 *Lilium tigrinum* Ker Gawler
【中文异名】
【拉丁异名】*Lilium lancifolium* Thunb.
【生 长 型】多年生草本。
【产地与分布】辽宁省产于大连、丹东、锦州等地，各地常见栽培，保护区内有栽培。
【生长环境】生于山坡灌木林下、草地、路边。
【实用价值】作观赏植物栽培。

百合科
Liliaceae
百合属
Lilium L.

条叶百合 *Lilium callosum* Sieb. et Zucc.
【中文异名】
【拉丁异名】*Lilium taquetii* H. Lév. et Vaniot
【生 长 型】多年生草本。
【产地与分布】辽宁省产于沈阳、朝阳等地，保护区内前进、刘杖子等乡镇有分布。分布于我国黑龙江省，朝鲜、日本、俄罗斯（远东地区）也有分布。
【生长环境】生于山坡、草甸、湿草地、林缘。
【实用价值】观赏。

百合科
Liliaceae
百合属
Lilium L.

山丹 *Lilium pumilum* DC.
【中文异名】细叶百合
【拉丁异名】
【生 长 型】多年生草本。

【产地与分布】辽宁省产于朝阳、大连等地，保护区内广布。分布于我国东北、华北、西北及河南、山东，朝鲜、蒙古、俄罗斯（西伯利亚）也有分布。
【生长环境】生于山坡草地、草甸、草甸草原及林缘。
【实用价值】观赏，鳞茎药用，为滋养强壮、镇咳、祛痰药，并有镇静、利尿作用。

百合科
Liliaceae
顶冰花属
Gagea Salisb.

小顶冰花 *Gagea terraccianoana* Pascher
【中文异名】
【拉丁异名】*Gagea hiensis* Pasch.
【生 长 型】多年生草本。
【产地与分布】辽宁省产于大连、营口、丹东、朝阳等地，保护区内广布。分布于我国东北及西北，朝鲜、俄罗斯（西伯利亚）也有分布。
【生长环境】生于山坡、沟谷及河岸草地。
【实用价值】鳞茎药用，有养心安神之效。

百合科
Liliaceae
郁金香属
Tulipa L.

郁金香 *Tulipa gesneriana* L.
【中文异名】
【拉丁异名】
【生 长 型】多年生草本。
【产地与分布】原产于地中海沿岸及中亚细亚。本种为世界各国广泛栽培的著名花卉，辽宁省各地及保护区内均有栽培。
【生长环境】栽植于公园及庭院。
【实用价值】观赏。

薯蓣科
Dioscoreaceae
薯蓣属
Dioscorea L.

穿龙薯蓣 *Dioscorea nipponica* Makino
【中文异名】穿地龙
【拉丁异名】
【生 长 型】多年生草本。
【产地与分布】辽宁省产于朝阳、锦州、抚顺、沈阳、本溪、营口、鞍山等地，保护区内广布。分布于我国东北、西北、华东、华中，朝鲜、日本、俄罗斯也有分布。
【生长环境】生于林下或林缘灌丛中。

【实用价值】根状茎入药，能舒筋活血、治腰腿疼痛等症。

薯蓣科
Dioscoreaceae
薯蓣属
Dioscorea L.

薯蓣 *Dioscorea polystachya* Turcz.
【中文异名】山药
【拉丁异名】*Gladiolu opposita* Thunb.
【生 长 型】多年生草本。
【产地与分布】辽宁省产于朝阳、葫芦岛、大连等地，保护区内广布。分布于我国各地，朝鲜、日本也有分布。
【生长环境】生于山谷或山坡灌丛中，亦有栽培。
【实用价值】块茎食用，又为常用中药，有强壮、祛痰的功效。

雨久花科
Pontederiaceae
雨久花属
Monochoria Presl

雨久花 *Monochoria korsakowii* Regel et Maack
【中文异名】
【拉丁异名】*Monochoria vaginalis* var. *korsakowii* (Regel et Maack) Solms
【生 长 型】一年生草本。
【产地与分布】辽宁省产于阜新、沈阳、营口、大连、丹东等地，保护区内有栽培。分布于我国东北、华北、华中及华东，朝鲜、日本、俄罗斯（西伯利亚）也有分布。
【生长环境】生于稻田、池塘或浅水处。
【实用价值】观赏植物，亦可为家禽、家畜饲料；药用，有清热解毒、定喘、消肿之效。

鸢尾科
Iridaceae
鸢尾属
Iris L.

野鸢尾 *Iris dichotoma* Pall.
【中文异名】
【拉丁异名】*Pardanthopsis dichotoma* (Pall.) Lenz
【生 长 型】多年生草本。
【产地与分布】辽宁省产于铁岭、沈阳、阜新、朝阳、锦州、葫芦岛、鞍山、丹东、大连等地，保护区内广布。分布于我国东北、华北、西北、华东、华中，蒙古、俄罗斯（东部西伯利亚）也有分布。
【生长环境】生于沙质草地、山坡、丘陵等处。
【实用价值】观赏植物。

鸢尾科 Iridaceae **鸢尾属** *Iris* L.

白花马蔺 *Iris lactea* Pall.

【中文异名】

【拉丁异名】

【生 长 型】多年生草本。

【产地与分布】辽宁省产于凌源市，保护区内大河北、刀尔登等乡镇有分布。分布于我国吉林、内蒙古、青海、新疆、西藏。

【生长环境】生于荒地、路旁及山坡草丛中。

【实用价值】本种为辽宁省新纪录种，应加大扩繁和保护力度。

鸢尾科 Iridaceae **鸢尾属** *Iris* L.

马蔺 *Iris lactea* var. *chinensis* (Fisch.) Koidz.

【中文异名】马兰

【拉丁异名】

【生 长 型】多年生草本。

【产地与分布】辽宁省产于朝阳、阜新、锦州、沈阳、丹东、鞍山、本溪、大连等地，保护区内广布。分布于我国东北、华北、西北及西藏等地，俄罗斯、蒙古、阿富汗、土耳其也有分布。

【生长环境】生于林缘及路旁草地、山坡灌丛、河边及海滨沙质地。

【实用价值】优良的水土保持、观赏和药用植物。

鸢尾科 Iridaceae **鸢尾属** *Iris* L.

囊花鸢尾 *Iris ventricosa* Pall.

【中文异名】巨苞鸢尾

【拉丁异名】

【生 长 型】多年生草本。

【产地与分布】辽宁省产于建平、凌源等地，保护区内前进和刘杖子等乡镇有分布。分布于我国东北和内蒙古，俄罗斯、蒙古也有分布。

【生长环境】生于路旁水甸子、山坡及草地。

【实用价值】具观赏及水土保持等生态价值。

鸢尾科 Iridaceae

细叶鸢尾 *Iris tenuifolia* Pall.

【中文异名】细叶马蔺

鸢尾属
Iris L.

【拉丁异名】
【生 长 型】多年生草本。
【产地与分布】辽宁省产于阜新、朝阳、沈阳等地，保护区内广布。分布于我国东北、华北、西北及西藏，蒙古、俄罗斯、阿富汗、土耳其等国也有分布。
【生长环境】生于固定沙丘、沙砾地、山坡或草原。
【实用价值】具观赏及水土保持等生态价值。

鸢尾科
Iridaceae
鸢尾属
Iris L.

紫苞鸢尾 *Iris ruthenica* Ker-Gawl.
【中文异名】
【拉丁异名】*Iris ruthenica* var. *nana* Maxim.
【生 长 型】多年生草本。
【产地与分布】辽宁省产于朝阳、葫芦岛、沈阳、丹东、大连等地，保护区内广布。分布于我国东北、华北、西北、华东、华中及西南。
【生长环境】生于向阳沙质地或山坡草地。
【实用价值】具观赏及水土保持等生态价值。

鸢尾科
Iridaceae
鸢尾属
Iris L.

单花鸢尾 *Iris uniflora* Pall.ex Link
【中文异名】
【拉丁异名】*Iris ruthenica* var. *uniflora* (Pall. ex Link) Baker
【生 长 型】多年生草本。
【产地与分布】辽宁省产于阜新、锦州、沈阳、本溪、丹东、朝阳、大连等地，保护区内广布。分布于我国黑龙江、吉林和内蒙古，俄罗斯（西伯利亚）、朝鲜也有分布。
【生长环境】生于山坡、林缘、路旁及林下，多成片生长。
【实用价值】具观赏及水土保持等生态价值。

鸢尾科
Iridaceae
鸢尾属
Iris L.

窄叶单花鸢尾 *Iris uniflora* var. *caricina* Kitag.
【中文异名】
【拉丁异名】
【生 长 型】多年生草本。
【产地与分布】辽宁省产于阜新、锦州、沈阳、本溪、丹东、朝阳、大连等地，保护区内广布。分布于我国黑龙江、吉林和内蒙古，俄罗斯（西伯利亚）、朝鲜也有分布。

【生长环境】生于较干旱草原或山坡。
【实用价值】具观赏及水土保持等生态价值。

鸢尾科
Iridaceae
鸢尾属
Iris L.

花菖蒲 *Iris ensata* var. *hortensis* Makino et Nemoto
【中文异名】紫色花菖蒲
【拉丁异名】
【生 长 型】多年生草本。
【产地与分布】辽宁省产于锦州、鞍山、沈阳、本溪等地，保护区内多有栽培。分布于我国东北及华东，朝鲜、日本、俄罗斯也有分布。
【生长环境】生于沼泽地或河岸水湿地。
【实用价值】观赏。

鸢尾科
Iridaceae
鸢尾属
Iris L.

德国鸢尾 *Iris germanica* L.
【中文异名】
【拉丁异名】
【生 长 型】多年生草本。
【产地与分布】原产于欧洲，辽宁省及全国各地普遍栽培，保护区内有栽培。
【生长环境】栽植于公园、庭院及路边。
【实用价值】为著名花卉，供观赏。

鸢尾科
Iridaceae
鸢尾属
Iris L.

粗根鸢尾 *Iris tigridia* Bunge
【中文异名】粗根马莲
【拉丁异名】
【生 长 型】多年生草本。
【产地与分布】辽宁省产于朝阳、铁岭、沈阳、大连等地，保护区内广布。分布于我国黑龙江、吉林、山西及内蒙古，俄罗斯（西伯利亚）和蒙古也有分布。
【生长环境】生于固定沙丘、沙质草地或干山坡。
【实用价值】具观赏及水土保持等生态价值。

鸢尾科
Iridaceae

唐菖蒲 *Gladiolus gandavensis* Van Houtte
【中文异名】剑兰
【拉丁异名】

唐菖蒲属
Gladiolus L.

【生 长 型】多年生草本。
【产地与分布】原产于非洲南部。辽宁省及全国各地普遍栽培，保护区内多有栽培。
【生长环境】栽植于公园、庭院及路边。
【实用价值】为著名观赏花卉，其球茎可入药，有清热解毒的功效。

灯心草科
Juncaceae
灯心草属
Juncus L.

小灯心草 *Juncus bufonius* L.
【中文异名】
【拉丁异名】
【生 长 型】一年生簇生草本。
【产地与分布】辽宁省产于抚顺、阜新、朝阳、沈阳、锦州、丹东、大连等地，保护区内广布。分布于我国东北、华北、西北、西南，朝鲜、日本、俄罗斯（西伯利亚地区）、欧洲也有分布。
【生长环境】生于水边湿地、山坡草地、河套沙质地及碱泡子等处。
【实用价值】水土保持等生态价值。

灯心草科
Juncaceae
灯心草属
Juncus L.

扁茎灯心草 *Juncus compressus* Jacq.
【中文异名】细灯心草
【拉丁异名】*Juncus gracillimus* (Buchen.) Krecz. et Gontsch
【生 长 型】多年生草本。
【产地与分布】辽宁省产于抚顺、阜新、锦州、朝阳、沈阳、大连等地，保护区内广布。分布于我国东北、华北、西北、华东及西南，朝鲜、日本、俄罗斯也有分布。
【生长环境】生于湿草地、山沟旁湿地、水沟中及海滩湿地。
【实用价值】水土保持等生态价值。

灯心草科
Juncaceae
灯心草属
Juncus L.

针灯芯草 *Juncus wallichianus* Laharpe
【中文异名】
【拉丁异名】
【生 长 型】多年生草本。
【产地与分布】辽宁省产于本溪、大连、朝阳等地，保护区内河坎子、三道河子等乡镇有分布。分布于我国东北及台湾地区，朝鲜、日本也有分布。
【生长环境】生于河边及林下湿地。
【实用价值】水土保持等生态价值。

鸭跖草科
Commelinaceae
竹叶子属
Streptolirion Edgew.

竹叶子 *Streptolirion volubile* Edgew.
【中文异名】
【拉丁异名】*Tradescantia cordifolia* Griff.
【生 长 型】一年生缠绕草本。
【产地与分布】辽宁省产于沈阳、本溪、丹东、朝阳等地，保护区内广布。分布于我国东北及华北、西北、华东、华中、西南，朝鲜、日本、印度也有分布。
【生长环境】生于林缘、林内、湿石砬子边缘等处。
【实用价值】水土保持等生态价值。

鸭跖草科
Commelinaceae
鸭跖草属
Commelina L.

鸭跖草 *Commelina communis* L.
【中文异名】鸭趾草
【拉丁异名】
【生 长 型】一年生草本。
【产地与分布】辽宁省各地一般均有生长，保护区内广布。分布于我国东北、华北、西北、华中、华南、西南，朝鲜、日本、俄罗斯及北美洲也有分布。
【生长环境】生于稍湿草地、溪流边以及林缘路旁等处。
【实用价值】全草药用，能清热解毒、利水消肿；嫩茎叶又为春季野菜，亦可作饲料。

鸭跖草科
Commelinaceae
鸭跖草属
Commelina L.

饭包草 *Commelina benghalensis* L.
【中文异名】火柴头
【拉丁异名】
【生 长 型】多年生草本。
【产地与分布】辽宁省产于大连、朝阳等地，保护区内刀尔登、佛爷洞等乡镇有分布。分布于我国山东、河北、河南（太行山）、陕西、四川、云南和台湾，其他亚洲和非洲的热带、亚热带广布。
【生长环境】生长在阴湿地或林下潮湿的地方。

【实用价值】药用，有清热解毒、消肿利尿之效。

鸭跖草科
Commelinaceae
水竹叶属
Murdannia Royle

疣草 *Murdannia keisak* (Hassak.) Hand.-Mazz.
【中文异名】
【拉丁异名】*Aneilema oliganthum* Franch. et Savat.
【生 长 型】一年生草本。
【产地与分布】辽宁省产于沈阳、锦州、丹东、朝阳等地，保护区内刀尔登、三道河子等乡镇有分布。分布于我国黑龙江、吉林及山东、河南、浙江、江西等地，朝鲜、日本也有分布。
【生长环境】生于阴湿地、水田边或水沟旁。
【实用价值】水土保持等生态价值。

禾本科
Gramineae
稻属
Oryza L.

稻 *Oryza sativa* L.
【中文异名】水稻
【拉丁异名】
【生 长 型】一年生草本。
【产地与分布】辽宁省各地有栽培，保护区内多有栽培。全世界热带、亚热带和南温带地区广为栽培。
【生长环境】生在有水源、土壤深厚的平原以及沿河两岸。
【实用价值】最重要的粮食作物之一，除食用外也用于酿酒、制醋及提取淀粉等。

禾本科
Gramineae
菰属
Zizania L.

菰 *Zizania latifolia* (Griseb.) Stapf.
【中文异名】菰笋
【拉丁异名】
【生 长 型】多年生草本。
【产地与分布】辽宁省产于沈阳、大连、朝阳等地，保护区内河坎子乡有分布。分布于我国各地，俄罗斯（东西伯利亚）、朝鲜、日本和中南半岛各国也有分布。
【生长环境】生于湖泊或池沼中。
【实用价值】根与谷粒可入药，又具水土保持等生态价值。

禾本科
Gramineae

日本苇 *Phragmites japonicus* Steud.
【中文异名】日本芦苇

芦苇属
Phragmites Trin.

【拉丁异名】
【生 长 型】多年生草本。
【产地与分布】辽宁省产于丹东、鞍山、营口、朝阳等地，保护区内河坎子乡有分布。分布于我国东北，日本、朝鲜及俄罗斯远东地区均有分布。
【生长环境】生于水中或沼泽地。
【实用价值】秆可供造纸、编席；也可用于固堤。

禾本科
Gramineae
芦苇属
Phragmites Trin.

芦苇 *Phragmites australis* (Clav.) Trin.
【中文异名】热河芦苇
【拉丁异名】*Phragmites jeholensis* Honda
【生 长 型】多年生草本。
【产地与分布】产于辽宁省各地，保护区内广布。全国各地、全球温带地区广泛分布。
【生长环境】生于池沼、河旁、湖边，在沙丘边缘及盐碱地上亦可生长，但植株明显矮小。
【实用价值】秆可供造纸、编席。

禾本科
Gramineae
三芒草属
Aristida L.

三芒草 *Aristida adscensionis* L.
【中文异名】
【拉丁异名】*Aristida heymannii* Regel
【生 长 型】一年生草本。
【产地与分布】辽宁省产于沈阳、锦州及朝阳等地，保护区内广布。分布于我国东北、华北和西北，温带地区其他国家也有分布。
【生长环境】生于干山坡或路旁草地。
【实用价值】水土保持等生态价值。

禾本科
Gramineae
冠芒草属
Enneapogon Desv. ex Beauv.

九顶草 *Enneapogon desvauxii* P.Beauv.
【中文异名】冠芒草
【拉丁异名】
【生 长 型】一年生或二年生草本。
【产地与分布】辽宁省产于朝阳、葫芦岛等地，保护区内广布。分布于我国东北西部、华北。俄罗斯的西伯利亚也有分布。

【生长环境】生于山坡及石缝间。
【实用价值】水土保持等生态价值。

禾本科
Gramineae
隐子草属
Cleistogenes Keng

糙隐子草 *Cleistogenes squarrosa* (Trin.) Keng
【中文异名】兔子毛
【拉丁异名】
【生 长 型】多年生草本。
【产地与分布】辽宁省产于阜新、沈阳、朝阳、大连等地，保护区内广布。分布于我国东北及华北、西北，俄罗斯的西伯利亚及高加索至欧洲也有分布。
【生长环境】生于干山坡或草地。
【实用价值】水土保持等生态价值。

禾本科
Gramineae
隐子草属
Cleistogenes Keng

丛生隐子草 *Cleistogenes caespitosa* Keng
【中文异名】
【拉丁异名】*Kengia caespitosa* (Keng) Packer
【生 长 型】多年生草本。
【产地与分布】辽宁省产于锦州、朝阳等地，保护区内广布。分布于我国东北西南部、华北。
【生长环境】生于干山坡。
【实用价值】水土保持等生态价值。

禾本科
Gramineae
隐子草属
Cleistogenes Keng

凌源隐子草 *Cleistogenes kitagawae* Honda
【中文异名】
【拉丁异名】*Cleistogenes kitagawai* Honda
【生 长 型】多年生草本。
【产地与分布】辽宁省产于朝阳市，保护区内广布。分布于我国河北、内蒙古等地区。
【生长环境】生于山坡草地。
【实用价值】水土保持等生态价值。

禾本科
Gramineae
隐子草属

朝阳隐子草 *Cleistogenes hackelii* (Honda) Honda
【中文异名】中华隐子草
【拉丁异名】*Cleistogenes chinensis* (Maxim.) Keng

Cleistogenes Keng

【生 长 型】多年生草本。
【产地与分布】辽宁省产于锦州、朝阳等地，保护区内广布。分布于我国东北及华北、西北。
【生长环境】生于干山坡及路旁。
【实用价值】水土保持等生态价值。

禾本科
Gramineae
隐子草属
Cleistogenes Keng

多叶隐子草 *Cleistogenes polyphylla* Keng
【中文异名】
【拉丁异名】*Kengia polyphylla* (Keng ex P. C. Keng et L. Liu) Packer
【生 长 型】多年生草本。
【产地与分布】辽宁省产于朝阳、锦州、大连等地，保护区内广布。分布于我国东北及华北。
【生长环境】生于干燥山坡及草地。
【实用价值】水土保持等生态价值。

禾本科
Gramineae
隐子草属
Cleistogenes Keng

北京隐子草 *Cleistogenes hancei* Keng
【中文异名】
【拉丁异名】*Kengia hancei* (Keng) Packer
【生 长 型】多年生草本。
【产地与分布】辽宁省产于朝阳、大连等地，保护区内广布。分布于我国吉林、河北、山西等地。
【生长环境】生于干山坡和路旁。
【实用价值】水土保持等生态价值。

禾本科
Gramineae
草沙蚕属
Tripogon Roem. et Schult.

中华草沙蚕 *Tripogon chinensis* (Franch.) Hack.
【中文异名】
【拉丁异名】*Tripogon coreensis* (Hackel) Ohwi
【生 长 型】多年生草本。
【产地与分布】辽宁省产于大连、朝阳等地，保护区内广布。分布于我国东北南部、华北、西北、华东及西南，俄罗斯的西伯利亚也有分布。
【生长环境】生于干山坡、岩石上及墙上。
【实用价值】水土保持等生态价值。

禾本科
Gramineae
画眉草属
Eragrostis Wolf

知风草 *Eragrostis ferruginea* (Thunb.) Beauv.
【中文异名】梅氏画眉草
【拉丁异名】
【生 长 型】多年生草本。
【产地与分布】辽宁省产于大连、朝阳等地，保护区内广布。分布于我国东北南部、华北、华东、华南、西南，朝鲜、日本及印度半岛也有分布。
【生长环境】生于山坡路旁。
【实用价值】水土保持等生态价值。

禾本科
Gramineae
画眉草属
Eragrostis Wolf

小画眉草 *Eragrostis minor* Host
【中文异名】
【拉丁异名】*Eragrostis poaeoides* P. Beauv.
【生 长 型】一年生草本。
【产地与分布】辽宁省产于阜新、朝阳、锦州、大连等地，保护区内广布。我国各地大部分地区均有分布，世界热带、温带地区广泛分布。
【生长环境】生于草地、路旁及荒野。
【实用价值】水土保持等生态价值。

禾本科
Gramineae
画眉草属
Eragrostis Wolf

大画眉草 *Eragrostis cilianensis* (All.) Link. ex Vign.
【中文异名】
【拉丁异名】*Eragrostis major* Host
【生 长 型】一年生草本。
【产地与分布】辽宁省产于朝阳、葫芦岛、沈阳、营口、大连等地，保护区内广布。我国各地区以及世界其他温带、热带地区广泛分布。
【生长环境】生于草地及路旁。
【实用价值】水土保持等生态价值。

禾本科
Gramineae
画眉草属
Eragrostis Wolf

画眉草 *Eragrostis pilosa* (L.) Beauv.
【中文异名】无毛画眉草
【拉丁异名】*Eragrostis jeholensis* Honda
【生 长 型】一年生草本。
【产地与分布】辽宁省产于阜新、本溪、锦州、沈阳、鞍山、朝阳、大连等地，保护区内广布。全国各地区及全世界广泛分布。
【生长环境】生于荒野、路边及杂草地。
【实用价值】草入药，治跌打损伤、膀胱结石、肾结石、肾炎等症。

禾本科
Gramineae
䅟属
Eleusine Gaertn.

牛筋草 *Eleusine indica* (L.) Gaertn.
【中文异名】
【拉丁异名】*Cynosurus indicus* L.
【生 长 型】一年生草本。
【产地与分布】辽宁省产于沈阳、鞍山、大连、朝阳等地，保护区内广布。分布遍及我国南北各地区。世界其他温带、热带地区也广泛分布。
【生长环境】生于路边及荒草地。
【实用价值】水土保持等生态价值。

禾本科
Gramineae
乱子草属
Muhlenbergia Schreb.

日本乱子草 *Muhlenbergia japonica* Steud.
【中文异名】
【拉丁异名】
【生 长 型】多年生草本。
【产地与分布】辽宁省产于沈阳、本溪、朝阳、大连等地，保护区内广布。分布于我国东北及华北、华东、华中、西南，日本、朝鲜也有分布。
【生长环境】生于山坡路边草地的潮湿地。
【实用价值】水土保持等生态价值。

禾本科
Gramineae
龙常草属
Diarrhena Beauv.

龙常草 *Diarrhena mandshurica* Maxim.
【中文异名】
【拉丁异名】*Diarrhena manshurica* Maxim.
【生 长 型】多年生草本。
【产地与分布】辽宁省产于抚顺、丹东、沈阳、本溪、鞍山、朝阳等地，保护区内广布。分布于我国黑龙江、吉林、河北等地，朝鲜、俄罗斯（西伯利亚）也有分布。
【生长环境】生于林下及荒草地。
【实用价值】水土保持等生态价值。

禾本科
Gramineae
龙常草属
Diarrhena Beauv.

法利龙常草 *Diarrhena fauriei* (Hack.) Ohwi
【中文异名】小果龙常草
【拉丁异名】*Diarrhena yabeana* Kitag.
【生 长 型】多年生草本。
【产地与分布】辽宁省产于沈阳、丹东、鞍山、朝阳等地，保护区内广布。分布于我国黑龙江、吉林及内蒙古，朝鲜、日本及俄罗斯（远东地区）也有分布。
【生长环境】生于林下及路边草地。
【实用价值】水土保持等生态价值。

禾本科
Gramineae
结缕草属
Zoysia Willd.

结缕草 *Zoysia japonica* Steud.
【中文异名】
【拉丁异名】*Zoysia koreana* Mez
【生 长 型】多年生草本。
【产地与分布】辽宁省产于葫芦岛、朝阳、鞍山、丹东、营口、大连等地，保护区内广布。分布于我国东北、华北及华东，朝鲜、日本、俄罗斯也有分布。
【生长环境】生于路边及山坡草地。
【实用价值】水土保持等生态价值。

禾本科
Gramineae
锋芒草属
Tragus Hall.

锋芒草 *Tragus mongolorum* Ohwi
【中文异名】
【拉丁异名】*Tragus racemosus* (L.) All.
【生 长 型】一年生草本。
【产地与分布】辽宁省产于凌源市，保护区内广布。分布于我国华北、西北及西南，世界热带、温带地区均有分布。
【生长环境】生于山坡路旁及荒野。
【实用价值】水土保持等生态价值。

禾本科
Gramineae
锋芒草属
Tragus Hall.

虱子草 *Tragus berteronianus* Schult.
【中文异名】
【拉丁异名】*Tragus bertesonianus* Schult.
【生 长 型】一年生草本。
【产地与分布】辽宁省产于朝阳、大连等地，保护区内广布。分布于我国华北、西北及西南，世界热带、温带地区均有分布。

【生长环境】生于山坡路旁及荒野。

【实用价值】水土保持等生态价值。

禾本科

Gramineae

虎尾草属

Chloris Sw.

虎尾草 *Chloris virgata* Swartz

【中文异名】

【拉丁异名】*Chloris caudata* Trin. ex Bunge

【生 长 型】一年生草本。

【产地与分布】辽宁省产于阜新、朝阳、锦州、沈阳、营口、大连等地，保护区内广布。广泛分布于我国各地区及世界温带、热带地区。

【生长环境】生于路边、草地及草屋顶上。

【实用价值】水土保持等生态价值。

禾本科

Gramineae

大麦属

Hordeum L.

大麦 *Hordeum vulgare* L.

【中文异名】

【拉丁异名】*Hordeum sativum* Jess.

【生 长 型】一年生草本。

【产地与分布】辽宁省各地普遍栽培，保护区内有栽培。在除热带以外的南北两半球的所有国家中都有栽培。

【生长环境】生于水肥条件较好的平原、山地。

【实用价值】是重要的粮食作物，也是制啤酒及麦芽糖的原料。

禾本科

Gramineae

大麦属

Hordeum L.

芒颖大麦草 *Hordeum jubatum* L.

【中文异名】芒麦草

【拉丁异名】

【生 长 型】一年生草本。

【产地与分布】辽宁省产于营口、丹东、朝阳、大连等地，保护区内刀尔登镇有分布。原产于北美及欧亚大陆的寒温带。

【生长环境】生于田野或路旁。

【实用价值】在农田里生长为杂草，危害旱作物；但生长于荒野中又具有水土保持等生态价值。

禾本科
Gramineae
披碱草属
Elymus L.

老芒麦 *Elymus sibiricus* L.
【中文异名】
【拉丁异名】*Triticum arktasianum* F. Hermann
【生 长 型】多年生草本。
【产地与分布】辽宁省产于沈阳、朝阳等地，保护区内广布。分布于我国东北、华北、西北及西南，俄罗斯、蒙古、朝鲜、日本及北美也有分布。
【生长环境】生于山坡、草地、村旁或河岸。
【实用价值】水土保持等生态价值。

禾本科
Gramineae
披碱草属
Elymus L.

披碱草 *Elymus dahuricus* Turcz.
【中文异名】肥披碱草
【拉丁异名】*Elymus excelsus* Turcz.
【生 长 型】多年生草本。
【产地与分布】辽宁省产于锦州、朝阳等地，保护区内广布。分布于我国东北、华北、西北及西南，俄罗斯（东西伯利亚）和朝鲜也有分布。
【生长环境】生于山坡、草地、路旁或河岸。
【实用价值】水土保持等生态价值。

禾本科
Gramineae
披碱草属
Elymus L.

缘毛披碱草 *Elymus pendulinus* (Nevski) Tzvelev
【中文异名】缘毛鹅观草
【拉丁异名】*Roegneria pendulina* Nevski
【生 长 型】多年生草本。
【产地与分布】辽宁省产于抚顺、朝阳、阜新等地，保护区内广布，分布于我国东北及华北，俄罗斯（西西伯利亚）也有分布。
【生长环境】生于河边、路旁或山坡林下。
【实用价值】水土保持等生态价值。

禾本科
Gramineae
披碱草属
Elymus L.

纤毛披碱草 *Elymus ciliaris* (Trin.) Tzvelev
【中文异名】纤毛鹅观草
【拉丁异名】*Elymus ciliaris* f. *eriocaulis* Kitag.
【生 长 型】多年生草本。
【产地与分布】产于辽宁省各地，保护区内广布。分布于我国各地，俄罗斯（远东地区）和朝鲜也有分布。
【生长环境】生于路旁、草地或山坡。
【实用价值】水土保持等生态价值。

禾本科
Gramineae
披碱草属
Elymus L.

毛叶纤毛草 *Elymus ciliaris var. lasiophylla* (Kitag.) Kitag.
【中文异名】粗毛鹅观草
【拉丁异名】
【生 长 型】多年生草本。
【产地与分布】辽宁省产于朝阳、铁岭等地，保护区内广布。分布于我国吉林省，俄罗斯（远东地区）也有分布。
【生长环境】生于干山坡、河岸或草地。
【实用价值】水土保持等生态价值。

禾本科
Gramineae
赖草属
Leymus Hochst.

赖草 *Leymus secalinus* (Georgi) Tzvel.
【中文异名】
【拉丁异名】*Elymus thomsonii* Hook.
【生 长 型】多年生草本。
【产地与分布】辽宁省产于沈阳、朝阳、营口等地，保护区内广布。分布于我国东北、华北、西北及西藏和四川，俄罗斯（西伯利亚、中亚地区）、蒙古、日本也有分布。
【生长环境】生于草地、盐碱地、沙质地及河岸、路旁。
【实用价值】水土保持等生态价值。

禾本科
Gramineae
赖草属
Leymus Hochst.

羊草 *Leymus chinensis* (Trin.) Tzvel.
【中文异名】
【拉丁异名】*Triticum chinense* Trin. ex Bunge
【生 长 型】多年生草本。
【产地与分布】产于辽宁省各地，保护区内广布。分布于我国东北、华北及西北，俄罗斯（西伯利亚）、朝鲜、日本也有分布。
【生长环境】生于草地、盐碱地、沙质地、山坡下部、河岸及路旁。
【实用价值】水土保持等生态价值，同时也是一种优良的牧草。

禾本科
Gramineae
小麦属
Triticum L.

普通小麦 *Triticum aestivum* L.
【中文异名】小麦
【拉丁异名】
【生 长 型】一年生草本。
【产地与分布】辽宁省各地都有栽培，保护区内广泛栽培。除热带外几乎所有的国家或地区及热带的高山地区都有栽培。
【生长环境】生于水肥条件较好的平原、山地。
【实用价值】中国北方最重要的粮食作物。

禾本科
Gramineae
冰草属
Agropyron Gaertn.

冰草 *Agropyron cristatum* (L.) Gaertn.
【中文异名】
【拉丁异名】*Zeia cristata* (L.) Lunell
【生 长 型】多年生草本。
【产地与分布】辽宁省产于阜新、朝阳等地，保护区内广布。分布于我国东北、华北和西北，俄罗斯、中亚和蒙古也有分布。
【生长环境】生于沙地、草地或干山坡。
【实用价值】水土保持等生态价值。

禾本科
Gramineae
甜茅属
Glyceria R. Br.

东北甜茅 *Glyceria triflora* (Korsh.) Kom.
【中文异名】散穗甜茅
【拉丁异名】
【生 长 型】多年生草本。
【产地与分布】辽宁省产于朝阳、本溪等地，保护区内广布。分布于我国东北及华北，朝鲜、俄罗斯及欧洲其他地区也有分布。
【生长环境】生于河边浅水中及沼泽地。
【实用价值】水土保持等生态价值。

禾本科
Gramineae
臭草属
Melica L.

臭草 *Melica scabrosa* Trin.
【中文异名】毛臭草
【拉丁异名】
【生 长 型】多年生草本。
【产地与分布】辽宁省产于沈阳、鞍山、大连、锦州、朝阳、大连等地，保护区内广布。分布于我国华北地区，朝鲜也有分布。
【生长环境】生于山坡草地或路旁。
【实用价值】水土保持等生态价值。

禾本科
Gramineae
臭草属
Melica L.

广序臭草 *Melica onoei* Franch. et Sav.
【中文异名】小野臭草
【拉丁异名】
【生 长 型】多年生草本。
【产地与分布】辽宁省产于朝阳市，保护区内河坎子、佛爷洞等乡镇有分布。分布于我国华北、西北、华东和西南，朝鲜和日本也有分布。
【生长环境】生于山坡草地或路旁。
【实用价值】水土保持等生态价值。

禾本科
Gramineae
短柄草属
Brachypodium Beauv.

短柄草 *Brachypodium sylvaticum* (Huds.) Beauv.
【中文异名】东北短柄草
【拉丁异名】
【生 长 型】多年生草本。
【产地与分布】辽宁省产于大连等地，保护区内河坎子乡有分布。
【生长环境】生于山坡。
【实用价值】水土保持等生态价值。

禾本科
Gramineae
早熟禾属
Poa L.

早熟禾 *Poa annua* L.
【中文异名】爬地早熟禾
【拉丁异名】
【生 长 型】一年生草本。
【产地与分布】辽宁省产于沈阳、朝阳等地，保护区内广布。我国大多数地区都有分布，亚洲、欧洲及北美洲温带也广泛分布。
【生长环境】生于路边草地及湿草地。
【实用价值】水土保持等生态价值。

禾本科
Gramineae

草地早熟禾 *Poa pratensis* L.
【中文异名】狭颖早熟禾

早熟禾属
Poa L.

【拉丁异名】
【生 长 型】多年生草本。
【产地与分布】辽宁省产于阜新、铁岭、本溪、朝阳、丹东、大连等地，保护区内广布。分布于我国东北及华北、西北、华东，朝鲜、日本、蒙古、俄罗斯也有分布。
【生长环境】生于疏甸、疏甸化草原、林缘及林下。
【实用价值】水土保持等生态价值。

禾本科
Gramineae
早熟禾属
Poa L.

硬质早熟禾 *Poa sphondylodes* Trin.
【中文异名】
【拉丁异名】*Poa kelungensis* Ohwi
【生 长 型】多年生草本。
【产地与分布】辽宁省产于阜新、铁岭、锦州、沈阳、鞍山、丹东、朝阳、大连等地，保护区内广布。分布于我国东北及华北、西北、华东，朝鲜、日本、俄罗斯、蒙古也有分布。
【生长环境】生于山坡、路旁及草地。
【实用价值】水土保持等生态价值。

禾本科
Gramineae
早熟禾属
Poa L.

高株早熟禾 *Poa alta* Hitchc.
【中文异名】孪枝早熟禾
【拉丁异名】
【生 长 型】多年生草本。
【产地与分布】辽宁省产于沈阳、锦州、本溪、朝阳等地，保护区内广布。分布于我国东北及内蒙古、河北。
【生长环境】生于林缘及湿草地。
【实用价值】水土保持等生态价值。

禾本科
Gramineae
早熟禾属
Poa L.

泽地早熟禾 *Poa palustris* L.
【中文异名】
【拉丁异名】
【生 长 型】多年生草本。
【产地与分布】辽宁省产于沈阳、鞍山、本溪、朝阳等地，保护区内广布。分布于我国东北及内蒙古，日本、朝鲜、俄罗斯及其他一些欧洲国家、北美洲也有分布。

【生长环境】生于河谷、沼泽、疏甸、林缘、路旁。
【实用价值】水土保持等生态价值。

禾本科
Gramineae
洽草属
Koeleria Pers.

洽草 *Koeleria macrantha* (Ledeb.) Schult.
【中文异名】
【拉丁异名】*Koeleria cristata* (L.) Pers.
【生 长 型】多年生草本。
【产地与分布】辽宁省产于阜新、朝阳、锦州、沈阳、营口、大连等地，保护区内广布。分布于我国东北及华北、西北、华东，日本、朝鲜、俄罗斯及亚洲、欧洲其他温带地区也有分布。
【生长环境】生于山坡、草地、林缘及路旁。
【实用价值】水土保持等生态价值。

禾本科
Gramineae
虉草属
Phalaris L.

虉草 *Phalaris arundinacea* L.
【中文异名】
【拉丁异名】*Typhoides arundinacea* (L.) Moench
【生 长 型】多年生草本。
【产地与分布】辽宁省产于朝阳、阜新、抚顺、沈阳等地，保护区内广布。分布于我国东北及华北、华中、华东，广泛分布于世界温带地区。
【生长环境】生于湿地。
【实用价值】水土保持等生态价值。

禾本科
Gramineae
茅香属
Hierochloe R. Br.

茅香 *Hierochloe odorata* (L.) Beauv.
【中文异名】
【拉丁异名】
【生 长 型】多年生草本。
【产地与分布】辽宁省产于丹东、朝阳等地，保护区内广布。分布于我国内蒙古、甘肃、新疆、青海、陕西、山西、河北、山东、云南等地区。
【生长环境】生于阴坡、河漫滩或湿润草地。
【实用价值】水土保持等生态价值。

禾本科
Gramineae

光稃香草 *Hierochloe glabra* Trin.
【中文异名】光稃茅香

茅香属
Hierochloe R. Br.

【拉丁异名】
【生 长 型】多年生草本。
【产地与分布】辽宁省产于阜新、朝阳、葫芦岛、沈阳、丹东、营口等地，保护区内广布。分布于我国黑龙江、吉林、内蒙古、河北、青海，俄罗斯及亚洲北部有分布。
【生长环境】生于沙地及山坡湿地。
【实用价值】水土保持等生态价值。

禾本科
Gramineae
拂子茅属
Calamagrostis Adans.

假苇拂子茅 *Calamagrostis pseudophragmites* (Hall.F.) Koel.
【中文异名】假苇子
【拉丁异名】
【生 长 型】多年生草本。
【产地与分布】辽宁省产于阜新、铁岭、沈阳、朝阳、锦州、葫芦岛等地，保护区内广布。分布于我国东北及华北、华东、西南、西北，欧洲及亚洲其他温带地区也有分布。
【生长环境】生于山坡草地、路旁湿地及阴湿处。
【实用价值】水土保持等生态价值。

禾本科
Gramineae
拂子茅属
Calamagrostis Adans.

拂子茅 *Calamagrostis epigeios* (L.) Roth.
【中文异名】密花拂子茅
【拉丁异名】
【生 长 型】多年生草本。
【产地与分布】产于辽宁省各地，保护区内广布。分布于我国东北及南北各地区，欧洲、亚洲、北美洲其他温带地区也广泛分布。
【生长环境】生于潮湿草地、林缘及林内草地。
【实用价值】水土保持等生态价值。

禾本科
Gramineae
拂子茅属
Calamagrostis Adans.

大拂子茅 *Calamagrostis macrolepis* Litv.
【中文异名】硬拂子茅
【拉丁异名】*Calamagrostis macrolepis* var. *rigidula* T.F. Wang

【生 长 型】多年生草本。
【产地与分布】辽宁省产于阜新、沈阳、营口、朝阳等地，保护区内广布。分布于我国河北省，俄罗斯（西伯利亚及高加索）和中亚地区也有分布。
【生长环境】生于河边沙地及湿草地。
【实用价值】水土保持等生态价值。

禾本科
Gramineae
拂子茅属
Calamagrostis Adans.

野青茅 *Calamagrostis arundinacea* (L.) Roth
【中文异名】
【拉丁异名】*Deyeuxia arundinacea* (L.) Beauv.
【生 长 型】多年生草本。
【产地与分布】辽宁省产于朝阳、葫芦岛、抚顺等地，保护区内广布。分布于我国东北及华北，朝鲜、日本、俄罗斯及欧洲也有分布。
【生长环境】生于山坡草地及湿地。
【实用价值】水土保持等生态价值。

禾本科
Gramineae
拂子茅属
Calamagrostis Adans.

短毛野青茅 *Calamagrostis arundinacea* var. *brachytricha* (Steud.) Hack.
【中文异名】
【拉丁异名】
【生 长 型】多年生草本。
【产地与分布】辽宁省产于朝阳、葫芦岛、沈阳、丹东、本溪、营口、鞍山、大连等地，保护区内广布。分布于我国东北及华北，朝鲜、日本、俄罗斯（西伯利亚）也有分布。
【生长环境】生于山坡草地及湿地。

禾本科
Gramineae
拂子茅属
Calamagrostis Adans.

糙毛野青茅 *Calamagrostis arundinacea* var. *hirsuta* Hack.
【中文异名】
【拉丁异名】
【生 长 型】多年生草本。
【产地与分布】辽宁省产于朝阳、锦州、本溪、大连等地，保护区内广布。分布于我国东北、华北，朝鲜、日本也有分布。

【生长环境】生于山坡草地及湿地。
【实用价值】水土保持等生态价值。

禾本科
Gramineae
拂子茅属
Calamagrostis Adans.

大叶章 *Calamagrostis purpurea* (Trin.) Trin.
【中文异名】
【拉丁异名】*Calamagrostis langsdorffii* (Link) Trin.
【生 长 型】多年生草本。
【产地与分布】辽宁省产于沈阳、丹东、朝阳等地，保护区内广布。分布于我国黑龙江、吉林、内蒙古、河北、山西、陕西等，日本、朝鲜、蒙古、俄罗斯及欧亚大陆其他温带地区也有分布。
【生长环境】生于山谷湿草地、路旁及河边湿地。
【实用价值】水土保持等生态价值。

禾本科
Gramineae
剪股颖属
Agrostis Griseb.

西伯利亚剪股颖 *Agrostis stolonifera* L.
【中文异名】匍茎剪股颖
【拉丁异名】*Agrostis sibirica* Petrov
【生 长 型】多年生草本。
【产地与分布】辽宁省产于阜新、朝阳等地，保护区内广布。分布于我国东北及华北、西北、华南、华东，欧洲、亚洲、北美洲的其他温带地区广泛分布。
【生长环境】生于湿草地。
【实用价值】水土保持等生态价值。

禾本科
Gramineae
剪股颖属
Agrostis Griseb.

华北剪股颖 *Agrostis clavata* Trin.
【中文异名】剪股颖
【拉丁异名】
【生 长 型】一年生草本。
【产地与分布】辽宁省产于抚顺、丹东、本溪、沈阳、朝阳等地，保护区内广布。分布于我国东北及华北、西北、西南，亚洲北部及欧洲东北部其他地区也有分布。
【生长环境】生于林缘、河边及潮湿草地。
【实用价值】水土保持等生态价值。

禾本科
Gramineae

巨药剪股颖 *Agrostis macranthera* Chang et Skv.
【中文异名】

剪股颖属
Agrostis Griseb.

【拉丁异名】
【生 长 型】多年生草本。
【产地与分布】辽宁省产于沈阳、锦州、朝阳、本溪等地，保护区内广布。分布于我国东北。
【生长环境】生于湿草地及路旁草地。
【实用价值】水土保持等生态价值。

禾本科
Gramineae
菵草属
Beckmannia Host

菵草 *Beckmannia syzigachne* (Steud.) Fernald
【中文异名】水稗子
【拉丁异名】
【生 长 型】一年生草本。
【产地与分布】辽宁省产于阜新、葫芦岛、沈阳、抚顺、本溪、丹东、朝阳等地，保护区内广布。分布于我国东北及南北各地区，世界温寒带广泛分布。
【生长环境】生于水边湿地及河岸上。
【实用价值】水土保持等生态价值。

禾本科
Gramineae
看麦娘属
Alopecurus L.

看麦娘 *Alopecurus aequalis* Sobol.
【中文异名】棒棒草
【拉丁异名】
【生 长 型】一年生草本。
【产地与分布】辽宁省产于葫芦岛、锦州、朝阳、沈阳、本溪、丹东、鞍山等地，保护区内广布。分布几乎遍及全国，欧洲、亚洲、北美洲其他地区也广泛分布。
【生长环境】生于田边及潮湿地。
【实用价值】水土保持等生态价值。

禾本科
Gramineae
看麦娘属
Alopecurus L.

短穗看麦娘 *Alopecurus brachystachyus* Bieb.
【中文异名】
【拉丁异名】
【生 长 型】多年生草本。
【产地与分布】辽宁省产于大连、朝阳等地。分布于我国东北、内蒙古、河北、青海（祁连山）等地区。俄罗斯、蒙古也有分布。
【生长环境】生于草地、山坡、高山草地等稍湿润处。

【实用价值】水土保持等生态价值。

禾本科
Gramineae
针茅属
Stipa L.

长芒草 *Stipa bungeana* Trin.
【中文异名】
【拉丁异名】
【生 长 型】多年生草本。
【产地与分布】辽宁省产于朝阳、葫芦岛等地，保护区内广布。分布于我国华北、西北，亚洲中部及北部其他地区也有分布。
【生长环境】生于路草地及干山坡。
【实用价值】水土保持等生态价值。

禾本科
Gramineae
针茅属
Stipa L.

大针茅 *Stipa grandis* P. Smirn.
【中文异名】
【拉丁异名】
【生 长 型】多年生草本。
【产地与分布】辽宁省产于朝阳、葫芦岛等地，保护区内广布。分布于我国黑龙江、吉林、内蒙古、山西、甘肃，蒙古及俄罗斯也有分布。
【生长环境】生于干疏草地及干山坡。
【实用价值】水土保持等生态价值。

禾本科
Gramineae
针茅属
Stipa L.

狼针草 *Stipa baicalensis* Roshev.
【中文异名】贝加尔针茅
【拉丁异名】
【生 长 型】多年生草本。
【产地与分布】辽宁省产于朝阳、锦州等地，保护区内广布。分布于我国黑龙江、吉林、内蒙古、河北，蒙古、俄罗斯（西伯利亚）也有分布。
【生长环境】生于草地及干山坡。
【实用价值】水土保持等生态价值。

禾本科
Gramineae
芨芨草属

京芒草 *Achnatherum pekinense* (Hance) Ohwi
【中文异名】远东芨芨草
【拉丁异名】*Achnatherum extremiorientale* (Hara) Keng

Achnatherum Beauv.

【生　长　型】多年生草本。
【产地与分布】辽宁省产于大连、锦州、葫芦岛、朝阳、阜新等地，保护区内广布。分布于我国华北及华东。
【生长环境】生于干山坡及山坡草地。
【实用价值】水土保持等生态价值。

禾本科
Gramineae
芨芨草属
Achnatherum Beauv.

朝阳芨芨草　*Achnatherum nakaii* (Honda) Tateoka
【中文异名】中井芨芨草
【拉丁异名】
【生　长　型】多年生草本。
【产地与分布】辽宁省产于朝阳、大连等地，保护区内广布。分布于我国东北、西南及内蒙古。
【生长环境】生于山坡草地。
【实用价值】水土保持等生态价值。

禾本科
Gramineae
芨芨草属
Achnatherum Beauv.

羽茅　*Achnatherum sibiricum* (L.) Keng
【中文异名】光颖芨芨草
【拉丁异名】
【生　长　型】多年生草本。
【产地与分布】辽宁省产于阜新、朝阳、锦州、沈阳、抚顺、鞍山、本溪、营口、大连等地，保护区内广布。分布于我国东北、华北、西北，俄罗斯（远东地区）也有分布。
【生长环境】生于山坡草地。
【实用价值】水土保持等生态价值。

禾本科
Gramineae
野古草属
Arundinella Raddi

毛秆野古草　*Arundinella hirta* (Thunb.) Koidz.
【中文异名】野古草
【拉丁异名】
【生　长　型】多年生草本。
【产地与分布】辽宁省产于阜新、朝阳、葫芦岛、锦州、沈阳、本溪、丹东、营口、大连等地，保护区内广布。分布于我国各地（除青海、新疆、西藏外），朝鲜、日本、俄罗斯也有分布。
【生长环境】生于干山坡草地及林荫潮湿处。

【实用价值】水土保持等生态价值。

禾本科
Gramineae
蒺藜草属
Cenchrus L.

光梗蒺藜草 *Cenchrus spinifex* Cav.
【中文异名】蒺藜草
【拉丁异名】*Cenchrus incertus* M. A. Curtis
【生 长 型】一年生草本。
【产地与分布】辽宁省产于锦州、沈阳、朝阳、大连等地，保护区内刀尔登镇有分布。分布于我国广东、台湾等地区。
【生长环境】多生于荒野田边。
【实用价值】为恶性田间杂草，蔓延极快，应加以控制。

禾本科
Gramineae
狗尾草属
Setaria Beauv.

粱 *Setaria italica* (L.) Beauv.
【中文异名】粟
【拉丁异名】
【生 长 型】一年生草本。
【产地与分布】辽宁省及我国北方地区广泛栽培的粮食作物，保护区内广泛种植。欧亚大陆其他温带地区也有栽培。
【生长环境】生于坡地。
【实用价值】中国北方最重要的粮食作物。

禾本科
Gramineae
狗尾草属
Setaria Beauv.

大狗尾草 *Setaria faberi* Herrmann
【中文异名】
【拉丁异名】
【生 长 型】一年生草本。
【产地与分布】辽宁省产于朝阳、本溪、丹东、大连等地，保护区内广布。分布于我国东北及华北、华东、华南，日本及中南半岛也有分布。
【生长环境】生于荒野及田间。
【实用价值】在田间是杂草，在荒野具水土保持等生态价值。

禾本科
Gramineae

狗尾草 *Setaria viridis* (L.) Beauv.
【中文异名】

狗尾草属
Setaria Beauv.

【拉丁异名】*Panicum viridescens* Steud.
【生 长 型】一年生草本。
【产地与分布】产于辽宁省各地，保护区内广布。分布几乎遍及全国，世界各地亦广泛分布。
【生长环境】生于荒野、路旁及田间。
【实用价值】在田间是杂草，在荒野具水土保持等生态价值。

禾本科
Gramineae
狗尾草属
Setaria Beauv.

金色狗尾草 *Setaria pumila* (Poiret) Roemer & Schultes
【中文异名】硬稃狗尾草
【拉丁异名】
【生 长 型】一年生草本。
【产地与分布】辽宁省产于阜新、葫芦岛、锦州、沈阳、朝阳、大连等地，保护区内广布。分布于我国各地区，欧亚大陆的其他温带及热带的高纬度地区也有分布。
【生长环境】生于荒野、路旁及田间。
【实用价值】在田间是杂草，在荒野具水土保持等生态价值。

禾本科
Gramineae
狼尾草属
Pennisetum Rich.

白草 *Pennisetum flaccidum* Griseb.
【中文异名】
【拉丁异名】*Pennisetum centrasiaticum* Tzvel.
【生 长 型】多年生草本。
【产地与分布】辽宁省产于阜新、朝阳等地，保护区内广布。分布于我国东北及华北、西北、西南，中亚其他地区也有分布。
【生长环境】生于山坡及其他较干燥地。
【实用价值】水土保持等生态价值。

禾本科
Gramineae
狼尾草属
Pennisetum Rich.

狼尾草 *Pennisetum alopecuroides* (L.) Spreng.
【中文异名】
【拉丁异名】*Pennisetum japonicum* Trin.
【生 长 型】多年生草本。
【产地与分布】辽宁省产于葫芦岛、营口、朝阳、大连等地，保护区内广布。分布几乎遍及全国，亚洲及大洋洲其他地区也有分布。
【生长环境】生于田边、路旁及山坡。
【实用价值】水土保持等生态价值。

禾本科
Gramineae
黍属
Panicum L.

稷 *Panicum miliaceum* L.
【中文异名】黍
【拉丁异名】
【生 长 型】一年生草本。
【产地与分布】辽宁省有栽培，保护区内多有栽培。我国东北、华北、华东地区均有栽培，朝鲜、蒙古、俄罗斯也有栽培。
【生长环境】生于坡耕地。
【实用价值】谷类作物，用于食用或酿酒。

禾本科
Gramineae
黍属
Panicum L.

野稷 *Panicum miliaceum* var. *ruderale* Kitag.
【中文异名】
【拉丁异名】
【生 长 型】一年生草本。
【产地与分布】辽宁省产于朝阳、锦州、沈阳等地，保护区内广布。分布于我国东北及华北，中亚其他地区也有分布。
【生长环境】生于干沙丘地。
【实用价值】水土保持等生态价值。

禾本科
Gramineae
黍属
Panicum L.

糠稷 *Panicum bisulcatum* Thunb.
【中文异名】
【拉丁异名】*Panicum acroanthum* Steud.
【生 长 型】一年生草本。
【产地与分布】辽宁省产于沈阳、丹东、朝阳、大连等地，保护区内广布。分布于我国东北及华北、华东、华南，朝鲜、日本、俄罗斯也有分布。
【生长环境】生于荒野潮湿处。
【实用价值】水土保持等生态价值。

禾本科
Gramineae

止血马唐 *Digitaria ischaemum* (Schreb.) Schreb. ex Muhl.
【中文异名】

马唐属
Digitaria Hall.

【拉丁异名】*Syntherisma humifusa* (Pers.) Rydb.
【生 长 型】一年生草本。
【产地与分布】辽宁省产于阜新、朝阳、锦州、沈阳、抚顺、鞍山等地，保护区内广布。分布几乎遍及全国，欧洲、亚洲、北美洲其他地区也有分布。
【生长环境】生于河边、田野及荒野湿润处。
【实用价值】水土保持等生态价值。

禾本科
Gramineae
马唐属
Digitaria Hall.

马唐 *Digitaria sanguinalis* (L.) Scop.
【中文异名】
【拉丁异名】*Panicum sanguinale* L.
【生 长 型】一年生草本。
【产地与分布】辽宁省产于阜新、铁岭、沈阳、营口、朝阳、大连等地，保护区内广布。分布几乎遍及全国，世界温带、热带其他地区也广泛分布。
【生长环境】生于草地及荒野路旁。
【实用价值】水土保持等生态价值。

禾本科
Gramineae
马唐属
Digitaria Hall.

升马唐 *Digitaria ciliaris* (Retz.) Koel.
【中文异名】
【拉丁异名】*Digitaria chrysoblephara* Flig. et De Not
【生 长 型】一年生草本。
【产地与分布】辽宁省产于朝阳、沈阳、抚顺、营口、大连等地，保护区内广布。分布几乎遍及全国，世界温带、热带其他地区也广泛分布。
【生长环境】生于草地及荒野路旁。
【实用价值】水土保持等生态价值。

禾本科
Gramineae
野黍属
Eriochloa Kunth

野黍 *Eriochloa villosa* (Thunb.) Kunth
【中文异名】
【拉丁异名】*Panicum tuberculiflorum* Steud.
【生 长 型】一年生草本。
【产地与分布】辽宁省产于阜新、鞍山、朝阳、大连等地，保护区内广布。分布几乎遍及全国各地，朝鲜、日本、俄罗斯（远东地区）也有分布。

【生长环境】生于旷野、山坡及潮湿处。
【实用价值】作饲料用，果实淀粉可食用。

禾本科
Gramineae
求米草属
Oplismenus Beauv.

求米草 *Oplismenus undulatifolius* (Arduino) Beauv.
【中文异名】
【拉丁异名】*Panicum undulatifolium* Ard.
【生 长 型】一年生草本。
【产地与分布】辽宁省产于朝阳、葫芦岛等地，保护区内广布。分布于我国华东、中南、西南，世界旧大陆温带和亚热带广泛分布。
【生长环境】生于山野林下或阴湿处。
【实用价值】水土保持等生态价值。

禾本科
Gramineae
稗属
Echinochloa Beauv.

稗 *Echinochloa crusgalli* (L.) Beauv.
【中文异名】野稗
【拉丁异名】*Echinochloa hispidula* (Retz.) Nees
【生 长 型】一年生草本。
【产地与分布】辽宁省产于阜新、朝阳、沈阳、葫芦岛、营口等地，保护区内广布。分布几乎遍及全国，全球温带、热带其他地区也广泛分布。
【生长环境】生于田间、沼泽地及潮湿处。
【实用价值】在田间为杂草，在荒野具水土保持等生态价值。

禾本科
Gramineae
稗属
Echinochloa Beauv.

无芒野稗 *Echinochloa crusgalli* var. *submutica* (Mey.) Kitag.
【中文异名】
【拉丁异名】
【生 长 型】一年生草本。
【产地与分布】辽宁省产于阜新、铁岭、朝阳、葫芦岛、锦州、沈阳、本溪、营口、大连等地，保护区内广布。分布于我国东北。
【生长环境】生于田间、路边及野草地。
【实用价值】在田间为杂草，在荒野具水土保持等生态价值。

禾本科
Gramineae
稗属
Echinochloa Beauv.

水田稗 *Echinochloa crusgalli* var. *oryzicola* (Vasing) Ohwi
【中文异名】水稗
【拉丁异名】
【生 长 型】一年生草本。
【产地与分布】辽宁省产于朝阳、锦州、抚顺、营口等地，保护区内广布。分布于我国东北。
【生长环境】生于水田中及水湿处。
【实用价值】在田间为杂草，在荒野具水土保持等生态价值。

禾本科
Gramineae
稗属
Echinochloa Beauv.

长芒稗 *Echinochloa caudate* Roshev.
【中文异名】
【拉丁异名】*Echinochloa crusgalli* var. *caudate* (Roshev.) Kitag.
【生 长 型】一年生草本。
【产地与分布】辽宁省产于阜新、沈阳、朝阳等地，保护区内广布。分布于东北及内蒙古，朝鲜、日本、俄罗斯（远东地区）也有分布。
【生长环境】生于水田中及河边水中。
【实用价值】在田间为杂草，在荒野具水土保持等生态价值。

禾本科
Gramineae
莠竹属
Microstegium Nees

柔枝莠竹 *Microstegium vimineum* (Trinius) A. Camus
【中文异名】大穗莠竹
【拉丁异名】
【生 长 型】一年生草本。
【产地与分布】产于辽宁省各地，保护区内广布。分布于我国河北、河南、山西、福建、广东。
【生长环境】生于阴湿草地。
【实用价值】水土保持等生态价值。

禾本科
Gramineae
白茅属
Imperata Cyr.

白茅 *Imperata cylindrica* (L.) Beauv.
【中文异名】印度白茅
【拉丁异名】
【生 长 型】多年生草本。

【产地与分布】辽宁省产于阜新、沈阳、大连、朝阳等地，保护区内河坎子乡有分布。分布于我国东北及华北，日本、俄罗斯也有分布。
【生长环境】生于低山带平原河岸草地、沙质草甸、荒漠与海滨。
【实用价值】水土保持等生态价值。

禾本科
Gramineae
芒属
Miscanthus Anderss.

荻 *Miscanthus sacchariflorus* (Maxim.) Hack.
【中文异名】
【拉丁异名】*Triarrhena sacchariflora* (Maxim.) Nakai
【生 长 型】多年生草本。
【产地与分布】辽宁省产于锦州、沈阳、抚顺、丹东、朝阳、大连等地，保护区内广布。分布于我国东北及华北、西北、华南，朝鲜、日本也有分布。
【生长环境】生于山坡草地和河岸湿地。
【实用价值】水土保持等生态价值。

禾本科
Gramineae
芒属
Miscanthus Anderss.

芒 *Miscanthus sinensis* Anderss.
【中文异名】紫芒
【拉丁异名】*Miscanthus purpurascens* Anderss.
【生 长 型】多年生草本。
【产地与分布】辽宁省产于本溪、朝阳、大连等地，保护区内广布。我国广泛分布，朝鲜、日本也有分布。
【生长环境】生于山坡及荒野。
【实用价值】水土保持等生态价值。

禾本科
Gramineae
大油芒属
Spodiopogon Trin.

大油芒 *Spodiopogon sibiricus* Trin.
【中文异名】
【拉丁异名】*Spodiopogon tenuis* Kitag.
【生 长 型】多年生草本。
【产地与分布】辽宁省产于朝阳、锦州、葫芦岛、沈阳、抚顺、丹东、鞍山、营口、大连等地，保护区内广布。分布于我国东北及华北、华东、华中、西北，亚洲及温带其他地区也有分布。
【生长环境】生于山坡、路旁及林下。

【实用价值】水土保持等生态价值。

禾本科
Gramineae
野牛草属
Buchloe Engelm.

野牛草 *Buchloe dactyloides* (Nutt.) Engelm.
【中文异名】
【拉丁异名】*Sesleria dactyloides* Nutt.
【生 长 型】一年生草本。
【产地与分布】原产于美洲中南部，我国作为水土保持植物引入，在西北、华北及东北地区广泛种植。辽宁地各地均有引种，后逸生，保护区内有分布。
【生长环境】生于河流沿岸、池旁、堤岸上。
【实用价值】水土保持等生态价值。

禾本科
Gramineae
牛鞭草属
Hemarthria R. Br.

大牛鞭草 *Hemarthria altissima* (Poir.) Stapf et C. E. Hubb.
【中文异名】牛鞭草
【拉丁异名】
【生 长 型】多年生草本。
【产地与分布】辽宁省产于葫芦岛、锦州、朝阳、沈阳、鞍山、大连等地，保护区内广布。分布于我国东北及华北、华东、华中，朝鲜、日本、俄罗斯（远东地区）也有分布。
【生长环境】生于河滩地及草地。
【实用价值】水土保持等生态价值。

禾本科
Gramineae
荩草属
Arthraxon Beauv.

荩草 *Arthraxon hispidus* (Thunb.) Makino
【中文异名】
【拉丁异名】*Arthraxon micans* (Nees) Hochst.
【生 长 型】一年生草本。
【产地与分布】辽宁省产于阜新、锦州、鞍山、本溪、朝阳、大连等地，保护区内广布，分布于我国东北及其他省地，欧亚其他地区也广泛分布。
【生长环境】生于山坡、草地及阴湿处。
【实用价值】水土保持等生态价值。

禾本科
Gramineae

高粱 *Sorghum bicolor* (L.) Moench
【中文异名】蜀黍

高粱属
Sorghum Moench

【拉丁异名】*Sorghum nervosum* Bess. ex Schult.
【生 长 型】一年生草本。
【产地与分布】辽宁省及我国北方地区广泛栽培，保护区内多有栽培。
【生长环境】生于坡耕地、平原。
【实用价值】粮食作物，食用或酿酒。

禾本科
Gramineae
孔颖草属
Bothriochloa Kuntze

白羊草 *Bothriochloa ischaemum* (L.) Keng
【中文异名】
【拉丁异名】*Bothriochloa ischcemum* (L.) Keng
【生 长 型】多年生草本。
【产地与分布】辽宁省产于朝阳、葫芦岛、阜新、锦州、大连等地，保护区内广布。分布于我国除黑龙江、吉林外其他地区，世界温带其他地区也广泛分布。
【生长环境】生于山坡、草地及路边。
【实用价值】水土保持等生态价值。

禾本科
Gramineae
细柄草属
Capillipedium Stapf

细柄草 *Capillipedium parviflorum* (R. Br.) Stapf
【中文异名】
【拉丁异名】*Andropogon cinctus* Steud.
【生 长 型】多年生草本。
【产地与分布】辽宁省产于朝阳、葫芦岛、锦州等地，保护区内广布。分布于我国华东、华中、西南，印度、缅甸、大洋洲也有分布。
【生长环境】生于山坡草地。
【实用价值】水土保持等生态价值。

禾本科
Gramineae
菅属
Themeda Forssk.

阿拉伯黄背草 *Themeda triandra* Forssk.
【中文异名】黄背草
【拉丁异名】
【生 长 型】多年生草本。
【产地与分布】辽宁省产于鞍山、朝阳、葫芦岛、锦州、丹东、抚顺、营口、大连等地，保护区内广布。分布于我国东北及华北、西北，朝鲜、日本、印度也有分布。
【生长环境】生于干山坡及路旁。

【实用价值】水土保持等生态价值。

禾本科
Gramineae
玉蜀黍属
Zea L.

玉蜀黍　*Zea mays* L.
【中文异名】玉米
【拉丁异名】
【生 长 型】一年生草本。
【产地与分布】我国及世界各地广泛栽培，保护区内多有栽培。
【生长环境】生于水肥条件较好的平原、坡耕地。
【实用价值】粮食作物，食用、作饲料或化工原料。

禾本科
Gramineae
薏苡属
Coix L.

薏苡　*Coix lacryma-jobi* L.
【中文异名】草珠子
【拉丁异名】
【生 长 型】一年生草本。
【产地与分布】辽宁省及国内各地普遍有栽培，保护区内有栽培。分布于亚洲东南部与太平洋岛屿，世界的热带、亚热带地区均有种植或逸生。
【生长环境】多生于湿润的屋旁、池塘、河沟、山谷、溪涧或易受涝的农田等地方。
【实用价值】种仁为中药，颖果可作装饰用。

禾本科
Gramineae
薏苡属
Coix L.

薏米　*Coix lacryma-jobi* var. *ma-yuen* (Rom.Caill.) Stapf
【中文异名】
【拉丁异名】*Coix chinensis* Tod.
【生 长 型】一年生草本。
【产地与分布】辽宁省各地有栽培，保护区内有栽培。分布于我国河北、河南、陕西、江苏、安徽、浙江、江西、湖北、福建、台湾、广东、广西、四川、云南等地区。
【生长环境】生于温暖潮湿的边地和山谷溪沟，也种植在坡耕地及平原地带。
【实用价值】颖果又称苡仁，味甘淡微甜，营养丰富，为价值很高的保健食品。

菖蒲科
Acoraceae

菖蒲　*Acorus calamus* L.
【中文异名】臭蒲子

菖蒲属
Acorus L.

【拉丁异名】
【生 长 型】多年生草本。
【产地与分布】辽宁省产于丹东、清原、抚顺、营口、盘锦、辽阳、辽中、沈阳、铁岭等地，保护区内大河北等乡镇有栽培。分布于全国各地，朝鲜、日本、俄罗斯也有分布。
【生长环境】生于浅水池塘、水沟旁及水湿地。
【实用价值】观赏及水土保持等生态价值。

天南星科
Araceae
天南星属
Arisaema Mart.

东北南星 *Arisaema amurense* Maxim.
【中文异名】东北天南星
【拉丁异名】
【生 长 型】多年生草本。
【产地与分布】产于辽宁省各地，保护区内广布。分布于我国东北、华北、西北、西南及华中，朝鲜、日本、俄罗斯也有分布。
【生长环境】生于山地林下、林缘、灌丛间的阴湿地带。
【实用价值】块茎入药，具有抗惊厥、镇静止痛、祛痰及抗肿瘤作用。

天南星科
Araceae
天南星属
Arisaema Mart.

齿叶东北南星 *Arisaema amurense* f. *serratum* (Nakai) Kitag.
【中文异名】
【拉丁异名】
【生 长 型】多年生草本。
【产地与分布】辽宁省分布于朝阳、鞍山、本溪、丹东等地，保护区内广布。分布于东北、内蒙古、河北、山东、山西、河南、陕西、宁夏等地区。
【生长环境】生于山地林下、林缘、灌丛间的阴湿地带。
【实用价值】块茎入药，具有抗惊厥、镇静止痛、祛痰及抗肿瘤作用。

天南星科
Araceae
天南星属
Arisaema Mart.

紫苞东北天南星 *Arisaema amurense* f. *violaceum* (Engler) Kitag.
【中文异名】
【拉丁异名】

【生　长　型】多年生草本。
【产地与分布】辽宁省分布于朝阳、鞍山、本溪、丹东等地，保护区内广布。分布于东北、内蒙古、河北、山东、山西、河南、陕西、宁夏等地区。
【生长环境】生于山地林下、林缘、灌丛间的阴湿地带。
【实用价值】块茎入药，具有抗惊厥、镇静止痛、祛痰及抗肿瘤作用。

天南星科
Araceae
半夏属
Pinellia Tenore

半夏 *Pinellia ternata* (Thunb.) Breit.
【中文异名】
【拉丁异名】*Pinellia tuberifera* Ten.
【生　长　型】多年生草本。
【产地与分布】辽宁省产于丹东、本溪、朝阳、葫芦岛、阜新、大连、营口、鞍山等地，保护区内大河北、刀尔登等乡镇有分布。我国除内蒙古、新疆、青海、西藏尚未发现野生外，全国各地广布，朝鲜、日本也有分布。
【生长环境】生于阴湿的沙壤地，常见于山脚较湿润的田间荒地。
【实用价值】块茎入药，能祛痰、止咳、止呕、消肿。

浮萍科
Lemnaceae
浮萍属
Lemna L.

品藻 *Lemna trisulca* L.
【中文异名】
【拉丁异名】
【生　长　型】多年生水生悬浮草本植物。
【产地与分布】产于辽宁省各地，保护区内广布。分布于我国南北各地，全世界温暖地区也都有分布。
【生长环境】生于池沼、水田、浅水湖泊等静水中。
【实用价值】可作家禽饲料，又是放养草鱼的良好饲料。

浮萍科
Lemnaceae
浮萍属
Lemna L.

浮萍 *Lemna minor* L.
【中文异名】水萍草
【拉丁异名】
【生　长　型】漂浮水面的小型草本植物。
【产地与分布】产于辽宁省各地，保护区内广布。分布于我国南北各地，并除极地外遍布全世界。

【生长环境】生于池沼、湖泊边缘、水田等静水中，常形成浮生群落。
【实用价值】全草入药，有发汗、行水、消肿之效。

浮萍科
Lemnaceae
浮萍属
Lemna L.

紫萍 *Lemna polyrrhiza* (L.) Schleid.
【中文异名】紫背浮萍
【拉丁异名】
【生 长 型】漂浮于水面的多年生小草本。
【产地与分布】产于辽宁省各地，保护区内广布。分布于我国东北及华北、华东、华中、华南，世界温带至热带其他地区也都有分布。
【生长环境】生于静水池塘、水田、溪沟内。
【实用价值】全草入药，有发汗、祛风、行水、清热、解毒等药效。

香蒲科
Typhaceae
香蒲属
Typha L.

香蒲 *Typha orientalis* Presl
【中文异名】东方香蒲
【拉丁异名】
【生 长 型】多年生草本。
【产地与分布】辽宁省产于沈阳、本溪、辽阳、朝阳等地，保护区内广布。分布于我国东北、华北、华东及云南、湖南、广东、台湾，俄罗斯、日本、菲律宾等也有分布。
【生长环境】生于水沟、水泡子及湖边。
【实用价值】花粉供药用，称“蒲黄”，用于行瘀利尿，炒炭可收敛止血。

香蒲科
Typhaceae
香蒲属
Typha L.

宽叶香蒲 *Typha latifolia* L.
【中文异名】
【拉丁异名】*Typha latifolia* f. *remota* Skvortsov
【生 长 型】多年生沼生草本。
【产地与分布】辽宁省产于朝阳、抚顺、本溪、沈阳等地，保护区内广布。分布于我国东北、华北及陕西、甘肃、新疆、四川，北半球多有分布。
【生长环境】生于水旁及河湖淤积水低地。
【实用价值】花粉供药用，称“蒲黄”，用于行瘀利尿，炒炭可收敛止血。

香蒲科
Typhaceae
香蒲属
Typha L.

水烛 *Typha angustifolia* L.
【中文异名】狭叶香蒲
【拉丁异名】
【生 长 型】多年生沼生草本。
【产地与分布】辽宁省产于朝阳、阜新、丹东、沈阳、盘锦、抚顺等地，保护区内广布。分布于我国东北、华北、华东及台湾、河南、湖北、四川、云南、青海，欧洲、亚洲北部、大洋洲其他地区也有分布。
【生长环境】生于水边或水泡子中。
【实用价值】叶可编织蒲包、蒲垫等。

香蒲科
Typhaceae
香蒲属
Typha L.

长苞香蒲 *Typha domingensis* Pers.
【中文异名】大苞香蒲
【拉丁异名】*Typha angustata* Bory et Chaubard
【生 长 型】多年生沼生草本。
【产地与分布】辽宁省产于铁岭、阜新、沈阳、本溪、朝阳、盘锦等地，保护区内广布。分布于我国黑龙江、吉林、内蒙古、华东、河南、陕西、四川、甘肃、新疆，北半球其他地区也有分布。
【生长环境】生于水边及河泛低地。
【实用价值】叶供编制、造纸等用，园林绿化观赏。

香蒲科
Typhaceae
香蒲属
Typha L.

达香蒲 *Typha davidiana* (Kronf.) Hand.-Mazz.
【中文异名】蒙古香蒲
【拉丁异名】*Typha laxmannii* var. *davidiana* (Krnf.) C. F. Fang
【生 长 型】多年生沼生草本。
【产地与分布】辽宁省产于北朝阳、本溪、沈阳、辽阳、盘锦、大连等地，保护区内广布。分布于我国黑龙江、吉林、内蒙古东部，蒙古也有分布。
【生长环境】生于水泡子、缓流的河流、湖泊等浅水边及沟边湿地等环境。
【实用价值】叶供编制、造纸等用，园林绿化观赏。

香蒲科
Typhaceae
香蒲属
Typha L.

小香蒲 *Typha minima* Funck
【中文异名】
【拉丁异名】*Rohrbachia minima* (Funck ex Hoppe) Mavrodiev
【生 长 型】多年生沼生草本。
【产地与分布】辽宁省产于阜新、丹东等地，保护区内有栽培。分布于我国吉林、内蒙古、河北、河南及西北、西南，欧洲和亚洲北部其他地区也有分布。
【生长环境】生于沙丘间湿地及河滩低湿地，能耐轻度盐碱。
【实用价值】叶供编制、造纸等用，用于园林绿化观赏。

香蒲科
Typhaceae
黑三棱属
Sparganium L.

黑三棱 *Sparganium stoloniferum* (Graebn.) Buch. - Ham. ex Juz.
【中文异名】
【拉丁异名】*Sparganium ramosum* Huds.
【生 长 型】多年生草本。
【产地与分布】辽宁省产于朝阳、沈阳、铁岭、抚顺、辽阳、丹东、大连等地，保护区内广布。分布于我国东北及河北、内蒙古、陕西、山西、山东、江苏、江西、西藏，朝鲜、日本也有分布。
【生长环境】生于水泡子、河流或水沟边及沼泽中。
【实用价值】块茎可入药，有破瘀、行气、消积、通经、下乳等功效。

莎草科
Cyperaceae
荸荠属
Eleocharis R. Br.

牛毛毡 *Eleocharis yokoscensis* (Franch. et Savat.) Tang et Wang
【中文异名】
【拉丁异名】*Heleocharis yokoscensis* (Franch. et Savat.) Tang et Wang
【生 长 型】多年生草本。
【产地与分布】辽宁省产于本溪、沈阳、大连、朝阳等地，保护区内广布。分布几乎遍及全国，朝鲜、日本、蒙古及俄罗斯远东地区也有分布。
【生长环境】生于河岸湿地、沼泽及水田中。

【实用价值】水土保持等生态价值。

莎草科
Cyperaceae
荸荠属
Eleocharis R. Br.

木贼状荸荠 *Eleocharis mitracarpa* Steud.
【中文异名】槽秆荸荠
【拉丁异名】*Eleocharis equisetiformis* (Meinsh.) B. Fedsob.
【生 长 型】多年生草本。
【产地与分布】辽宁省产于阜新、朝阳、大连等地，保护区内广布。分布于我国黑龙江、吉林及其他地区，朝鲜、日本、蒙古及中亚其他地区一些国家也有分布。
【实用价值】生于水边湿地或浅水中。
【生长环境】水土保持等生态价值。

莎草科
Cyperaceae
荸荠属
Eleocharis R. Br.

大基荸荠 *Eleocharis kamtschatica* (C.A.Mey.) Kom.
【中文异名】无刚毛荸荠
【拉丁异名】
【生 长 型】多年生草本。
【产地与分布】辽宁省产于大连、朝阳等地，保护区内河坎子乡有分布。分布于我国河北省，朝鲜、日本、俄罗斯（远东地区）也有分布。
【生长环境】生于湿地。
【实用价值】水土保持等生态价值。

莎草科
Cyperaceae
飘拂草属
Fimbristylis Vahl

两歧飘拂草 *Fimbristylis dichotoma* (L.) Vahl
【中文异名】飘拂草
【拉丁异名】
【生 长 型】一年生草本。
【产地与分布】辽宁省产于朝阳、大连、丹东等地，保护区内广布。分布于我国东北南部、华北、华东、华南，朝鲜、日本、印度、中南半岛、俄罗斯及大洋洲也有分布。
【生长环境】生于河岸沙地及湿地。
【实用价值】水土保持等生态价值。

莎草科
Cyperaceae

烟台飘拂草 *Fimbristylis stauntonii* Debeaux et Franch.
【中文异名】光果飘拂草

飘拂草属
Fimbristylis Vahl

【拉丁异名】
【生 长 型】一年生草本。
【产地与分布】辽宁省产于铁岭、沈阳、朝阳、大连等地，保护区内广布。分布于我国华北、华东、西北，朝鲜、日本也有分布。
【生长环境】生于湿地及沙土湿地。
【实用价值】水土保持等生态价值。

莎草科
Cyperaceae
三棱草属
Bolboschoenus (Ascherson) Palla

扁秆荆三棱 *Bolboschoenus planiculmis* (F.Schmidt) T.V.Egorova
【中文异名】扁秆藨草
【拉丁异名】*Scirpus planiculmis* Fr. Schmidt
【生 长 型】多年生草本。
【产地与分布】辽宁省产于铁岭、阜新、沈阳、葫芦岛、朝阳、大连等地，保护区内广布。分布于我国东北及华北、华东、西北，朝鲜、日本、俄罗斯（远东地区）也有分布。
【生长环境】生于河岸、沼泽等湿地。
【实用价值】块茎及根状茎含淀粉可造酒；块茎可代荆三棱供药用。

莎草科
Cyperaceae
藨草属
Scirpus L.

东方藨草 *Scirpus orientalis* Ohwi
【中文异名】
【拉丁异名】*Scirpus sylvaticus* var. *maximowiczii* Rgl.
【生 长 型】多年生草本。
【产地与分布】辽宁省产于锦州、朝阳、本溪、丹东等地，保护区内广布。分布于我国东北及华北、西北、华南，朝鲜、日本、蒙古、俄罗斯（远东地区）也有分布。
【生长环境】生于河岸积水地及沼泽。
【实用价值】可做饲草，茎叶供编织、造纸用。

莎草科
Cyperaceae
水葱属
Schoenoplectus

三棱水葱 *Schoenoplectus triqueter* (L.) Palla
【中文异名】藨草
【拉丁异名】*Scirpus triqueter* L.
【生 长 型】多年生草本。

(Reichenbach) Palla

【产地与分布】辽宁省产于阜新、朝阳、锦州、沈阳、丹东、大连、鞍山等地，保护区内广布。分布于我国东北及华北、西北、西南，朝鲜、日本、俄罗斯及其他欧洲国家、南美洲、北美洲也有分布。
【生长环境】生于河岸、水边湿地。
【实用价值】茎为造纸、人造纤维、编织的原料。

莎草科
Cyperaceae
水葱属
Schoenoplectus
(Reichenbach) Palla

水葱 *Schoenoplectus tabernaemontani* (C.C.Gmel.) Palla
【中文异名】水葱藨草
【拉丁异名】*Scirpus tabernaemontani* C.C.Gmel.
【生 长 型】多年生草本。
【产地与分布】辽宁省产于阜新、朝阳、本溪、沈阳、大连等地，保护区内广布。分布于我国东北及华北、西北、西南、华东，朝鲜、日本、俄罗斯及北美洲、大洋洲也有分布。
【生长环境】生于湖边及沼泽地、水中。
【实用价值】茎可供编织、苫房及造纸用。

莎草科
Cyperaceae
莎草属
Cyperus L.

水莎草 *Cyperus serotinus* Rottb.
【中文异名】
【拉丁异名】*Juncellus serotinus* (Rottb.) C. B. Clarke
【生 长 型】多年生草本。
【产地与分布】辽宁省产于阜新、沈阳、朝阳、营口、大连等地，保护区内广布。分布于我国东北及华北、华东、华中、华南、西南，朝鲜、日本、俄罗斯及其他一些欧洲国家、印度北部也有分布。
【生长环境】生于浅水中及河边湿地。
【实用价值】水土保持等生态价值。

莎草科
Cyperaceae
莎草属
Cyperus L.

头状穗莎草 *Cyperus glomeratus* L.
【中文异名】头穗莎草
【拉丁异名】
【生 长 型】一年生草本。
【产地与分布】辽宁省产于朝阳、阜新、葫芦岛、沈阳、本溪、大连等地，保护区内广布。分布于我国东北及华北、西北，朝鲜、日本、俄罗斯及其他一些欧洲国家也有分布。
【生长环境】生于草甸、河岸、稻田中。
【实用价值】茎秆可供造纸；茎叶嫩时可做饲草。

莎草科
Cyperaceae
莎草属
Cyperus L.

油莎草 *Cyperus esculentus* var. *sativus* Boeck.
【中文异名】油莎豆
【拉丁异名】
【生 长 型】多年生草本。
【产地与分布】辽宁省沈阳、铁岭、大连、朝阳等地有少量栽培，保护区内大河北镇有栽培。原产于地中海地区，欧洲、美洲各地也有栽培。
【生长环境】生于沿河两岸沙壤土、丘陵、岗地、林间。
【实用价值】草本油料作物，可生食、炒食及榨油。

莎草科
Cyperaceae
莎草属
Cyperus L.

碎米莎草 *Cyperus iria* L.
【中文异名】
【拉丁异名】
【生 长 型】一年生草本。
【产地与分布】辽宁省产于沈阳、大连、朝阳等地，保护区内广布。分布于我国东北、华北、西北、华东、东南，广布于热带、亚热带、温带地区。
【生长环境】生于田间、山坡、路旁湿地。
【实用价值】水土保持等生态价值。

莎草科
Cyperaceae
莎草属
Cyperus L.

扁穗莎草 *Cyperus compressus* L.
【中文异名】
【拉丁异名】
【生 长 型】一年生草本。
【产地与分布】辽宁省产于朝阳、丹东等地，保护区内广布。分布于我国东北南部、华东、华中、华南，日本、朝鲜、印度、越南、北美洲的一些国家也有分布。
【生长环境】生于河岸湿地及空旷的田野里。
【实用价值】水土保持等生态价值。

莎草科
Cyperaceae
莎草属
Cyperus L.

褐穗莎草 *Cyperus fuscus* L.
【中文异名】密穗莎草
【拉丁异名】
【生 长 型】一年生草本。
【产地与分布】辽宁省产于朝阳、葫芦岛、沈阳等地，保护区内广布。分布于我国东北及华北、西北，朝鲜、日本、俄罗斯、印度、越南也有分布。
【生长环境】生于田野、河沟边湿地及河岸。
【实用价值】水土保持等生态价值。

莎草科
Cyperaceae
莎草属
Cyperus L.

旋鳞莎草 *Cyperus michelianus* (L.) Link
【中文异名】头穗藨草
【拉丁异名】*Scirpus michelianus* L.
【生 长 型】一年生草本。
【产地与分布】辽宁省产于朝阳、沈阳等地，保护区内广布。分布于我国东北及华北、华东、华中、华南，朝鲜、日本、印度、俄罗斯及其他一些欧洲国家也有分布。
【生长环境】生于河岸沙地或湿地上。
【实用价值】水土保持等生态价值。

莎草科
Cyperaceae
扁莎属
Pycreus P. Beauv.

红鳞扁莎 *Pycreus sanguinolentus* (Vahl) Nees
【中文异名】槽鳞扁莎
【拉丁异名】
【生 长 型】一年生草本。
【产地与分布】辽宁省产于朝阳、阜新、营口、大连等地，保护区内广布。分布于我国东北、华北及华中，朝鲜、日本、俄罗斯、蒙古也有分布。
【生长环境】生于河岸沙地或湿地。
【实用价值】水土保持等生态价值。

莎草科
Cyperaceae
扁莎属
Pycreus P. Beauv.

球穗扁莎 *Pycreus flavidus* (Retz.) T.Koyama
【中文异名】
【拉丁异名】*Pycreus globosus* Retz.
【生 长 型】一年生草本。
【产地与分布】辽宁省产于沈阳、本溪、朝阳、大连等地，保护区内广布。分布于我国东北及华北、西北、华东、华中、西南，朝鲜、日本、俄罗斯及大洋洲、非洲、北美洲也有分布。
【生长环境】生于稻田及河边湿地。
【实用价值】水土保持等生态价值。

莎草科
Cyperaceae
薹草属
Carex L.

异穗薹草 *Carex heterostachya* Bunge
【中文异名】
【拉丁异名】*Carex nutans* Kom.
【生 长 型】多年生草本。
【产地与分布】辽宁省产于沈阳、朝阳、营口等地，保护区内广布。分布于我国东北及华北、华东、华中，朝鲜也有分布。
【生长环境】生于干山坡及干草地。
【实用价值】水土保持等生态价值。

莎草科
Cyperaceae
薹草属
Carex L.

叉齿薹草 *Carex gotoi* Ohwi
【中文异名】红穗薹草
【拉丁异名】
【生 长 型】多年生草本。
【产地与分布】辽宁省产于铁岭、阜新、朝阳、沈阳等地，保护区内广布。分布于我国黑龙江、吉林、内蒙古，朝鲜、蒙古、俄罗斯也有分布。
【生长环境】生于草甸及林下湿地。
【实用价值】水土保持等生态价值。

莎草科
Cyperaceae
薹草属
Carex L.

矮生薹草 *Carex pumila* Thunb.
【中文异名】栓皮薹草
【拉丁异名】
【生 长 型】多年生草本。
【产地与分布】辽宁省产于朝阳、葫芦岛、营口、大连等地，保护区内广布。分布于我国东北南部、华北、华东沿海地区，朝鲜、日本、俄罗斯（远东地区）也有分布。
【生长环境】生于湿地及海边沙滩上。
【实用价值】水土保持等生态价值。

莎草科
Cyperaceae
薹草属
Carex L.

直穗薹草 *Carex orthostachys* C. A. Mey
【中文异名】
【拉丁异名】*Carex atherodes* Spreng.
【生 长 型】多年生草本。
【产地与分布】辽宁省产于阜新、朝阳、沈阳等地，保护区内广布。分布于我国黑龙江、吉林、内蒙古，蒙古、俄罗斯（西伯利亚）也有分布。
【生长环境】生于林中湿地或河岸湿草地。
【实用价值】水土保持等生态价值。

莎草科
Cyperaceae
薹草属
Carex L.

鸭绿薹草 *Carex jaluensis* Kom.
【中文异名】
【拉丁异名】*Carex dineuros* C. B. Clarke
【生 长 型】多年生草本。
【产地与分布】辽宁省产于朝阳、鞍山、本溪等地，保护区内广布。分布于我国吉林省和河北省，朝鲜、俄罗斯（远东地区）也有分布。
【生长环境】生于林中湿地及沟边水边。
【实用价值】水土保持等生态价值。

莎草科
Cyperaceae
薹草属
Carex L.

大披针薹草 *Carex lanceolata* Boott
【中文异名】凸脉薹草
【拉丁异名】
【生 长 型】多年生草本。
【产地与分布】辽宁省产于朝阳、丹东、本溪、沈阳、鞍山、大连等地，保护区内广布。分布于我国东北、华北、西北、华东、华中，朝鲜、日本、蒙古、俄罗斯（西伯利亚东部）也有分布。
【生长环境】生于山坡林下及路边。
【实用价值】水土保持等生态价值。

莎草科
Cyperaceae
薹草属
Carex L.

亚柄薹草 *Carex lanceolata* var. *subpediformis* Kukenth.
【中文异名】早春薹草
【拉丁异名】*Carex subpediformis* (Kukenth.) Suto et Suzuki
【生 长 型】多年生草本。

【产地与分布】辽宁省产于朝阳、沈阳、丹东、大连等地，保护区内广布。分布于我国东北南部、华北、西北、西南，俄罗斯（西伯利亚东部）也有分布。
【生长环境】生于山坡林下及草地。
【实用价值】水土保持等生态价值。

莎草科
Cyperaceae
薹草属
Carex L.

矮丛薹草 *Carex callitrichos* var. *nana* (Levl. et Vant.) Ohwi
【中文异名】
【拉丁异名】*Carex humilis* var. *nana* (Levl. et Vant.) Ohwi
【生 长 型】多年生草本。
【产地与分布】辽宁省产于葫芦岛、朝阳、沈阳、丹东、大连等地，保护区内广布。分布于我国东北，朝鲜、日本、俄罗斯（西伯利亚东部）也有分布。
【生长环境】生于山坡及疏林下。
【实用价值】水土保持等生态价值。

莎草科
Cyperaceae
薹草属
Carex L.

低矮薹草 *Carex humilis* Leyss.
【中文异名】低薹草
【拉丁异名】
【生 长 型】多年生草本。
【产地与分布】辽宁省产于朝阳、丹东、营口、大连等地，保护区内广布。分布于我国东北，日本、俄罗斯及其他一些欧洲国家也有分布。
【生长环境】生于山坡及林下。
【实用价值】水土保持等生态价值。

莎草科
Cyperaceae
薹草属
Carex L.

青绿薹草 *Carex breviculmis* R. Br. Prodr.
【中文异名】等穗薹草
【拉丁异名】*Carex leucochlora* Bunge
【生 长 型】多年生草本。
【产地与分布】辽宁省产于葫芦岛、锦州、朝阳、沈阳、本溪、丹东、鞍山、大连等地，保护区内广布。分布于我国东北、华北、华南、西南、西北，朝鲜、日本、俄罗斯（远东地区）也有分布。
【生长环境】生于山坡、路旁、草甸。

【实用价值】水土保持等生态价值。

莎草科
Cyperaceae
薹草属
Carex L.

豌豆形薹草 *Carex pisiformis* Boott
【中文异名】白雄穗薹草
【拉丁异名】*Carex polyschoena* Levl. & Vant. ex Levl.
【生 长 型】多年生草本。
【产地与分布】辽宁省产于锦州、朝阳、丹东、鞍山、营口等地，保护区内广布。分布于我国东北、华北，朝鲜、日本也有分布。
【生长环境】生于山坡草地、林内及路旁。
【实用价值】水土保持等生态价值。

莎草科
Cyperaceae
薹草属
Carex L.

小粒薹草 *Carex karoi* (Freyn) Freyn
【中文异名】多花薹草
【拉丁异名】
【生 长 型】多年生草本。
【产地与分布】辽宁省产于阜新、朝阳等地，保护区内河坎子乡有分布。分布于我国东北，俄罗斯、蒙古也有分布。
【生长环境】生于沙丘边湿地。
【实用价值】水土保持等生态价值。

莎草科
Cyperaceae
薹草属
Carex L.

宽叶薹草 *Carex siderosticta* Hance
【中文异名】
【拉丁异名】*Carex siderosticta* var. *variegata* Akiyama
【生 长 型】多年生草本。
【产地与分布】辽宁省产于沈阳、朝阳、本溪、丹东、鞍山等地，保护区内广布。分布于东北及华北、西北、华中、华东，朝鲜、日本、俄罗斯（远东地区）也有分布。
【生长环境】生于林下、水边及山坡。
【实用价值】水土保持等生态价值。

莎草科
Cyperaceae
薹草属

米柱薹草 *Carex glauciformis* Meinsh.
【中文异名】
【拉丁异名】*Carex glaucaeformis* Meinsh.

Carex L.

【生 长 型】多年生草本。

【产地与分布】辽宁省产于朝阳、沈阳、大连等地，保护区内广布。分布于我国黑龙江、吉林、内蒙古，朝鲜、俄罗斯也有分布。

【生长环境】生于草甸、沼泽边湿地及山坡草地。

【实用价值】水土保持等生态价值。

莎草科
Cyperaceae
薹草属
Carex L.

点叶薹草 *Carex hancockiana* Maxim.

【中文异名】华北薹草

【拉丁异名】

【生 长 型】多年生草本。

【产地与分布】产于辽宁省南部和西部，保护区内河坎子、佛爷洞等乡镇有分布。分布于我国河北省，朝鲜、蒙古、俄罗斯（西伯利亚地区）也有分布。

【生长环境】生于林中草地、水旁湿处和草甸。

【实用价值】水土保持等生态价值。

莎草科
Cyperaceae
薹草属
Carex L.

溪水薹草 *Carex forficula* Franch. et Sav.

【中文异名】

【拉丁异名】

【生 长 型】多年生草本。

【产地与分布】辽宁省产于丹东、朝阳、鞍山、营口、大连等地，保护区内广布。分布于我国东北及华北，朝鲜、日本、俄罗斯（远东地区）也有分布。

【生长环境】生于水边及山坡湿地。

【实用价值】水土保持等生态价值。

莎草科
Cyperaceae
薹草属
Carex L.

异鳞薹草 *Carex heterolepis* Bunge

【中文异名】

【拉丁异名】

【生 长 型】多年生草本。

【产地与分布】辽宁省产于朝阳、锦州、葫芦岛、大连等地，保护区内广布。分布于我国东北及华北，朝鲜、日本也有分布。

【生长环境】生于河边及沼泽地。

【实用价值】水土保持等生态价值。

莎草科
Cyperaceae
薹草属
Carex L.

翼果薹草 *Carex neurocarpa* Maxim.
【中文异名】
【拉丁异名】
【生 长 型】多年生草本。
【产地与分布】辽宁省产于锦州、沈阳、本溪、朝阳、大连等地，保护区内广布。分布于我国东北及华北、西北，朝鲜、日本、俄罗斯（远东地区）也有分布。
【生长环境】生于草甸及水边湿地。
【实用价值】水土保持等生态价值。

莎草科
Cyperaceae
薹草属
Carex L.

尖嘴薹草 *Carex leiorhyncha* C. A. Mey.
【中文异名】
【拉丁异名】
【生 长 型】多年生草本。
【产地与分布】辽宁省产于铁岭、锦州、朝阳、沈阳、本溪、鞍山、丹东、大连等地，保护区内广布。分布于我国东北及华北、西北，朝鲜、俄罗斯（远东地区）也有分布。
【生长环境】生于湿地、草甸及林中湿地上。
【实用价值】水土保持等生态价值。

莎草科
Cyperaceae
薹草属
Carex L.

二柱薹草 *Carex lithophila* Turcz.
【中文异名】卵囊薹草
【拉丁异名】*Carex intermedia* Kom.
【生 长 型】多年生草本。
【产地与分布】辽宁省产于阜新、锦州、朝阳、沈阳等地，保护区内广布。分布于我国东北及华北、西北，朝鲜、日本、蒙古、俄罗斯（远东地区）也有分布。
【生长环境】生于沼泽中及河边湿地。
【实用价值】水土保持等生态价值。

莎草科
Cyperaceae

寸草 *Carex duriuscula* C. A. Mey.
【中文异名】寸薹草

薹草属
Carex L.

【拉丁异名】
【生　长　型】多年生草本。
【产地与分布】辽宁省产于努鲁儿虎山脉的南段、建平和凌源等地，保护区内广布。
【生长环境】生于海拔500～600米的低山阴坡。
【实用价值】水土保持等生态价值。

莎草科
Cyperaceae
薹草属
Carex L.

白颖薹草　*Carex duriuscula* subsp. *rigescens* (Franch.) S. Y. Liang et Y. C. Tang
【中文异名】
【拉丁异名】*Carex rigescens* (Franch.) V. Krecz.
【生　长　型】多年生草本。
【产地与分布】辽宁省产于阜新、朝阳、沈阳、鞍山、大连等地，保护区内广布。分布于我国东北及华北、西北、华东。
【生长环境】生于田边、干山坡、草原。
【实用价值】水土保持等生态价值。

莎草科
Cyperaceae
薹草属
Carex L.

锥囊薹草　*Carex raddei* Kukenth.
【中文异名】河沙薹草
【拉丁异名】
【生　长　型】多年生草本。
【产地与分布】辽宁省产于营口、朝阳等地，保护区内三道河子镇有分布。分布于我国黑龙江、吉林、内蒙古、河北、江苏，俄罗斯远东地区、朝鲜也有分布。
【生长环境】生于河边沙地、田边湿地或浅水中。
【实用价值】水土保持等生态价值。

莎草科
Cyperaceae
薹草属
Carex L.

皱果薹草　*Carex dispalata* Boott ex A. Gray
【中文异名】薹草
【拉丁异名】
【生　长　型】多年生草本。
【产地与分布】辽宁省产于朝阳、铁岭、本溪、沈阳、丹东等地，保护区内刀尔登、三道河子等乡镇有分布。分布于我国东北及华北、西北、华东、华中、华南、西南，朝鲜、日本也有分布。
【生长环境】生于林缘、沼泽及水边湿地。
【实用价值】水土保持等生态价值。

美人蕉科
Cannaceae
美人蕉属
Canna L.

美人蕉 *Canna indica* L.
【中文异名】小花美人蕉
【拉丁异名】
【生 长 型】多年生草本。
【产地与分布】原产于美洲热带和亚热带。辽宁省各地均有栽培，保护区内有栽培。
【生长环境】栽植于公园、庭院及路边。
【实用价值】观赏。

兰科
Orchidaceae
鸟巢兰属
Neottia Guett.

北方鸟巢兰 *Neottia camtschatea* (L.) Rchb. F.
【中文异名】堪察加鸟巢兰
【拉丁异名】
【生 长 型】腐生兰。
【产地与分布】辽宁省产于凌源市，保护区内大河北镇南大山有分布。分布于我国河北、内蒙古、甘肃、青海、新疆等地区，俄罗斯（西伯利亚）、哈萨克斯坦也有分布。
【生长环境】生于山坡林下。
【实用价值】兰科植物，半干旱地区自然分布稀少，应加强保护。

兰科
Orchidaceae
绶草属
Spiranthes L. C. Rich.

绶草 *Spiranthes sinensis* (Pers.) Ames
【中文异名】扭劲草
【拉丁异名】
【生 长 型】陆生兰。
【产地与分布】辽宁省产于朝阳、锦州、沈阳、鞍山、本溪、丹东、大连等地，保护区内河坎子、大河北等乡镇有分布。分布于我国各地区，朝鲜、日本、俄罗斯、蒙古、欧洲也有分布。
【生长环境】生于林缘、稍湿草地、林下。
【实用价值】兰科植物，半干旱地区自然分布稀少，应加强保护。

兰科
Orchidaceae
羊耳蒜属
Liparis L. C. Rich.

曲唇羊耳蒜 *Liparis kumokiri* F. Maek.
【中文异名】
【拉丁异名】
【生 长 型】陆生兰。
【产地与分布】辽宁省产于铁岭、抚顺、本溪、丹东、营口、朝阳等地，保护区内河坎子、刀尔登等乡镇有分布。分布于我国东北，朝鲜、日本、俄罗斯也有分布。
【生长环境】生于林下或林间草地。
【实用价值】兰科植物，半干旱地区自然分布稀少，应加强保护。

兰科
Orchidaceae
掌裂兰属
Dactylorhiza Necker ex Nevski

凹舌掌裂兰 *Dactylorhiza viridis* (L.) R.M.Bateman
【中文异名】凹舌兰
【拉丁异名】*Coeloglossum viride* (L.) Hartm.
【生 长 型】陆生兰。
【产地与分布】辽宁省产于朝阳、葫芦岛等地，保护区内河坎子、佛爷洞等乡镇有分布。分布于我国东北、华北、西北及四川、云南，朝鲜、日本、俄罗斯及北美洲、欧洲其他地区也有分布。
【生长环境】生于山地林下、林缘及山坡湿草地。
【实用价值】兰科植物，半干旱地区自然分布稀少，应加强保护。

兰科
Orchidaceae
兜被兰属
Neottianthe Schltr.

二叶兜被兰 *Neottianthe cucullata* (L.) Schltr.
【中文异名】斑叶兜被兰
【拉丁异名】*Neottianthe cucullata* f. *maculata* (Nakai et Kitag.) Nakai et Kitag.
【生 长 型】陆生兰。
【产地与分布】辽宁省产于凌源、建昌等地，保护区内河坎子乡有分布。
【生长环境】生于海拔 1000 米左右林下及林缘。
【实用价值】兰科植物，半干旱地区自然分布稀少，应加强保护。

兰科
Orchidaceae

十字兰 *Habenaria schindleri* Schltr.
【中文异名】线叶玉凤花

玉凤花属
Habenaria Willd.

【拉丁异名】*Habenaria linearifolia* Maxim.
【生 长 型】陆生兰。
【产地与分布】辽宁省产于朝阳、锦州、阜新、铁岭、大连等地，保护区内河坎子乡有分布。分布于我国东北及山东，日本、朝鲜、俄罗斯也有分布。
【生长环境】生于山坡、沟谷或林下阴湿草地及草甸。
【实用价值】兰科植物，半干旱地区自然分布稀少，应加强保护。

兰科
Orchidaceae
舌唇兰属
Platanthera L. C. Rich.

二叶舌唇兰 *Platanthera chlorantha* Cust. ex Rchb.
【中文异名】
【拉丁异名】*Platanthera freynii* Kraenzl.
【生 长 型】陆生兰。
【产地与分布】辽宁省产于鞍山、本溪、丹东、本溪、朝阳、葫芦岛等地，保护区内广布。分布于我国东北、华北及陕西、甘肃、四川、云南、西藏，俄罗斯（欧洲部分）、欧洲其他地区也有分布。
【生长环境】生于山坡林下、林缘或草丛中。
【实用价值】兰科植物，半干旱地区自然分布稀少，应加强保护。

兰科
Orchidaceae
角盘兰属
Herminium L.

角盘兰 *Herminium monorchis* (L.) R. Br.
【中文异名】
【拉丁异名】*Ophrys monorchis* L.
【生 长 型】陆生兰。
【产地与分布】辽宁省产于朝阳、抚顺、沈阳、鞍山、本溪等地，保护区内广布。分布于我国东北及山东、河北、河南、四川、云南、西藏，日本、朝鲜、蒙古也有分布。
【生长环境】生于海拔 400～800 米山坡草地及阴湿林下。
【实用价值】兰科植物，半干旱地区自然分布稀少，应加强保护。

兰科
Orchidaceae
火烧兰属

北火烧兰 *Epipactis xanthophaea* Schltr.
【中文异名】火烧兰
【拉丁异名】*Epipactis thunbergii* A. Gray

Epipactis Zinn

【生 长 型】陆生兰。

【产地与分布】辽宁省产于朝阳、阜新、鞍山、本溪等地，保护区内刀尔登镇有分布。分布于我国东北及山东、河北、新疆，俄罗斯、朝鲜、日本也有分布。

【生长环境】生于林下或山坡湿草地。

【实用价值】兰科植物，半干旱地区自然分布稀少，应加强保护。

附　　录

科名对照表

《中国植物志》《辽宁植物志》	*Flora of China* 及本书
石杉科 Huperziaceae	石松科 Lycopodiaceae
石松科 Lycopodiaceae	
碗蕨科 Dennstaedtiaceae	碗蕨科 Dennstaedtiaceae
蕨科 Pteridiaceae	
中国蕨科 Sinopteridaceae	凤尾蕨科 Pteridaceae
铁线蕨科 Adiantaceae	
裸子蕨科 Hemionitidaceae	
蹄盖蕨科 Athyriaceae	蹄盖蕨科 Athyriaceae
蹄盖蕨科 Athyriaceae	冷蕨科 Cystopteridaceae
桑科 Moraceae	大麻科 Cannabaceae
桑寄生科 Loranthaceae	槲寄生科 Viscaceae
睡莲科 Nymphaeaceae	莲科 Nelumbonaceae
忍冬科 Caprifoliaceae	锦带花科 Diervillaceae
忍冬科 Caprifoliaceae	北极花科 Linnaeaceae
忍冬科 Caprifoliaceae	五福花科 Adoxaceae
黑三棱科 Sparganiaceae	香蒲科 Typhaceae
香蒲科 Typhaceae	
眼子菜科 Potamogetonaceae	眼子菜科 Potamogetonaceae
眼子菜科 Potamogetonaceae	角果藻科 Zannichelliaceae
天南星科 Araceae	菖蒲科 Acoraceae

参考文献

[1] 李书心. 辽宁植物志（上册）[M]. 沈阳：辽宁科学技术出版社，1988.

[2] 李书心. 辽宁植物志（下册）[M]. 沈阳：辽宁科学技术出版社，1992.

[3] 傅沛云. 东北植物检索表 [M]. 第二版. 北京：科学出版社，1995.

[4] 中国科学院中国植物志编辑委员会. 中国植物志（1～80 卷）[M]. 北京：科学出版社，1959～2004.

[5] Flora of China 编委会. Flora of China [M]. 北京：科学出版社，圣路易斯：密苏里植物园出版社，1989～2013.

[6] 物种 2000. http://www. theplantlist. org.

[7] 物种 2000 中国节点. http://www.catalogueoflife.org/annual-checklist/2015.

[8] 徐海根，强胜. 中国外来入侵生物 [M]. 北京：科学出版社，2011.

[9] 河北植物志编辑委员会. 河北植物志 [M]. 石家庄：河北科学技术出版社，1989.

[10] 张淑梅，李增新，王青，等. 中国蔊菜属新纪录——两栖蔊菜 [J]. 热带亚热带植物学报，2009，17（2）：176-178.

[11] 张淑梅，王欣，王萌，等. 辽宁合瓣花亚纲草本植物 6 个新变种 [J]. 辽宁师范大学学报（自然科学版），2017，40（3）：361-365.

[12] 张淑梅，康廷国. 辽宁省维管束植物名称考证 [M]. 沈阳：辽宁科学技术出版社，2020.

中文索引

一画

二画

三画

四画

五画

六画

七画

八画

九画

十画

十一画

十二画

十三画

十四画

十五画

十六画

十七画

十八画

十九画

二十画以上

拉丁文索引

A

B

C

F

G

H

I

J

K

L

M

N

O

P

Q

R

S

T

U

V

W

X

Z